新工科暨卓越工程师教育培养计划电子信息类专业系列教材

丛书顾问/郝 跃

ARC CHULIQI QIANRUSHI XITONG
KAIFA YU BIANCHENG JICHU

ARC处理器嵌入式系统开发与编程基础

- 主 编/雷鑑铭
- 副主编/冯卓明 郑朝霞
- 审 校/吴 丹 程松波

U0333709

华中科技大学出版社
http://www.hustp.com
中国·武汉

内 容 简 介

《ARC 处理器嵌入式系统开发与编程基础》以实际的嵌入式系统产品应用与开发为主线,力求透彻讲解开发中所涉及的庞大而复杂的相关知识。

本书第 1~5 章为基础篇,介绍了 ARC 嵌入式系统的基础知识和开发过程中需要的一些理论知识,具体包括 ARC 嵌入式系统概述、ARC EM 处理器介绍、ARC EM 编程模型、ARC DSP 编程、中断及异常处理、汇编语言程序设计等内容。第 6~9 章为实践篇,建立了嵌入式开发环境、搭建了嵌入式硬件开发平台及列举了开发案例,具体包括 ARC EM 处理器的开发及调试环境、MQX 实时操作系统、ARC EM Starter Kit FPGA 开发板及嵌入式系统应用开发实例(温度监测与显示)等内容。第 10~11 章特别介绍 ARC EM 处理器特有的可配置性及可扩展 APEX 属性,以及如何在处理器设计中利用这种可配置性及可扩展性实现优化设计。

图书在版编目(CIP)数据

ARC 处理器嵌入式系统开发与编程基础/雷鑑铭主编.—武汉:华中科技大学出版社,2019.8
新工科暨卓越工程师教育培养计划电子信息类专业系列教材
ISBN 978-7-5680-5121-7

Ⅰ.①A…　Ⅱ.①雷…　Ⅲ.①微处理器-系统开发　②微处理器-程序设计　Ⅳ.①TP332

中国版本图书馆 CIP 数据核字(2019)第 160780 号

ARC 处理器嵌入式系统开发与编程基础　　　　　　　　　　　　　　　　　雷鑑铭　主编
ARC Chuliqi Qianrushi Xitong Kaifa yu Biancheng Jichu

策划编辑:祖　鹏　王红梅
责任编辑:朱建丽
封面设计:秦　茹
责任校对:刘　竣
责任监印:徐　露
出版发行:华中科技大学出版社(中国·武汉)　　　电话:(027)81321913
　　　　　武汉市东湖新技术开发区华工科技园　　　邮编:430223
录　　排:武汉市洪山区佳年华文印部
印　　刷:武汉华工鑫宏印务有限公司
开　　本:787mm×1092mm　1/16
印　　张:18.5
字　　数:443 千字
版　　次:2019 年 8 月第 1 版第 1 次印刷
定　　价:46.00 元

编 委 会

前　　言

　　本书是华中科技大学 Synopsys ARC 处理器联合培训中心的力作,是系统介绍、推广与应用 Synopsys ARC 处理器以开展嵌入式系统开发与编程的系列书籍中的第一本。为了方便广大学生和研发工程师尽快掌握 ARC 处理器的使用,更好地推广 Synopsys ARC 处理器技术与产品,在 Synopsys 全球总部、Synopsys 武汉公司、Synopsys ARC 研发团队、华中科技大学光学与电子信息学院集成电路工程系、武汉国际微电子学院和华中科技大学出版社的支持下,我们编写了此书,目的是为广大读者提供一本较为完整、系统的 ARC 处理器嵌入式系统开发与编程参考书。本书主要以《ARC EM 数据手册》的内容为基础,增加了 ARC DSP 扩展与编程、ARC EM 处理器特有的可配置性及可扩展 APEX 属性等章节内容。为了方便学习和实践,我们还开发了较为完整的配套实验案例,以及一个嵌入式系统应用开发实例:温度自动监测模块的应用实例。我们提供了 Synopsys ARC 杯电子设计竞赛优秀作品。

　　本书由华中科技大学武汉国际微电子学院副院长及华中科技大学光学与电子信息学院院长助理雷鑑铭老师负责组织并完成全书的编写工作,华中科技大学冯卓明博士、郑朝霞副教授参与了部分章节的编写,Synopsys 公司的吴丹和程松波及华中科技大学邹雪城教授对本书进行了审校,感谢他们的辛勤工作与无私指导。参与本书编写和整理软硬件设计和案例开发验证等工作的还有 Synopsys 公司的程文、涂申俊、饶金理、沈金阳、程鹏、胡振波、彭剑英,华中科技大学武汉国际微电子学院的汤逸恒、何号、任云天、彭自强、向灯、黄之、许晟、安志浩、顾云帆、高文、钟媛、高弘扬、郑贤及符章等。本书的顺利出版离不开他们的努力和付出。在本书完成过程中,还得到了 Synopsys 公司大学计划负责人王喆的大力支持。编者在此向他们表示衷心的感谢,特别感谢文华学院外国语学院英语系肖艳梅老师的审核。

　　由于时间仓促和水平有限,同时在成书过程中 Synopsys 公司的官方资料还在不断更新,所以本书有些内容不尽完善,错误之处也在所难免,恳请读者批评指正,以便我们及时修正。有关此书的信息和配套资源,会及时发布在网站(www.embarc.org)上。

编者

2019 年 5 月

目 录

1

ARC 嵌入式系统概述

本章主要介绍了嵌入式系统（Embedded System）的定义、主要特点和各个组成部分，使读者对嵌入式系统有较为系统的认识。同时简要地介绍了 ARC EM 处理器系列的特点，以及基于 ARC EM 处理器的嵌入式系统开发环境。

1.1 ARC 嵌入式系统简介

近年来，随着以计算机技术、通信技术为主的信息技术的快速发展和 Internet 的普及，嵌入式系统得到了越来越广泛的应用及发展。嵌入式系统是以应用为中心，以计算机技术为基础，软硬件可裁剪（这是指嵌入式系统的大小和规模会随着具体应用需求的改变而改变），适用于应用系统对功能、可靠性、成本、体积、功耗有严格要求的专用计算机系统。

根据英国电气工程师协会（U. K. Institution of Electrical Engineer）的定义，嵌入式系统是指为控制、监视或辅助设备、机器或用于工厂运作的设备。

根据中文维基百科的定义：嵌入式系统是一种完全嵌入受控器件内部，为特定应用而设计的专用计算机系统。与个人计算机等通用计算机系统不同，嵌入式系统通常执行的是带有特定要求的预先定义的任务。由于嵌入式系统只针对特殊的任务，设计人员能够对其进行功能最佳化、系统最小化设计，从而达到降低成本的目的。

总之，嵌入式系统是面向用户、面向产品、面向应用的，必须与具体应用相结合才会具有生命力和优势。因此可以这样理解嵌入式系统的含义，即嵌入式系统是与应用紧密结合的，具有很强的专用性，必须结合实际系统需求来合理设计的专用计算机系统。

嵌入式系统主要由硬件层、中间层、系统软件层和应用软件层组成。

（1）硬件层包含嵌入式微处理器、存储器、通用设备接口和输入/输出（Input/ Output, I/O）接口。在单片嵌入式微处理器基础上添加电源电路、时钟电路和存储器电路，就构成一个嵌入式核心控制模块。

（2）硬件层与软件层之间为中间层，也称为硬件抽象层或板级支持包（Board Support Package,BSP)。它将系统上层软件与底层硬件分离,使系统的底层驱动程序与硬件无关,上层软件开发人员无须关心底层硬件的具体细节,根据 BSP 提供的接口即可进行开发。该层一般包含相关底层硬件的初始化、数据的输入/输出操作和硬件设备的配置功能。

(3) 系统软件层由实时多任务操作系统、文件系统、图形用户接口、网络系统及通用组件模块组成。实时操作系统(Real Time Operating System,RTOS)是嵌入式应用软件的基础和开发平台。

(4) 应用软件层是指用户可以使用的各种程序设计语言,以及用各种程序设计语言编写的应用程序的集合。

其中,嵌入式微处理器是嵌入式系统的核心组成部分,它由通用中央处理器(Central Processing Unit,CPU)演变而来。与通用 CPU 最大的不同在于,嵌入式微处理器主要工作在为特定用户群专门设计的系统中,它将通用 CPU 许多由板卡完成的任务集成在芯片内部,从而有利于嵌入式系统在设计时趋于小型化,同时还具有很高的效率和可靠性。

嵌入式微处理器的体系结构一般采用冯·诺依曼结构或哈佛结构,指令系统可以采用复杂指令集计算机(Complex Instruction Set Computer,CISC)结构或精简指令集计算机(Reduced Instruction Set Computer,RISC)结构。据不完全统计,全球嵌入式微处理器已经超过 1000 种,其中主流的体系有 ARM、MIPS、PowerPC、ARC、X86 等。

1.2 ARC 处理器介绍

ARC 处理器是 Synopsys 公司推出的 32 位 RISC 结构微处理器产品系列,致力于在满足应用所需的处理性能前提下,以尽可能低的处理器功耗和小的芯片面积实现高效能、低成本。

ARC 处理器具有独特的可配置性和可扩展性,给设计人员提供了极大的设计弹性。设计人员可以根据应用需求,选择相应的 ARC 处理器系列产品,并配置处理器总线接口类型、数据位宽、寻址位宽、指令类型等属性。处理器内部的各功能模块支持可配置性,如配置采用不同算法实现的乘法器,配置高速缓存(Cache)的容量和结构,配置中断处理单元所支持的中断数目和中断级数等。此外,ARC 处理器支持嵌入式系统设计工程师通过处理器的 APEX 扩展接口添加自己的订制指令、寄存器、硬件模块甚至是协处理器,为特定应用提供硬件加速功能。这种根据应用"量身剪裁"的设计方式使得设计人员可以在性能、面积、功耗之间进行折中,实现最佳的内核 PPA(Performance/Power/Area,性能/功耗/效率)配置。

ARC 处理器采用了高效的 16/32 位混合指令集体系结构(ISA)。其中,16 位指令包含最常用的指令操作类型,有助于提高代码密度。ARC 处理器的存储系统支持配置片上紧密耦合存储器(Closely Coupled Memory,CCM),便于以固定延迟(1~2 个时钟周期)访问应用中性能关键的代码和数据,这不仅有利于缓解片外总线访存压力,降低系统访存延迟,提高处理性能,而且还有利于提高系统集成度,降低系统成本。

ARC 处理器具有强大的中断及异常处理能力,支持快速中断响应和中断处理优先级动态编程,可以确定异常原因和类型。同时,ARC 处理器提供了丰富的调试接口和调试指令,便于程序员实时监测处理器内部的运行状态和调试应用程序。这使得 ARC 处理器可以很好地适用于可靠性要求较高的应用场合。

1.2.1 两种指令集体系结构

ARC 处理器的研发经历了 ARCv1 和 ARCv2 两种指令集体系结构,其得到了充分的市场验证及系统应用。目前,全球已有超过 200 家厂商获得了 ARC 处理器的授权,基于 ARC 处理器的芯片年出货量超过了 17 亿片。

相比 ARCv1,ARCv2 指全集体系结构进一步提高了处理器的性能和实时处理能力:

(1) 支持 64 位访存指令;

(2) 支持非对齐的存储器访问操作;

(3) 支持硬件整数除法;

(4) 增加了 64 位乘法、乘累加、向量加法和向量减法等指令操作;

(5) 支持影子寄存器,以便在异常处理中进行现场保存,减少异常上下文切换时间;

(6) 扩展了中断处理功能,支持多达 240 个外部中断和 16 个可编程中断优先级,可自动保存上下文和返回现场;

(7) 优化的指令集系统结构使得代码密度提升了 18%。

1.2.2 ARC 处理器系列产品

如图 1-1 所示,为了满足嵌入式领域不同应用的需求,ARC 处理器拥有丰富的系列产品[①]。

(1) HS 系列产品(HS34、HS36、HS38)是目前性能最好的 ARC 处理器内核,采用了 10 级流水线技术,支持指令乱序执行和 L2 Cache,可配置成双核或四核对称多处理器(Symmetric Multi Processor,SMP)系统,并支持 Linux 操作系统。HS 系列产品可提供高达 1.6 GHz 的主频和 1.9 DMIPS/MHz 的性能,内核功耗为 60 mW,内核面积约 0.15 mm²。HS 系列产品主要面向高端的嵌入式应用,如固态硬盘、汽车控制器、媒体播放器、数字电视、机顶盒等。

(2) EM 系列产品(EM4、EM6、EM SEP、EM5D、EM7D)是功耗最低和面积最精简的 ARC 处理器内核,采用 3 级流水线技术。EM 系列产品可提供约 900 MHz 的主频和 1.77 DMIPS/MHz 的性能,能耗效率可达 3 μW/MHz,内核面积仅为 0.01 mm²。EM 系列产品主要面向深嵌入式

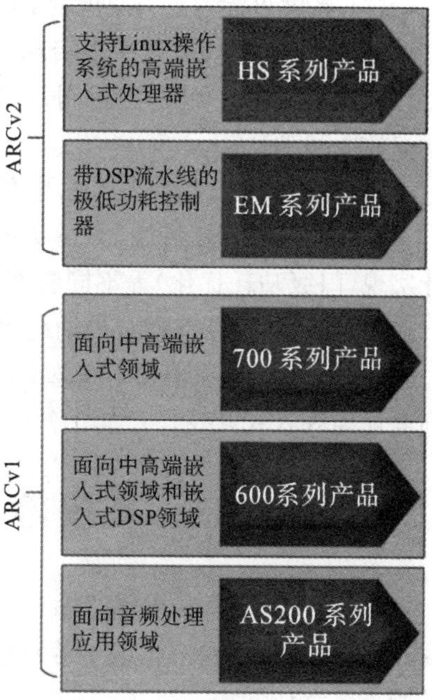

图 1-1 ARC 处理器系列产品图

超低功耗应用领域及数字信号处理领域,如物联网(Internet of Things,IoT)、工业微控制器、机顶盒、汽车电子等。

---

① 本章所涉及的处理器频率、功耗和面积数据均基于 TSMC 28nm HPM 工艺。

(3) 700 系列产品(710D、725D、770D)采用了 7 级流水线技术,支持动态分支预测,可提供高达 1.1 GHz 的主频。700 系列产品主要面向中高端的嵌入式应用领域,如固态硬盘、图像处理、信号处理、联网设备等。

(4) 600 系列产品(601、605、610D、625D)采用了 5 级流水线技术,可提供约 900 MHz 的主频。600 系列产品主要面向通用嵌入式领域,如工业控制、带宽调制解调、VoIP、音频处理等。此外,600 系列产品具备特有的 XY 存储器结构,特别对数字信号处理(Digital Signal Processing,DSP)进行优化,可以很好地应用于嵌入式数字信号处理领域。

(5) AS200 系列产品(AS211SFX、AS221BD)则是专门针对数字电视、数码相机、音频播放和视频播放等音频处理应用领域。

此外,为了提高特定应用的开发效率,降低设计风险,缩短产品设计周期,基于 ARC 处理器的软件开发工具、中间软件及操作系统部署等也都趋于完善和成熟,建立了完整的生态系统,能够给设计人员提供一套完整的解决方案。

1.2.3 ARC 处理器的主要特点

(1) 以功耗效率(DMIPS/mW)和面积效率(DMIPS/mm^2)最优化为目标,满足嵌入式系统市场对微处理器产品日益提高的效能需求。

(2) 成熟、统一的指令集体系结构不仅便于开发不同系列产品,也便于开发同一系列下的不同产品,具有非常好的延展性和兼容性。

(3) 高度可配置性,以便"量体裁衣",通过增加或删除功能模块来满足不同的应用需求,通过配置不同的属性来实现快速系统集成。

(4) 灵活可扩展性,支持用户自定义指令、外围接口和硬件逻辑,进一步优化处理器的性能和功耗。

(5) 强大的实时处理能力,中断响应快速且可动态编程。

(6) 优异的节能特性,支持从体系结构(SLEEP 指令)、硬件设计(门控时钟)到设计实现(门级功耗优化)等不同粒度的低功耗控制。

(7) 丰富的调试功能,协助编程人员快速查询处理器状态。

(8) 成熟的开发套件和完整的生态系统,帮助设计人员快速完成从产品设计、实现到验证等嵌入式开发。

1.3 ARC EM 处理器系列产品

ARC EM 处理器系列产品自 2012 年推向市场以来,已经在传感器、IoT、微控制器、数字信号处理及汽车电子等对设备功耗、体积和安全性要求高的深嵌入式应用领域得到了广泛应用。

ARC EM 处理器的通用结构及其系列产品如图 1-2 所示。ARC EM 处理器采用了 3 级流水线技术,包含基本的取指部件、算术逻辑单元(ALU)和寄存器组。在此基础上,通过添加不同的功能模块(如高速缓存、紧密耦合存储器)或扩展指令集(如 DSP 指令)实现不同的产品。

接下来介绍 ARC EM 处理器系列产品。

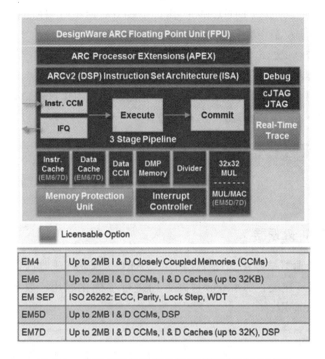

图 1-2 ARC EM 处理器的通用结构及其系列产品

EM4	Up to 2MB I & D Closely Coupled Memories (CCMs)
EM6	Up to 2MB I & D CCMs, I & D Caches (up to 32KB)
EM SEP	ISO 26262: ECC, Parity, Lock Step, WDT
EM5D	Up to 2MB I & D CCMs, DSP
EM7D	Up to 2MB I & D CCMs, I & D Caches (up to 32K), DSP

1.3.1 ARC EM4 处理器

ARC EM4 处理器结构图如图 1-3 所示。

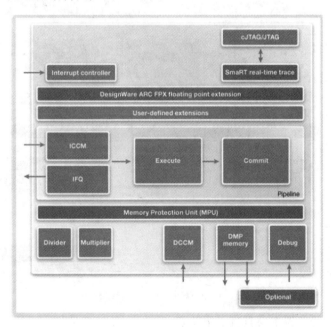

图 1-3 ARC EM4 处理器结构图

ARC EM4 处理器主要具有以下特点：

(1) 内核规模非常小,逻辑门数量小于 10000;

(2) 高达 1.77 DMIPS/MHz 和 3.41 CoreMark/MHz 的性能；

(3) 支持多达 16 个中断优先级别，240 个外部中断；

(4) 可配置指令 CCM(ICCM)容量为 512 B～2 MB；

(5) 可配置数据 CCM(DCCM)容量为 512 B～2 MB；

(6) 有 ARM®、AMBA®、AHB™、AHB-Lite™ 和 BVCI 总线接口；

(7) 可选 32×32 或(和) 16×16 乘法器；

(8) 支持自定义用户扩展。

ARC EM4 处理器的主要应用包括嵌入式和深嵌入式应用，如智能微系统(智能 MEMS 系统)、记忆卡、SSD 控制器、8 位和 16 位微控制器替代产品和电池供电的产品。

1.3.2 ARC EM6 处理器

ARC EM6 处理器结构图如图 1-4 所示。ARC EM6 处理器内核支持容量高达 32 KB 的指令和数据高速缓存(DCache)，并专门进行了优化以用于功耗和成本敏感型的嵌入式及深嵌入式应用。

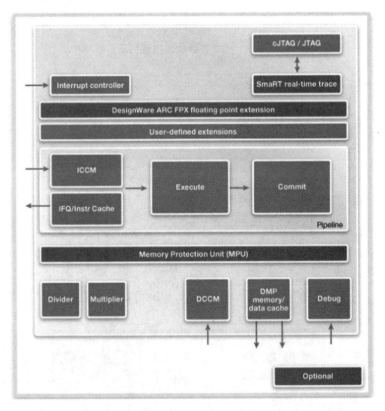

图 1-4　ARC EM6 处理器结构图

ARC EM6 处理器主要具有以下特点：

(1) 多达 32 KB 指令高速缓存(ICache)；

(2) 多达 32 KB 数据高速缓存；

(3) 高达 1.77 DMIPS/MHz 和 3.41 CoreMark/MHz 的性能；

(4) 支持多达 16 个中断优先级别,240 个外部中断;

(5) 可配置指令 CCM(ICCM)容量为 512 B～2 MB;

(6) 可配置数据 CCM(DCCM)容量为 512 B～2 MB;

(7) 有 ARM®、AMBA®、AHB™、AHB-Lite™ 和 BVCI 总线接口;

(8) 可选 32×32 和(或) 16×16 乘法器;

(9) 支持自定义用户扩展。

ARC EM6 处理器的主要应用包括记忆卡、SSD 控制器、功耗管理产品、便携式媒体播放器和其他移动设备。

1.3.3 ARC EM SEP 处理器

ARC EM SEP 将实现汽车 ASIL(安全完整性等级)D 级的硬件安全特性,以及与高效小型处理器的集成,其结构图如图 1-5 所示。

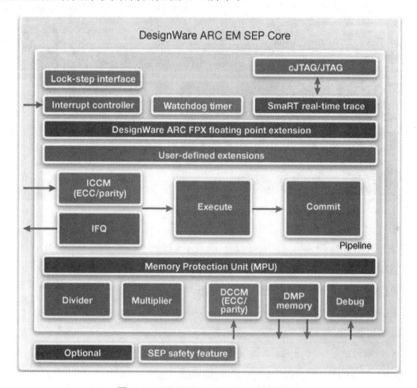

图 1-5 ARC EM SEP 处理器结构图

ARC EM SEP 处理器主要具有以下特点:

(1) 集成满足 ASIL D 级要求的硬件功能,包括纠错码(Error-Correcting Code,ECC)、支持校验位、用户可编程的看门狗定时器和双核心的同步接口;

(2) MetaWare 编译器已通过 ASIL D 级认证;

(3) 大量用于简化 ISO 26262 认证程序的安全文件。

ARC EM SEP 处理器的主要应用包括需要 ISO 26262 安全许可的嵌入式汽车应用,如运动与加速传感器、电动助力转向系统和先进的驾驶辅助系统(Advanced Driver Assistance System,ADAS)。

1.3.4 ARC EM DSP 处理器

物联网市场中可穿戴式设备及器件需要其 DSP 高性能和低功耗以实现最佳性能和延长系统待机时间。ARC EM DSP 处理器(包括 EM5D 和 EM7D 处理器)正是针对低功耗嵌入式应用进行了优化,其结构图如图 1-6 所示。

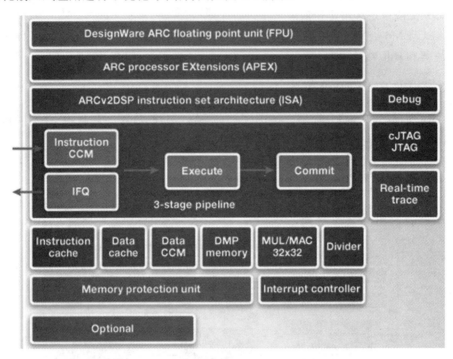

图 1-6 ARC EM5D 和 ARC EM7D 处理器结构图

ARC EM DSP 处理器主要具有以下特点:

(1) ARCv2 DSP ISA 增加超过 100 条 DSP 指令;

(2) 定点、矢量和 SIMD DSP 处理支持;

(3) 高能效的统一 32×32 MUL/MAC 单元;

(4) 高度可配置的 DSP 和处理器功能;

(5) MetaWare C/C++编译器支持 DSP 编程;

(6) 功能丰富的 DSP 软件库,提供便捷的算法编程;

(7) 可选的硬件除法器;

(8) 高达 1.77 DMIPS/MHz 和 3.41 CoreMark/MHz 的性能;

(9) 支持 APEX 处理器扩展套件的加速;

(10) JTAG 调试界面。

ARC EM DSP 处理器的主要应用包括处理声音、音频和传感器数据的超低功耗、实时在线的 IoT 设备。

1.4 ARC EM 处理器开发环境

Synopsys 公司推出的 ARC EM 处理器提供 RTL 代码实现、软件编程与调试及硬件 FPGA 验证等完整的开发环境。

1.4.1 ARChitect 软件

ARChitect 软件是 Synopsys 公司针对 ARC 处理器特有的可配置性和可扩展性开发的一款配置软件,帮助设计人员根据应用需求快速完成处理器结构配置及 RTL 代码、测试激励和后端参考流程脚本(如 ASIC 或 FPGA 的综合、布局布线、时序约束文件等)。

ARChitect 软件基于 IP 库生成特定的设计。所有的系统组成,包括处理器内核、系统总线、外设等均以模块化的方式封装到各自的 IP 库中,由用户在 ARChitect 图形界面中以拖曳的方式选择设计所需的各个功能部件,并配置其具体属性。

ARChitect 图形界面提供了 ARC 处理器系列产品典型应用模板(Templates),用于帮助用户快速完成设计和系统搭建。

此外,支持用户自定义的 APEX 向导(APEX Wizard)也集成在 ARChitect 中,用户可以根据向导提示一步步完成自定义组件的添加和集成。

关于 ARChitect 软件的更多内容参见本书第 10 章"ARC EM 可配置性"及第 11 章"APEX 扩展"。

1.4.2 MetaWare 开发套件

MetaWare 开发套件(MetaWare Development Toolkit,MWDT)是在编译器和调试器(Debuger)产品的基础上,经过不断开发和改进而形成的行业领先产品,支持 ARC 处理器系列产品,包含对 ARC 处理器开发、仿真、调试和嵌入式应用程序优化的所有组件。

如图 1-7 所示,MetaWare 开发套件具体包括 MetaWare C/C++ 编译器、MetaWare 汇编器、MetaWare 链接器、MetaWare 调试器、MetaWare 仿真器、MetaWare 集成开发环境(Integrated Development Environment,MetaWare IDE)。

关于 MetaWare 开发套件的更多内容介绍见本书第 6 章。

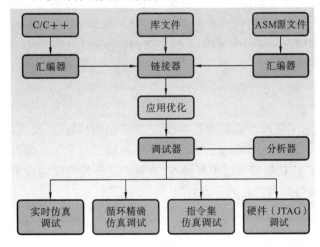

图 1-7 MetaWare 开发套件结构图

1.4.3 embARC 软件平台

embARC 软件平台是为 ARC 处理器,特别是 ARC EM 处理器的开发而提供的一个开源软件平台,包含大量的软件资源和说明文档以帮助用户基于 ARC 处理器快速开发丰富的上层应用程序。例如,在 embARC 软件平台上可以下载针对 ARC 处理器在 IoT 应用领域开发的开源软件包,包括底层驱动、操作系统和中间件等。

embARC 软件平台提供了与 FreeRTOS 和 Contiki OS 等操作系统的接口。在 embARC 软件平台上开发的上层应用程序可以很好地在 GNU 工具链或 MetaWare 工具链中编译和调试。

关于 embARC 软件平台的详细介绍可参考网站 https://www.embarc.org/。

1.4.4 操作系统支持

在 ARC EM 处理器上支持运行的操作系统为 MQX(Message Queue eXecutive)。MQX 是 Precise Software Technologies 公司 1989 年开发的一款嵌入式实时操作系统。在 2000 年 3 月被 ARC 公司收购,并在新的处理器体系中(主要包含 Freescale 的 Cold-Fire 系列、IBM®/Freescale 的 PowerPC、ARM、ARC 和 i.MX 等)持续开发。自 2009 年推出 MQX 第一个版本 RTOS3.0.1 后,MQX 的版本不断升级和更新,功能不断加强,目前推出的最新版本号为 5.0。最新版 MQX 可以配置最小占用 12 KB Flush 和 2.5 KB RAM,包括两个任务、一个轻量级的信号量、中断、队列和内存管理。

关于 MQX 操作系统的更多内容参见本书第 7 章。

1.4.5 ARC EM Starter Kit FPGA 开发板

ARC EM Starter Kit FPGA 开发板为用户提供了一个低成本、多用途的解决方案。用户可以使用该开发板进行快速的软件开发、代码移植和软件调试,并可以对 ARC EM4 和 ARC EM6 处理器内核硬件进行评估与分析。

ARC EMStarter Kit FPGA 开发板包括硬件平台和软件包。硬件平台中预安装了不同配置 ARC EM 处理器的 FPGA 映像,软件包包含二进制格式的 MQX 操作系统、外设驱动程序和应用程序的代码示例。

关于 ARC EM Starter Kit FPGA 的更多内容参见本书第 8 章。

1.5 小结

本章首先介绍了嵌入式系统的基本概念、主要结构和特点,使读者对嵌入式系统有一个全面的了解。随后,针对嵌入式系统中的核心硬件组成——微处理器,详尽介绍了 Synopsys 公司的 ARC 处理器的主要特点、系列产品及其相应的应用领域。最后,介绍了 ARC EM 处理器系列产品的开发环境。

2

ARC EM 处理器介绍

本章首先详细介绍了 ARC EM 处理器的特点及优势。其次,进一步深入处理器内核内部,介绍了 ARC EM 处理器的接口信号、微架构和流水线、存储系统、存储保护机制和调试技术等方面的知识。

2.1 ARC EM 处理器的特点

ARC EM 是一个 32 位处理器内核,采用 3 级流水线结构,能让功耗效率(DMIPS/mW)及面积效率(DMIPS/m²)都达到最佳化的处理器。此外,ARC EM 处理器还支持高效的 DSP 特性。DSP 可用于在执行中等性能的 DSP 应用程序(如基本音频处理)时最小化处理器负载。这一系列处理器是 ARC 中功耗最低的,同时其可配置性能够针对性能和功耗进行优化,订制指令能够整合专有硬件及支持广泛的生态系统。

ARC EM 处理器具有以下主要特点。

(1) 支持 ARCv2 指令集,能混合执行 16/32 位指令,能最优化程序代码密度。

(2) 支持用户模式和内核模式。

(3) 支持最多 64 个寄存器,有效提升执行速度和优化程序大小。

(4) 存储器寻址方式灵活简单,执行效率高。

(5) 支持最多 240 个外部中断和 16 个中断优先级别,支持快速中断和寄存器文件组自动切换。

(6) 支持指令和数据高速缓存。

(7) 支持指令和数据紧耦合存储器。

(8) 丰富的可配置性。

(9) 强大的用户可扩展性。

(10) 高效的低功耗机制:① 结构级的门控时钟,在正常运行时,ARC EM 处理器会自动关闭没有使用的模块时钟;② 多种低功耗模式,SLEEP 指令可使处理器进入不同等级的低功耗模式,包括多种关闭时钟和关闭电源的模式;③ 支持动态的电压频率调整。

图 2-1 所示的是 ARC EM 系列处理器与同类型某系列处理器的功能对比。

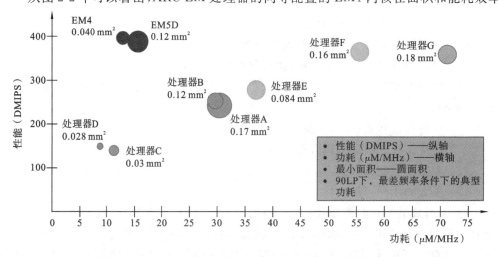

图 2-1 ARC EM 处理器与同类型某系列处理器的功能对比

与同类型某系列处理器对比中，ARC EM 处理器在同样的 3 级流水线内核下，其处理性能能够达到 1.77 DMIPS/MHz。ARC EM 处理器能够通过灵活的可配置性，覆盖处理器整个系列的功能，并提供了快速的上下文切换、指令/数据高速缓存和紧密耦合的寄存器组件等功能。这种丰富、灵活的架构使得 ARC EM 处理器能够针对不同的应用需求有不同的功能表现。ARC EM 处理器与竞争对象在性能、功耗和面积方面的比较中处于领先地位。

从图 2-2 中可以看出，ARC EM 处理器的同等配置的 EM4 内核在面积和能耗效率

图 2-2 ARC EM 处理器与其他处理器的能耗对比图

上与处理器 C 近似。由于 ARC EM 处理器更加合理的流水线设计使得其最高频率更高,此外指令集和体系结构的优势使得 ARC EM 处理器的最高性能远远高于处理器 C 及其他竞争对象。EM5D 包含丰富的 DSP 指令,适用于物联网设备中的传感器算法和音频算法。

下面针对 ARC EM 处理器独特的可配置性和用户可扩展性做简单介绍,在本书第 10 章及第 11 章做详尽介绍。

2.2　可配置性及可扩展性

2.2.1　可配置性

ARC EM 处理器的可配置性针对不同的应用需要有不同的功能需求。固定功能的芯片结构或许可以面面俱到,但是在将其设计投入产品之后,某些部分的功能可能没有得到使用的机会,但即使没有得到使用,开发商仍需支付这些"多余"部分的成本,这就造成了浪费。与之相对应的,ARC EM 处理器可根据应用"量身剪裁",提供更加节省资源的解决方案,ARC EM 处理器既支持对可选择功能部件进行配置。同时,还支持相关功能部件的属性参数根据应用需求进行配置,ARC EM 处理器的可配置性具体如下。

(1) 处理器基本配置包含地址总线宽度、程序指针(PC)宽度、循环计数器宽度、复位暂停、大小端、中断向量表复位基地址。

(2) 寄存器配置包含寄存器数量、写口数量、寄存器组及备份组中寄存器数量。

(3) 总线接口协议:根据应用需求,ARC EM 处理器可进行 4 种总线接口的配置(BVCI 和不同版本的 AHB)。

(4) 中断:对处理器内核可获取中断个数及外部中断引脚、中断优先级及快速中断等。

(5) Cache 或外存访问主端:处理器可以通过 Cache 或者外存访问主端来访问外存,可对 Cache 大小、关联度等参数进行配置。

(6) CCM 可配置大小和从端访问接口。

(7) JTAG 接口:支持 2 线和 4 线 JTAG 协议,能够访问所有内核资源,其中,2 线 JTAG 是一个可选的接口组件,用于对标准的 4 线 JTAG 进行补充。

(8) Debug 接口:外部主机(或调试器)使用调试接口访问处理器资源,包括内部寄存器和整个存储器空间。在实际设计中,既可以从 JTAG 调试接口进行访问,也可以只是连接到仿真模型进行验证(使用-fast_rascal 选项)。

(9) 定时器:Timer0、Timer1 及实时计数器(Real-Time Counter,RTC)都可以根据需要进行配置。

(10) 其他:根据应用需要,配置代码保护、堆栈保护、存储保护、实时程序追踪、硬件断点和观察点、性能监视器、看门狗定时器、存储器错误保护、DSP 指令支持、FPU 指令支持、用户 AUX 接口等。

在标准指令集基础上,ARC EM 处理器还提供 6 组可选的指令集包给用户,用户可根据应用需求来进行配置。ARC EM 处理器提供了一套完整的流程以配置指令集,从而能够在性能、复杂性、工作频率、能耗之间达到适当的平衡。ARC EM 处理器还包含了大量的配置检查功能及工具链、程序库支持,能及时反馈,并加快和优化处理器配置。表 2-1 总结了 ARC EM 处理器指令集支持的可配置选项。详细的指令集介绍请参考第 3 章。关于如何使用工具对 ARC EM 处理器进行配置,以及配置过程对软件开发的影响,请参考第 10 章。

表 2-1 ARC EM 处理器指令集支持的可配置选项

ISA 扩展包	配置	附 加 说 明	额外辅助寄存器
CODE_DENSITY_OPTION	0		
	1	SETEQ, SETNE, SETLT, SETGE, SETLO, SETHS, SETLE, SETGT ENTER_S, LEAVE_S, BI, BIH	
		JLI_S	JLI_BASE
		LDI, LDI_S	LDI_BASE
		EI_S	EI_BASE
		LD_S R0-3,[h,u5] LD_S. AS a,[b,c] LD_S R1,[GP, s11]	
		ST_S R0,[GP,s11]	
BITSCAN_OPTION	0		
	1	NORM, NORMH, FFS, FLS	
SWAP_OPTION	0		
	1	SWAP, SWAPE, LSL16, LSR16	
SHIFT_OPTION	0		
	1	ASR16, ASR8, LSR8, LSL8, ROL8, ROR8	
	2	多位移位或旋转操作: ASL, LSR, ASR, ROR, ASL_S, LSR_S, ASR_S	
	3	ASR16, ASR8, LSR8, LSL8, ROL8, ROR8 多位移位或旋转操作: ASL, LSR, ASR, ROR, ASL_S, LSR_S, ASR_S	
MPY_OPTION	0		
	1	MPYW, MPYUW	
	2~6	MPYW, MPYUW, MPY, MPYU, MPYM, MPYMU, MPY_S	
ATOMIC_OPTION	0		
	1	LLOCK, SCOND	
DIV_REM_OPTION	0		STATUS32 中的 DZ 位
	1~2	DIV, DIVU, REM, REMU	

2.2.2 用户可扩展性

ARC EM 处理器提供了一个 APEX 接口以支持可扩展性,针对目标应用,用户可通过 APEX 向导很方便地给处理器添加硬件,极大地改善性能、功耗和面积问题。

(1) 用户可使用 APEX 接口,通过添加专用指令、通用扩展寄存器和具有特殊访问权限的辅助寄存器、条件代码和标志来扩展处理器体系结构。

(2) 支持用户添加信号以集成外设,如扩展第三方知识产权 IP。此功能可以使数据从外部 IP 直接向处理器发送数据和指令,而不需要通过总线。

APEX 包含一个或多个指令、通用或辅助寄存器、条件码或信号。APEX 存储在一个扩展程序库中,可以通过拖曳的方式添加到模型中。

1. APEX 的优点

APEX 允许用户将自定义指令添加到现有的处理器框架中,而不用担心控制逻辑及指令的处理。

使用 APEX 可连接第三方的 IP 或使用用户之前的设计,并且不需要构建总线或其他硬件处理器指令即可直接访问。例如,一个独立的 DSP 协处理器可以直接集成在处理器层而不需要考虑总线、相关延迟和流水线问题。

APEX 很难被破解,因此用户的代码更安全。

2. APEX 的特点

(1) 扩展指令用于实现自定义功能。例如,自定义加法器用于缓解应用程序代码中的瓶颈。

(2) 扩展通用寄存器可用于所有的指令,通常用于处理经常变化和必须快速访问的信息。

(3) 扩展辅助寄存器可通过软件使用 LR 和 SR 指令,通常在不经常更改及不需要快速访问的情况下使用。

(4) 根据处理器标志的值或标志组合来决定条件代码是否用于条件执行。

(5) 使用 APEX 添加信号到处理器的内核顶层,增加内核外部端口。这些端口可定义为输入、输出或双向。

APEX 的详细功能和使用方法请参考第 11 章。

2.3 ARC EM 处理器结构

ARC EM 处理器的设计采取了保证面积小的前提下最大可能提高性能的结构,处理器结构的精简使得其内核非常小,器件的功耗也随之降低。

本节主要介绍 ARC EM 处理器的接口信号、内核结构、存储系统、存储保护机制及调试。

2.3.1 接口信号

ARC EM 处理器的接口信号主要有时钟与复位信号、总线接口信号、中断接口信号、测试/调试接口信号、Halt & Run 控制接口信号、代码保护(Code Protect)信号及断点调试系统(Actionpoint)信号。

1. 总线接口

ARC EM 处理器使用标准协议的总线接口,具体如图 2-3 所示。

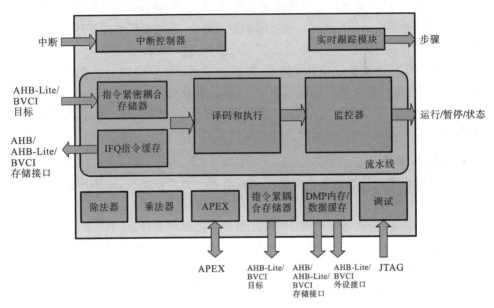

图 2-3 ARC EM 处理器的总线接口信号示意图

图 2-3 所示的是 ARC EM 处理器的总线接口信号,主要包括 DMP 存储器接口单元、指令预取缓存/指令缓存指令总线接口单元、DCache 数据总线接口单元及 APEX 扩展总线接口单元、ICCM 和 DCCM 直接存储器接口(Direct Memory Interface, DMI)。对于这些接口的信号,ARC EM 处理器提供了基于 AHB/AHB-Lite 和 BVCI 总线接口信号。

对于主端接口,具体可配置的类型如下。

(1) AHB 总线接口:ARC EM 处理器支持配置多达两个 AHB 主端接口,一个用于处理指令访存,另一个用于处理数据访存。

(2) AHB-Lite Single 接口:处理器可配置成单一的 AHB-Lite 主端接口,用于处理指令和数据访存。

(3) AHB-Lite Dual 接口:处理器可配置成两个独立的 AHB-Lite 主端接口,一个用于处理指令访存,一个用于处理数据访存。

(4) BVCI 接口:处理器可配置成两个独立的 BVCI 主端接口,一个用于处理指令访存,一个用于处理数据访存。

对于从端接口,即 ICCM 和 DCCM 的 DMI,支持可配置成 AHB-Lite 或者 BVCI 总线类型。

2. 中断接口

ARC EM 处理器内核可以配置多达 240 个外部中断。外部中断的引脚名称反映了每个中断的向量号,范围从 16 到 255。在配置了内部计时器后,中断 16 和 17 则保留为内部计时器。在这种情况下,对应的中断信号不显示为外部中断输入。

3. 测试/调试接口

ARC EM 处理器提供的测试接口符合 IEEE 1149.1-2001 JTAG 规范。此接口也可以使用 2 线 JTAG IEEE 1149.7 系统测试逻辑(STL)规范。4 线 JTAG 接口可以通过使用 IEEE 1149.7 分接控制器转换成 2 线 JTAG。4 线 JTAG 接口信号如表 2-2 所示。除了可以通过 JTAG 串行接口进行调试,还支持通过 BVCI 调试接口进行高速调试。

表 2-2　4 线 JTAG 接口信号

信　号	宽　度	方　向
Test_mode	1	输入
Jtag_trst_n	1	输入
Jtag_tck	1	输入
Jtag_tms	1	输入
Jtag_tdi	1	输入
Jtag_tdo	1	输出

2.3.2　内核结构

1. ARC EM 处理器的基本流水线

ARC EM 处理器采用 3 级流水线,可以有效地减少每个指令花费的平均周期数。从图 2-4 可以看出,ARC EM 处理器的 3 级流水线结构依次为取指(FA)阶段、执行(XA)阶段、完成(CA)阶段。其每一阶段的功能描述如下。

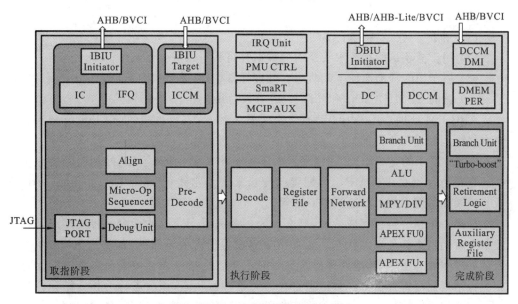

图 2-4　ARC EM 处理器内核结构图

1) 取指阶段

取指阶段的作用是获取并对齐最多 32 位的指令后送往执行阶段。指令的来源主要有以下几种:

(1) ICCM:包含单周期访问的 ICCM0 和双周期访问的 ICCM1。

(2) IFQ、ICache:两者都可以从外存获取指令。IFQ 是一个取指队列,可以配置队列深度和总线突发访问长度。

（3）Debug Unit：用于注入 debugger 指令，支持 debugger 访问处理器资源。

（4）Micro-Code Sequencer：用于发送需要由多条微指令完成的复杂指令和操作。

此外，取指阶段还负责执行分支并选取下一个时钟的取指 PC 地址。为了支持可变长度指令执行，取指阶段需要预解码出当前取出的指令长度并缓存最多 16 位的当前取出的数据。如果寄存器文件是由后端工具 Memory Compiler 生成的宏单元，取指阶段还需要解码出寄存器的读地址编号。

2）执行阶段

（1）该阶段的主要功能如下：

① 执行指令解码操作的其余部分；

② 读取寄存器组并获取操作数；

③ 对可用功能单元发送指令；

④ 计算每条指令的结果。

（2）这一级用于确定指令是否可以派遣到功能单元并开始执行。需要确认功能单元的可用性（结构冒险）和所需的数据是否可用（数据冒险 RAW、WAW）。如果当前指令存在冒险，那么指令将会被延迟并在下个时钟继续调度。

（3）一旦分支指令的结果已知，则分支单元可以决定是否重新启动该流水线。

（4）"延迟槽"用于在指令转移到目标分支的位置之前，指示成功执行分支或跳转指令。

3）完成阶段

该阶段的主要功能如下：

（1）用于更新机器状态；

（2）用于捕获从所有流水线返回的数据并将其写入寄存器文件；

（3）用于访问辅助地址空间状态并处理异常事件（异常和中断）；

（4）访问 CCM、DCache 和外部数据/外设总线。

ARC EM 处理器还采用了动态流水线发送技术：主流水线（Core Pipeline）与其他流水线可同时运行不同的指令，处理器能动态管理流水线资源。

图 2-5 所示的是 ARC EM 处理器的不同流水线结构图。可见处理器除主流水线外还存在访存流水线（DMP）、可配置的变长乘法流水线（Multiplier Pipeline）、APEX 流水线及除法流水线（Divid Pipeline）等。

如果一条指令经过完成阶段，那么称为指令完成。完成的指令必将立即或者在后续某个时间点更新处理器状态。如果指令完成但仍需要继续执行，那么只有 PC 等必要的处理器状态更新，其他处理器状态暂时不更新。指令在相应的流水线继续运行直到执行结果回写寄存器文件和标志寄存器等处理器状态，该状态称为指令结束。如果已经完成但未结束的指令和当前执行阶段待发送的指令存在读和写等数据的相关性，指令调度就会被暂停。

动态指令执行在一定程度上允许乱序执行并确保了流水线进程的正确运行，这样能提升处理器性能。

2. ARC EM 处理器的 DSP 流水线

ARC EM 处理器通过封装了所有与 DSP 相关的指令集，扩展了基本指令集。

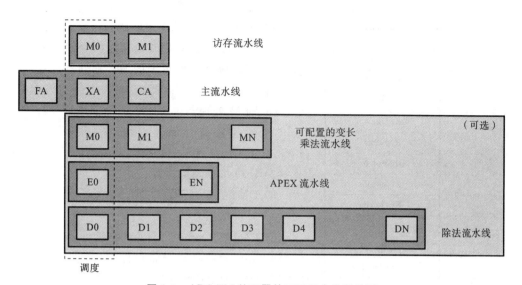

图 2-5　ARC EM 处理器的不同流水线结构图

如图 2-6 所示，ARC EM 处理器的 DSP 流水线包含 3 个阶段，DSP 流水线跨越 XA

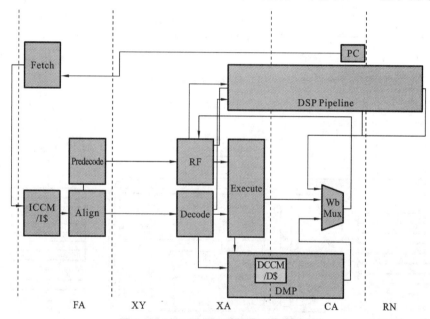

图 2-6　ARC EM 处理器的 DSP 流水线

阶段和 CA 阶段，以及一个提交后的 RN 阶段：

（1）在 XA 阶段，DSP 流水线解码 DSP 指令并对操作数进行浮点计算，防止流水线的输入切换非 DSP 指令；

（2）在 CA 阶段，DSP 流水线执行饱和加法、减法、转移操作及乘积累加等操作；

（3）在 RN 阶段，DSP 流水线执行凑整与 MAC 饱和操作。

2.3.3　存储系统

1. ARC EM 处理器的内存组件

存储系统由多种存储器组件组合而成，其中每个组件均可根据动态存储器映射的

0	Region 0
	Region 1
	Region 2
	Region 3
	Region 4
	Region 5
	Region 6
	Region 7
Mem2	Region 8
	Region 9
	Region 10
	Region 11
	Region 12
	Region 13
	Region 14
Mem	Region 15

**图 2-7 ARC EM 处理器的
存储器空间划分**

需求进行配置。ARC EM 处理器的存储器空间被分为 16 个相等的部分,如图 2-7 所示。存储器地址的高四位用于编码(区分)每个区域。存储器区域主要用于映射不同类型的存储器。

ARC EM 处理器包含以下可用存储组件:

(1) 紧密耦合存储器、指令紧密耦合存储器(ICCM0、ICCM1)、数据紧密耦合存储器;

(2) IFQ 指令预取缓存;

(3) DMI 数据存储启动器;

(4) 外设数据总线;

(5) Cache:ICache、DCache。

图 2-8 所示的是对存储组件的取址访问。通过 BVCI/AHB 总线访问 IFQ、ICache 和 ICCM 内部的指令。

图 2-9 所示的是对存储组件内部的数据操作。通过 BVCI/AHB/AHB-Lite 总线对 DCache 和 DCCM 内部的数据进行读/写操作。

下面详细介绍 CCM、IFQ 及数据存储启动器(DMI)等主要存储组件。

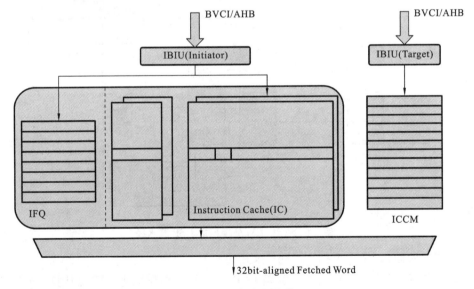

图 2-8 指令访问通道

1) CCM

ARC EM 处理器支持两种类型的 CCM:指令紧密耦合存储器(ICCM0、ICCM1)及数据紧密耦合存储器(数据通路 DCCM)。ICCM 和 DCCM 是根据应用可选择进行配置的,CCM 可以与其他存储器组件(如取指队列和 DMI)共存。

ARC EM 处理器和其他功能模块均可直接访问 CCM 模块。作为处理器内核私有的局部存储器,处理器对 CCM 访问不产生任何总线通信,其访问时间是确定的,可大

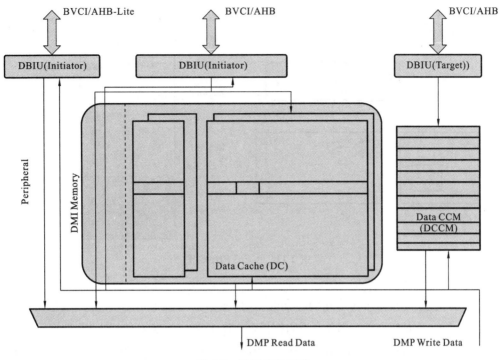

图 2-9 数据访问通道

大提高其性能并保证实时性;并且,对 CCM 进行操作比操作外部总线上的存储器或高速缓存的功耗低。CCM 可用于锁定对性能影响较关键的代码或数据。这对于关键的系统级程序(如中断处理和其他对时间敏感的任务)是非常合适的。

与高速缓存不同,ICCM 和 DCCM 需要启动代码以编程方式进行初始化。每种类型 CCM 都分配有与之对应的 4 位基地址辅助寄存器,CCM 映射的存储器空间区域由基地址辅助寄存器指定。其中,ICCM 只能被分配在 0~7 区域,DCCM 只能被分配在 8~15 区域。一个 CCM 将占据整个存储区域空间,在 32 位地址的情况下,区域大小为 256 MB。当 CCM 的容量小于区域大小时,CCM 的内容将重复并填充整个 256 MB 区域。

ARC EM 处理器允许系统中的其他主端设备通过一个标准的目标端口(BVCI 或 AHB-Lite)访问其 CCM,如图 2-10 所示。

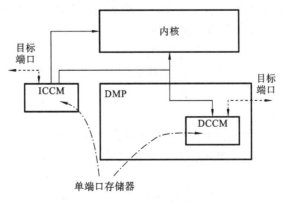

图 2-10 CCM 目标端口

接下来具体介绍 ICCM 特性和 DCCM 特性。

(1) ICCM 特性。

ARC EM 处理器分为 ICCM0 和 ICCM1 两种,如图 2-11 所示。

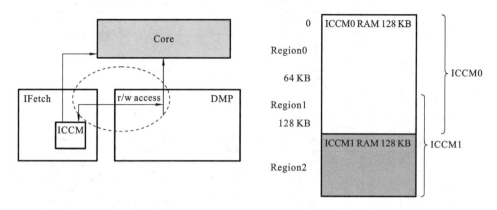

图 2-11 ICCM 的结构图

ICCM 具有以下特点:

① ICCM 可以用于指令访问及加载/存储数据;

② ICCM0 的工作频率与处理器内核频率一致,在发出请求的下个时钟周期返回数据;

③ ICCM1 的工作频率为处理器内核时钟的二分频,在发出请求的 2 个时钟周期之后返回数据,ICCM1 可以利用双组存储器来弥补缓慢的访问时间;

④ ICCM1 可以与 IFQ 配合使用,此时,从 ICCM1 中读取的指令将缓存到 IFQ 中;

⑤ ICCM 支持通过指令加载/存储(Load/Store,LD/ST)访问。

ICCM 允许自行修改代码,但是过多使用这种方式将导致系统性能下降。

(2) DCCM 特性。

ARC EM 处理器可通过 LD/ST 访问 DCCM。DCCM 的工作频率与处理器内核频率一致,在一个时钟发出请求之后可返回数据。DCCM 可以单独使用,也可以与一个数据缓存或数据存储器主端接口同时使用。

2) 指令预取缓存

指令预取缓存是一个可选组件,可通过外部总线的突发模式预取即将执行的指令。IFQ 可作为一个低成本的替代指令缓存。IFQ 支持的配置选项包括队列大小(1、2、4、8 或 16 个 32 位)和突发长度大小(1、2、4 或 8 个 32 位)选项。突发长度大小不能超过队列大小。图 2-12 所示的是 IFQ 的结构图。

3) DMI

DMI 主端接口是一个可选组件,在没有数据高速缓存的配置下,可以容许处理非突发式外部总线请求。

4) 外设数据总线

外设数据总线是一个可选组件,使得处理器内核使用专用的总线连接外设,运行期间可通过 AUX_DMP_PER 辅助寄存器更改映射的地址范围。

5) 高速缓存

ARC EM 处理器支持可选择配置数据和指令高速缓存。

ARC EM 处理器的存储器访问指令提供数据高速缓存使能和直通操作。ISA 提供了 ld 和 ld.di 两种形式的加载指令,.di 后缀的指令会导致加载和存储操作绕过数据

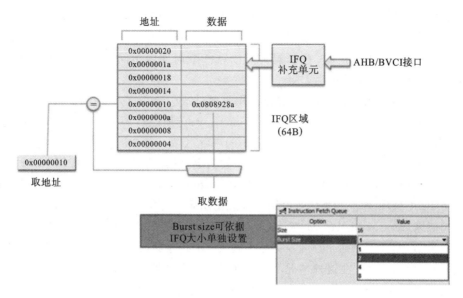

图 2-12　IFQ 的结构图

高速缓存。另外，ARC EM 处理器的数据高速缓存，通过设置数据缓存访问寄存器 DC_DATA、数据缓存控制寄存器 DC_CTRL 等，还能提供高级调试功能，允许程序员对相应数据高速缓存 RAM 中的数据内容进行查看和修改。

2. ARC EM 处理器 DSP 流水线的 XY 存储器

XY 存储器是 DSP 处理器中的常见特性，可以提高 DSP 的性能。XY 存储器允许 ARC EM 处理器后台加载源操作数并使用一条指令将结果存储到紧密耦合存储器中，这使得代码量较大且性能更高。XY 存储器是通过地址生成单元（AGU）中的一组地址指针和修饰符访问的，修饰符定义了 AGU 中 XY 地址指针的数据类型和增量值。对于 ARCv2 内核，X 存储器常记为 XCCM，Y 存储器常记为 YCCM。

1）XY 存储器的特点

XY 存储器支持以下功能：

① 灵活的内存组织；

② DCCM、XCCM、YCCM 可统一访问；

③ 地址指针，可修改寄存器及可配置偏移寄存器的个数；

④ 支持线性、模和位反序寻址模式；

⑤ 支持数据解包、包装、复制和重新排序；

⑥ XY 存储器的逻辑和电源管理；

⑦ XY 存储器的全面连锁访问和加载/存储操作；

⑧ C 编译器支持推断 XY 存储器的地址；

⑨ 每个时钟周期达 32×32 次的最大数据吞吐速度；

⑩ 可以通过 DCCM DMI 接口外部访问 XY 存储器。

2）XY 存储器组织

ARC EM XY 地址生成器可参考存储器中的数据：DCCM、XCCM、YCCM。

XY 地址生成器可以在只有 DCCM 的配置中使用，而不需要配置好的 X 或 Y 存储器。

逻辑内存可以被分割为两个物理内存实体，它们可以交错访问，一个存储地址是 4

的偶数倍数,另一个存储地址是 4 的奇数倍数。这样做的优点是允许通过 AGU 进行单周期的未对齐访问,并且降低了内存动态能力。分割内存提供了一个"伪"双端口内存实现,这样处理器和 DMA 控制器都可以在一个周期内访问同一个存储器(DCCM、XCCM 或 YCCM),从而提高 DMA 带宽。

将 XCCM 或 YCCM 插入到内核配置中是通过-xy_config 选项控制的,通过-dccm_interleave 选项控制 DCCM 的交错,通过-xy_interleave 选项控制 XCCM 和 YCCM 的交错。

ARC EM 处理器支持 16 个同等大小的内存区域。每个区域的大小是总可寻址内存空间的 1/16,该空间由-addr_size 配置参数决定(现有的 ICCM 和 DCCM EM 内存都与内存区域相关联)。ICCM 占用的区域由-iccm0_base、-iccm0_size(或-iccm1_base、-iccm1_size)选项决定。DCCM 占用区域总是从 8 区开始。

类似地,XCCM 和 YCCM 与具有 8 个存储区域之一的存储区域相关联。应配置 XCCM 和 YCCM 基地址和大小,使得不同 CCM 的存储区域不重叠。CCM 可以小于相关联的存储器区域,在这种情况下,CCM 是整个存储器区域上的镜像。CCM 也可能大于覆盖多个区域的区域。CCM 的基址必须是其大小的倍数。

3)ARC EM 处理器的 XY DMA 和 DMI

XY 存储器是一个特殊的 DCCM 可选项。现有的 Architect DMI 选项允许外部访问 XY 存储器。所有紧密耦合存储器都可以从 DMI 访问,即使处理器处于睡眠模式。

如果在 DCCM 上启用了 DMI,那么 XCCM 和 YCCM 可以通过共享相同接口的 DMI 接口访问。DCCM AHB DMI 接口含有一个独立选择信号,每个 CCM 有 1 位,最多 3 位(DCCM、XCCM、YCCM)。CCM DMI 接口忽略上面的地址位,而使用选择信息。

如果 CPU DMA 控制器执行一个涉及数据内存(XCCM、YCCM 或 DCCM)的、从内存到内存的复制操作,导致 XY 指令或 LD/ST 引用当前活动的 DMA 事务的内存范围,则处理器就会停止工作,直到 DMA 地址错误被解决,处理器才会继续运行。因此 CPU DMI 接口上的外部 DMA 控制器事务不会阻塞 CPU 流水线。

4)ARC EM XY 写缓冲区

XY 存储器包含一个写缓冲区,用于临时解决 XY 存储器冲突。可以在内核中使用-agu_wb_depth 选项配置写缓冲区的深度。XY 写缓冲区只用于 AGU 回写。

(1)仲裁,即解决冒险的优先级(从高到低),其定义为:

① ECC 回写;

② 写入缓冲器存满;

③ LD /EX 操作;

④ ST 操作;

⑤ DMI 操作;

⑥ XY B 源;

⑦ XY C 源;

⑧ DMA;

⑨ 写缓冲区不满。

(2)冒险影响 CCM 仲裁优先级的因素如下:

(1)任何 XY 回写到具有挂起的 DMA 控制器任务的地址时,都会延迟回写。这样可以有效地让 DMA 控制器的优先级比 XY 回写的优先级高。

（2）加载/存储操作包含一个地址，该地址有一个挂起的 XY 回写操作，即缓冲区中的地址冒险会一直保持到回写刷新为止。这个停止有效地让 XY 回写比负载/存储操作优先级高。

（3）如果 XY 指令包含 XY 源操作数，该操作数指向一个有 XY 挂起回写的地址，那么回写操作会优先于源操作数访问，XY 指令暂停，直到回写完成。

DMI 访问不会被冒险监测器所记录，因为握手机制需要处理 CPU 和启动 DMI 访问的组件之间的同步。在对 DMIcapable IP 进行编程之前，CPU 握手应包括 SYNC 指令以确保刷新 XY 写缓冲区。

使用 XY 目标操作数的指令不能绕过它们的结果；此外，XY 写缓冲区可能会导致一个周期的额外先写后读冒险，但这只会发生在地址冒险的情况下。

ARC EM 基本指令和 DSP ALU 指令有 4 个循环（XY 先写后读冒险）。ARC EM DSP MAC 指令有 3 个循环（XY 先写后读冒险）。

实际上，先写后读冒险是由于指令（如《DesignWare ARCv2 ISA Programmer's Reference Manual》中定义的指令）延迟了一个周期，发送给 XY 的指令有最少 4 个周期的延迟（假设 1 个周期延迟意味着指令可以连续执行）。

图 2-13 所示的是一个简单的 ADD 指令和一个更复杂的 DSP MAC 指令的周期时间。

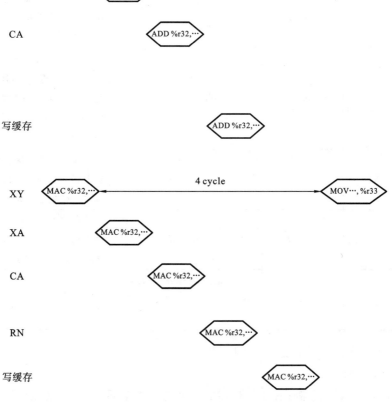

图 2-13　XY 存储器先写后读冒险

5）ARC EM XY 构型

为了更好地理解 ARC EM XY，其构型如表 2-3 所示。

表 2-3 架构配置选项

配 置 名 称	配 置 操 作	配 置 值	描 述
AGU	—create	com. arc. hardware. XY. 1_0System. CPUisle. ARCv2EM. AGU	通过拖放来加以控制
AGU Config	—agu_size	small｜medium｜large	地址指针，修饰符和偏移寄存器的预定义连接
Accordion	—agu_accord	True｜False	添加可折叠流水线
Write BufferDepth	—agu_wb_depth	2｜4	写缓存深度
XY	—create	com. arc. hardware. XY. 1_0System. CPUisle. ARCv2EM. XY	通过拖放来控制，其包括 XY 存储器，需要 AGU 支持
XY Config	—xy_config	dccm｜dccm_y｜dccm_x_y	XY 存储器配置。一个存储器：只有 DCCM。两个存储器：DCCM＋YCCM（DCCM 可以充当 X 存储器）。三个存储器：DCCM＋XCCM＋YCCM
XY MemorySize	—xy_size	none｜4K｜8K｜16K｜32K｜64K	X 和 Y 存储器大小（如果 X 存在），Y 存储器大小应小于DCCM（X 存储器）大小
XY Interleave odd/even	—xy_interleave	True｜False	将 XY 存储器拆分为奇数/偶数实例，以通过 AGU 实现单周期未对齐访问，同时对 CCM 进行 OMI 访问，以及降低总体内存动态功率
Region for XCCM	—xy_x_base	Integer	X 存储器的基区；需要将区域对齐到一个地址，可以被 xy_size 整除。整数范围是 9～15
Region for YCCM	—xy_y_base	Integer	Y 存储器的基区；需要将区域对齐到一个地址，可以被 xy_size 整除。整数范围是 9～15
Bitstream	—create	com. arc. hardware. XY. 1_0System. CPUisle. ARCv2EM. BS	添加比特流解析支持熵编码/解码

如表 2-4 所示，该表描述了 AGU 配置。

6）ARC EM XY 时序

XY 地址生成寄存器存在于处理器的辅助寄存器空间中，可以通过标准 SR 和 LR 指令访问。

表 2-4 AGU 配置

扩展配置名	小规模 AGU	中规模 AGU	大规模 AGU	VPP 定义	描 述
地址指针	4	8	12	AGU_AP_NUM	AGU 地址指针寄存器数量
偏移指针	2	4	8	AGU_OS_NUM	AGU 偏移指针寄存器数量
修饰符	4	12	24	AGU_MOD_NUM	AGU 修饰符寄存器数量

任何对 XY 地址指针、修改器或偏移指针寄存器的 SR 操作都会导致随后基于 XY 指令的两周期的冒险。同样,对 XY 地址指针的 LR 操作会导致两周期的冒险;对修改器或偏移指针寄存器的 LR 操作不会导致冒险。

当寄存器为 XY 地址生成寄存器时,会发生延迟,危险检查是保守的。以下是延迟事件列表:

(1) XY 基本指令后紧接着任何 SR 带来两个周期的延时;

(2) 任何 LR 指令后立即执行 XY 指令,XY 指令会延时两个周期;

(3) XY 寄存器已经执行了一系列 SR 和 LR 操作后立即执行序列化操作指令或引入延迟。

2.3.4 存储保护机制

ARC EM 处理器的存储器保护单元为各个存储器组件提供了保护。通过指定基地址和大小,将地址空间划分成有特定属性关联的区域(如读、写和执行),如果试图访问某区域但是其关联的属性并不允许该访问,那么 ARC EM 处理器将产生保护冲突异常,并执行对应的异常处理程序。请注意存储器保护单元(MPU)区域和 16 个存储器映射区域有着本质的区别。MPU 区域可编程每个区域的基地址和大小动态调整,数量也可以配置,而将存储器映射区域划分为固定的 16 个等分。

ARC EM 处理器为用户模式和内核模式提供独立的读、写和执行权限。存储器保护使得操作系统能够保护其代码不受非法或意外访问进程的数据所影响。用户还可以定义默认内核和用户访问权限之外的所有存储器区域的权限。多个 MPU 区域允许重叠,并且根据区域编号优先采用编号较小的区域中的属性。

1. MPU 的关键特性

(1) 支持对特定存储器区域代码属性编程,如允许或禁止执行该区域代码。

(2) 支持对特定存储器区域数据的读/写属性编程。

(3) 单独的内核和用户模式的读、写和执行权限。

(4) 可配置 1、2、4、8 或 16 个存储器区域。

(5) 各区域可以单独和独立编程。

(6) 能够设置默认权限,它适用于在所有编程保护以外区域访问。

2. 存储空间的特点

例如,连续区域如图 2-14 所示。

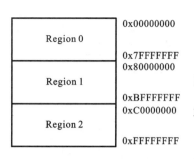

图 2-14 MPU 的分布

（1）存储器的 0~2 GB 区域是用户可执行区域；

（2）2 GB~3 GB 区域是用户的读、写操作区域；

（3）3 GB~4 GB 区域为用户的外设读、写操作区域。

2.3.5 调试

ARC EM 处理器拥有丰富的调试接口以便用户开发调试，包括 JTAG、Actionpoint、SmaRT。主机处理器可以通过使用特殊的调试功能来控制 EM 处理器。调试功能确保主机执行以下操作：

（1）通过状态和调试寄存器启动和停止处理器；

（2）通过控制寄存器单步调试处理器；

（3）查看和修改寄存器文件及存储器中的值；

（4）通过读取追踪堆栈中的数据，分析代码执行状态；

（5）通过使用 BRK 指令设置软件断点。

有了这些功能，主机可以提供软件断点。

1. 标准 JTAG 接口

ARC EM 处理器提供标准的 4 线 JTAG 接口，通过该接口将 MetaWare 调试器与用户应用程序连接，以便用于调试。

2. 2 线 JTAG 接口

ARC EM 处理器还提供 2 线 JTAG 接口，如图 2-15 所示，这是一个额外的模块，可用于调试主机和现有的 4 线 JTAG 接口之间的连接。

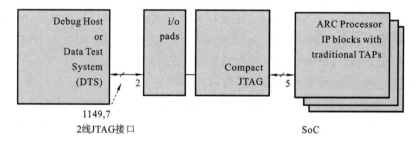

图 2-15 2 线 JTAG 接口

3. Actionpoint

ARC EM 处理器提供可选的 Actionpoint。

Actionpoint 支持断点和观察点。在执行特定的一条或一系列指令时将会触发断点调试。当检测到特定执行地址或数据访问的存储器地址值、辅助寄存器读（LR）和写（SR）时，以及特定的数据值读/写存储器或者辅助寄存器时将会触发观察点。断点和观察点都可以被编程。某些 Actionpoint 在触发指令完成之前生效，而有的则在触发指令完成后生效。所有断点寄存器只能在内核模式下进行，在用户模式下访问这些寄存器时会引发权限冲突异常。

请注意，Actionpoint 和软件断点的区别。软件断点一般是将某个地址的指令替换成 BRK 指令,在处理器执行到 BRK 指令后进入暂停状态以供调试器访问。Action-point 是一个硬件逻辑,其断点和观察点数量都是有限的,这取决于处理器配置,并且 Actionpoint 触发条件不限于执行 PC 地址一种。

4. SmaRT

ARC EM 处理器还提供可选的小型实时跟踪(SmaRT)模块。

小型实时跟踪模块在一个可选片上调试硬件组件,进行指令跟踪、智能存储最近的非顺序执行的指令地址。MetaWare 确保 SmaRT 调试器的使用并且显示指令跟踪的历史记录。当处理器停止时,MetaWare 调试器通过 JTAG 接口读取指令跟踪并保存信息。

小型实时跟踪模块结构如图 2-16 所示,其特征如下。

① 不同的堆栈大小(8～4096)记录程序流的变化。

② 任何非顺序执行的指令都将被存储,包括直接跳转、分支跳转、中断和异常及循环。多个分支到相同的位置(内环)存储为单个条目,将堆栈的使用最大化。

③ 节能功能包括关闭模块时钟和当不在跟踪模式时清空所有的信号输入。MetaWare 调试器显示跟踪信息,不需要单独的专用跟踪接口。

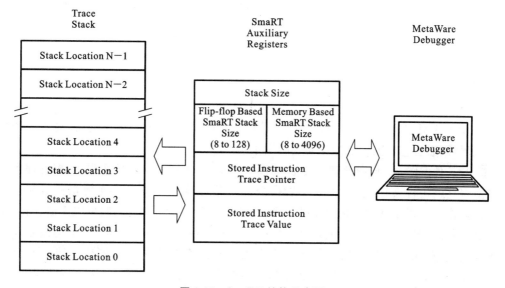

图 2-16 SmaRT 结构示意图

2.4 小结

本章主要介绍了 ARC EM 处理器的特点、优势及其体系结构,其中详细介绍了 ARC EM 处理器的接口和存储系统,并重点介绍了其可配置性和可扩展性,有助于用户了解处理器结构特点,从而进一步熟悉该处理器的使用。

3

ARC EM 编程模型

本章将介绍 ARC EM 处理器的编程模型,主要包括:寻址空间划分、数据类型、寻址方式、寄存器组、工作模式及指令操作类型和格式等。通过本章的学习,读者能够详细地了解 ARC EM 处理器,以便更好地基于它进行嵌入式系统的开发。

3.1 概述

ARC EM 处理器基于 ARCv2 ISA 设计。ARCv2 ISA 旨在提供精简、高性能的指令编码,同时也包含大量的操作码空间用于扩展指令。

与其他 RISC 结构微处理器类似,ARCv2 ISA 基于通用寄存器实现,数据处理指令只对寄存器进行操作,通过加载/存储指令访问存储器,支持多达两个源操作数和一个目的操作数的指令格式。指令宽度包含 16 位和 32 位两种,两者之间可以无缝连接,无须通过状态切换机制来选择处理器采用的指令解析逻辑。与其他 RISC 结构微处理器不同的是,ARC EM 处理器中的控制寄存器及状态寄存器映射成单独的辅助寄存器(Auxiliary Register),通过 ARCv2 ISA 中特殊的访存指令——LR/SR 进行访问。

以下是 ARCv2 ISA 的主要特点。

(1) 指令包括无缝连接的 16 位和 32 位指令。处理器在用户模式与内核模式两种工作模式下工作。

(2) 寄存器包括通用核心寄存器组(Core Register Set)、专用辅助寄存器组(Auxiliary Register Set)。

(3) 寻址模式包括地址寄存器回写模式、前置和后置地址寄存器回写模式、支持堆栈指针模式、可缩放数据宽度(Scaled Data Size)寻址模式、PC 相对寻址模式。

(4) 程序流包括支持条件执行的 ALU 指令、单周期立即数访问、带单指令延迟槽的跳转和分支、比较与分支组合指令、延迟槽执行模式、零开销循环。

(5) 中断和异常包括动态分配的中断优先级、不可屏蔽异常、可屏蔽外部中断、精确异常、存储访问、指令和特权异常、异常恢复状态、异常向量、异常返回指令。

（6）指令扩展包括代码密度选项，位操作和规范化，字节级的移位、旋转和字节顺序重排，低开销的字节和半字（16 位）移位和旋转，整数乘法，整数除法、同步。

（7）多处理器支持包括同步指令、LLOCK-SCOND 指令。

（8）调试特性包括通过特殊寄存器启动、停止和单步调试处理器，通过处理器调试接口全面监视处理器状态和断点指令。

（9）电源管理包括休眠指令。

（10）处理器定时器包括 2 个 32 位可编程定时器、1 个 64 位实时计数器（RTC）。

3.2 寻址空间划分

如图 3-1 所示，ARCv2 ISA 中定义了 3 个 32 位地址空间：4 GB 指令地址空间、4 GB 可寻址数据地址空间、32 位辅助寄存器地址空间。32 位辅助寄存器地址空间提供了额外 4 GB 地址空间，包括处理器的控制和状态寄存器、I/O 设备、配置寄存器（Build Configuration Register，BCR）及用户专用扩展寄存器等，通过 LR/SR 指令进行访问。

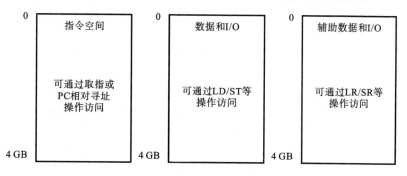

图 3-1 地址空间模型

基于 ARCv2 ISA 设计的 ARC EM 处理器采用物理上独立的指令与数据通道，既可以实现为冯·诺依曼结构，也可以实现为哈佛结构。在默认配置下，ARC EM 处理器使用统一的 4 GB 数据和指令存储空间，如图 3-2 所示。

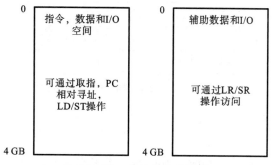

图 3-2 统一的地址空间模型

3.3 数据类型

ARCv2 ISA 中每个字（Word）单元包含 4 个字节（Byte）单元或者两个半字（Half-Word）单元；1 个半字单元中包含两个字节单元。但是在字单元中，4 个字节哪一个是高位字节,哪一个是低位字节,嵌入式系统中常用两种不同的格式:小端格式(Little-Endian)和大端格式(Big-Endian)。

小端格式是指高位字节数据放置在高地址中,而低位字节数据放置在低地址中。大端格式是指高位字节数据放置在低地址中,而低位字节数据放置在高地址中。

ARCv2 ISA 支持大端格式和小端格式两种数据存储格式,在默认配置下,数据存储格式是小端格式,用户可根据应用配置成大端格式。

ARCv2 ISA 支持的数据类型包括 32 位(Word,字)、16 位(Half-Word,半字)、8 位(Byte,字节)及 1 位(bit)。

3.3.1 32 位数据

所有的 Load/Store 访存操作,算术和逻辑运算指令都支持 32 位数据类型。图 3-3 所示的是在一个通用寄存器中的 32 位数据存放格式。

图 3-3 32 位数据寄存器

图 3-4 和图 3-5 所示的是 ARCv2 ISA 32 位数据在小端格式和大端格式下的存储格式。

Address	7 6 5 4 3 2 1 0
N	Byte 0
N+1	Byte 1
N+2	Byte 2
N+3	Byte 3

图 3-4 32 位寄存器数据的小端格式

Address	7 6 5 4 3 2 1 0
N	Byte 3
N+1	Byte 2
N+2	Byte 1
N+3	Byte 0

图 3-5 32 位寄存器数据的大端格式

3.3.2 16 位数据

16 位数据类型主要用于 Load/Store 操作和某些乘法运算中。同时,16 位半字的数据可以通过无符号扩展指令(EXTH)或有符号扩展指令(SEXH)扩展为等效的 32 位字。图 3-6 所示的是 ARCv2 ISA 在通用寄存器中 16 位数据存储格式。

图 3-6 16 位数据寄存器

图 3-7 和图 3-8 所示的是 ARC EM 处理器在被配置成小端格式和大端格式时，16 位数据在存储器中的存储格式。

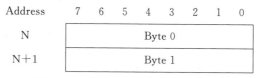

图 3-7 16 位寄存器数据的小端格式

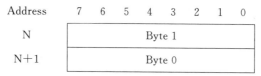

图 3-8 16 位寄存器数据的大端格式

3.3.3 8 位数据

8 位数据类型主要用于 Load/Store 访存操作。8 位数据可以通过无符号扩展指令 (EXTB)或有符号扩展指令(SEXB)扩展为等效的 32 位字，在相应大端或者小端格式下，只要明确给出该字节对齐的相应地址，就可以显式地读取该字节地址存储的值。图 3-9 所示的是在一个通用寄存器中的 8 位数据存储格式，图 3-10 所示的是 ARC EM 处理器 8 位寄存器数据存储格式。

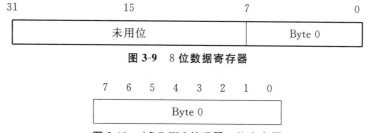

图 3-9 8 位数据寄存器

图 3-10 ARC EM 处理器 8 位寄存器

3.3.4 1 位数据

1 位数据类型主要用于位操作指令。

3.4 寻址方式

ARCv2 ISA 支持六种基本寻址模式，如表 3-1 所示。

表 3-1 ARCv2 ISA 的六种基本寻址模式

模　　式	描　　述
寄存器直接寻址	对存储在寄存器中的值执行操作
寄存器间接寻址	以寄存器的内容为地址，对该地址指向的单元内容执行操作
寄存器间接与偏移量寻址	以寄存器的内容为基地址，加上偏移量计算地址，对该地址指向的单元内容执行操作

续表

模　　式	描　　述
立即寻址	对指令操作码中的常量数据进行读取
PC 相对寻址	以 PC 的当前值为基地址，指令操作码中的地址为偏移量计算地址，对该地址指向的单元内容执行操作
绝对寻址	对指令操作码中的常量指定的固定地址指向的单元内容执行操作

3.5　寄存器组

在 ARCv2 ISA 中，寄存器组主要包括核心寄存器组和辅助寄存器组。在核心寄存器组中，程序员可以使用通用寄存器（r0～r25、r30）作任意编程用途，此外该组中还定义了一些特殊用途的寄存器，如堆栈指针、链接寄存器和循环计数器等。辅助寄存器组包含状态寄存器和控制寄存器，通过特殊的访存指令访问独立的辅助寄存器地址空间。

3.5.1　核心寄存器组

如表 3-2 所示，核心寄存器组共包含 64 个 32 位寄存器，具体如下：

表 3-2　核心寄存器映射表

寄存器	类　　型		
r0	基础通用寄存器		
r1～r25			
r26	全局指针（GP）		
r27	帧指针（FP）		
r28	堆栈指针（SP）		
r29	中断链接寄存器（ILINK）		
r30	通用寄存器		
r31	分支链接寄存器（BLINK）		
r32～r59	扩展核心寄存器		
r60	如循环计数器[LPC_SIZE-1:0]		
r61	保留		
r62	长立即数寄存器		
r63	程序计数器[PC_SIZE-1:2]，只读（PCL）	0	0

（1）26 个基础通用核心寄存器；

（2）6 个预留特殊用途寄存器，用于存储指令中隐式使用的特殊指针及分支和中断子程序返回时存储在寄存器中的链接；

（3）4 个特殊目的保留寄存器，如循环计数器、长立即数寄存器、程序计数器等；

（4）28 个用于扩展的核心寄存器组。

1. 指令访问限制

ARCv2 ISA 支持两种指令宽度:32 位指令和 16 位指令。32 位指令可以访问核心寄存器组的所有寄存器。16 位指令受限于其有限的指令编码长度(3 位),只能访问部分寄存器,对其余核心寄存器的访问需要通过特殊指令完成。表 3-3 列出了核心寄存器组的寄存器分别在 32 位指令和 16 位指令中的访问情况。

表 3-3　32 位指令和 16 位指令访问核心寄存器组的限制映射关系

寄存器	在 32 位指令中的功能和默认用法	在 16 位指令中的访问权限
r0	通用核心寄存器	允许访问
r1	通用核心寄存器	允许访问
r2	通用核心寄存器	允许访问
r3	通用核心寄存器	允许访问
r4～r11	通用核心寄存器	只允许 MOV_S、CMP_S、ADD_S 指令访问
r12	通用核心寄存器	允许访问
r13	通用核心寄存器	允许访问
r14	通用核心寄存器	允许访问
r15	通用核心寄存器	允许访问
r16～r25	通用核心寄存器	只允许 MOV_S、CMP_S、ADD_S 指令访问
r26	全局指针(可参考指针寄存器,GP(r26)、FP(r27)、SP(r28))	只允许 LD_S、MOV_S、CMP_S、ADD_S 指令访问
r27	帧指针(默认)(可参考指针寄存器,GP(r26)、FP(r27)、SP(r28))	只允许 MOV_S、CMP_S、ADD_S 指令访问
r28	堆栈指针(可参考指针寄存器,GP(r26)、FP(r27)、SP(r28))	只允许 PUSH_S、POP_S、SUB_S、LD_S、ST_S、MOV_S、CMP_S、ADD_S 指令访问
r29	中断链接寄存器(可参考链接寄存器,ILINK(r29)、BLINK(r31))	不允许访问
r30	通用核心寄存器	允许访问
r31	分支链接寄存器(BLINK)(可参考链接寄存器,ILINK(r29)、BLINK(r31))	只允许 JL_S、BL_S、J_S、PUSH_S、POP_S、MOV_S、CMP_S、ADD_S 指令访问
r32～r59	扩展通用寄存器	不允许访问
r60	循环计数器(LP_COUNT)(可参考循环计数寄存器,LP_COUNT(r60))	不允许访问
r61	保留	保留
r62	长立即数寄存器	只允许 MOV_S、CMP_S、ADD_S 指令访问
R63	程序计数器(32 位对齐)(PCL)(可参考字对齐程序计数器 Counter,PCL(r63))	不允许访问

2. 16 位指令中通用寄存器的映射

从表 3-3 可以看出,16 位指令可以自由访问 r0～r3 和 r12～r15 共 8 个通用核心寄存器。对应其 3 位宽的操作数域,这 8 个通用核心寄存器在 16 位指令中的编码映射关系如表 3-4 所示。

表 3-4 16 位指令寄存器编码的映射关系

16 位指令寄存器编码	通用核心寄存器编号
0	r0
1	r1
2	r2
3	r3
4	r12
5	r13
6	r14
7	r15

3. 精简核心寄存器组

在默认配置下,r0~r31 共 32 个核心寄存器可供编程和使用。为了更好适用于低成本的应用,ARCv2 ISA 支持对核心寄存器组进行精简配置,即只配置 16 个核心寄存器,以减少内核面积和降低系统成本。

在 ARCv2 ISA 的应用程序二进制接口(Application Binary Interface,ABI)中,最常用的核心寄存器是 r0~r3(在 ABI 中称为参数寄存器)、r12(在 ABI 中称为临时寄存器)、r16~r25(在 ABI 中称为备份寄存器)。表 3-5 给出了默认配置和精简配置下核心寄存器的映射关系及各核心寄存器在 ABI 中的用途。

表 3-5 不同配置下核心寄存器的映射关系及其在 ARCv2 ISA ABI 中的用途

默认配置核心寄存器(32 Entry)	精简配置核心寄存器(16 Entry)	在 ARCv2 ISA ABI 中的用途
r0~r3	r0~r3	参数寄存器
r4~r7		参数寄存器
r8~r9		临时寄存器
r10~r15	r10~r15	临时寄存器
r16~r25		备份寄存器
r26	r26	GP
r27	r27	FP
r28	r28	SP
r29	r29	ILINK
r30	r30	通用核心寄存器
r31	r31	BLINK

4. 寄存器组

1) 寄存器组的配置

一组通用核心寄存器构成一个寄存器组,ARCv2 ISA 支持配置多个寄存器组,实现不同粒度级的灵活配置。

（1）配置寄存器组的个数，通过 RGF_NUM_BANKS 选项实现；

（2）配置主寄存器组的通用核心寄存器的个数（默认配置/精简配置），通过 RGF_NUM_REGS 选项实现；

（3）如果寄存器组的个数大于1，那么允许配置备份寄存器组的寄存器个数，通过 RGF_BANKED_REGS 选项实现。

2）映射关系

以1个和2个寄存器组配置为例，表3-6列出了不同配置下各个寄存器组所允许的通用核心寄存器的映射关系。

表 3-6　不同配置下各寄存器组中通用核心寄存器的映射关系

RGF_NUM_BANKS	RGF_NUM_REGS	RGF_BANKED_REGS	Bank0	Bank1
1	16		r0～r3, r10～r15, r26～r31	
	32		r0～r31	
2	16	4	r0～r3, r10～r15, r26～r31	r0～r3
		8	r0～r3, r10～r15, r26～r31	r0～r3, r12～r15
		16	r0～r3, r10～r15, r26～r31	r0～r3, r10～r15, r26～r28, r30～r31
	32	4	r0～r31	r0～r3
		8	r0～r31	r0～r3, r12～r15
		16	r0～r31	r0～r3, r10～r15, r26～r28, r30～r31
		32	r0～r31	r0～r28, r30～r31

由表3-6可以看出，当 RGF_NUM_BANKS>1 时，有如下规律。

（1）在 RF32 默认配置中，RGF_BANKED_REGS 选项可以从集合{4,8,16,32}中选择。在 RF16 精简配置中，RGF_BANKED_REGS 选项可以从集合{4,8,16}中选择。

（2）当 RGF_BANKED_REGS 选项为4或8时，通用核心寄存器的映射关系与精简配置时一致。

此外，需要指出的是，当处理器只配置为一个寄存器组（RGF_NUM_BANKS＝1）时，寄存器文件的硬件实现方式[①]既可以选择用触发器实现，也可以选择用存储器RAM实现。当配置为寄存器组（RGF_NUM_BANKS>1）时，所有寄存器组只支持通过触发器逻辑实现。

3）对寄存器组的访问

当只有一个寄存器组（RGF_NUM_BANKS＝1）时，所有指令操作都是基于该寄存器组中的核心寄存器进行的。

当有多个寄存器组时，为了对各寄存器组内部的寄存器进行访问和操作，用户需要首先选定寄存器组，步骤如下：

---

① ARC EM 处理器的寄存器文件实现方式支持可配置。如配置写口的数目，配置硬件代码是基于触发器逻辑实现还是基于 Memory Compiler 生成的 SRAM 模型实现的。

(1) 确保处理器工作在内核模式下；

(2) 使用 KFLAG 指令对处理器的状态寄存器 STATUS32 中 RB 域进行设置，选择一个寄存器组；

(3) 对步骤(2)中指定寄存器组下属的寄存器执行指令操作。

4）对寄存器组的调试

在调试模式下，调试器也可以通过配置调试控制寄存器（DEBUGI）的 RBE 和 RB 域访问各寄存器组下的不同核心寄存器。

关于 STATUS32 和 DEBUGI 寄存器的具体域定义见附录 A"常用辅助寄存器快速参考"。

5. 指针寄存器

在 ARCv2 ABI 中定义了 GP、FP 和 SP 共 3 个指针寄存器，分别对应核心寄存器的 r26、r27 和 r28。

GP 寄存器指向整个程序执行过程中的共享数据。SP 寄存器指向一个向下增长栈的最低地址（栈顶）。FP 寄存器指向 ABI 中定义的当前 SP 的基址。

6. 链接寄存器

当发生中断、分支或跳转时，链接寄存器（ILINK (r29)、BLINK (r31)）用于存储返回的地址指针。

对于任何级别的中断，当发生中断和退出中断时，ILINK 都可能被修改。因此，不能依靠 ILINK 保留其值（但是对优先级为 0 的中断处理程序，或所有中断都被禁用条件下的异常处理程序或所有中断都被禁用这三种情况下除外）。ILINK 不能在用户模式下被访问。当处理器中用到多个寄存器组，并且这些多个寄存器组被配置成用于备份 16～32 个通用核心寄存器时，ILINK 不复制保存这些附加寄存器的值。

r31 是通过使用 Jcc[BLINK] 指令返回 BLcc 或 JLcc 跳转到 BLINK 的寄存器。

7. 循环计数寄存器

循环计数寄存器（LP_COUNT (r60)）用于零延迟循环机制，控制循环执行次数。

需要注意的是，编程时不建议将 r60 作为通用寄存器使用，因为 r60 的值会在 LP 指令使用过程中被改变。同时，r60 也不能作为多周期指令（包括多周期扩展指令）的目标操作数，多周期指令写 LP_COUNT 会引发非法指令异常。多周期指令具体包括 Load 操作、LR 指令、乘法和除法指令、多周期无阻塞扩展指令。

对 LP_COUNT 的赋值通常通过中间寄存器实现，具体如下：

```
LD r1,[r0]              ;从内存加载寄存器
MOV LP_COUNT, r1        ;从寄存器加载 LP_COUNT
```

当在一个零开销（Zero-Overhead）循环体中读寄存器 LP_COUNT 时，总会返回正确的值。

LP_COUNT 可以在循环体的任意位置进行赋值，所有写 LP_COUNT 的操作都会在写指令一执行就实时生效。如果写入 LP_COUNT 指令是在一个 Loop-End 机制循环的最后一个位置，任何所需程序流（如跳转到 LP_START）的变化将在 LP_COUNT 更新之前完成。其结果是，循环中的最后一个指令写入 LP_COUNT 的赋值，

会在下一个循环迭代时生效。除此以外,在其他任何位置写操作 LP_COUNT,都会在当前的循环迭代中生效。

8. 保留寄存器

保留寄存器(r61)被处理器保留,凡涉及 r61 的操作都会引发非法指令异常。

9. 长立即数寄存器

长立即数寄存器(limm(r62))被预留为存储指令编码中的 32 位立即数,一般不作为通用寄存器使用。

10. 字对齐程序计数器

字对齐程序计数器(PCL(r63))为只读寄存器,用于支持 PC 相对寻址的所有指令中的源操作数。

读取 PCL 的值,返回当前指令开始的 32 位字的地址。而辅助寄存器组中的 PC 返回的是提交指令的实际地址。

两者之间的关系如下:

```
PCL=PC & 0xFFFF FFFC
```

11. 非法的核心寄存器访问

以下情况视为对核心寄存器的非法访问操作,当发生下述情形之一时,处理器会报告非法指令异常(Illegal Instruction Exception):

(1) 访问不存在的核心寄存器;

(2) 对只读(Read-Only)寄存器执行写操作;

(3) 对只写(Write-Only)寄存器执行读操作。

3.5.2 辅助寄存器组

辅助寄存器组包含处理器的状态寄存器和控制寄存器,构成独立的寻址空间。表 3-7 所示的是 ARCv2 ISA 定义的辅助寄存器列表。一些编程常用的辅助寄存器功能及域定义请参考附录 A"常用辅助寄存器快速参考"。

1. 指令访问权限定义

LR/SR 指令可以对辅助寄存器组中的控制和状态寄存器进行访问操作。为了保障处理器的正常工作,一些影响处理器运行状态的辅助寄存器只允许在特定的模式下进行访问和控制。表 3-8 列出了辅助寄存器在不同模式(内核模式、用户模式、调试模式)下的指令访问权限助记符。这些访问权限助记符将用于本节下文具体的辅助寄存器介绍。

在表 3-8 中,符号项"·"表示允许在该模式下进行访问和操作,"P"表示该模式下的访问操作将报告特权违例异常(Privilege Violation Exception);"I"表示该模式下的访问操作将报告非法指令异常(Illegal Instruction Exception);"-"表示该模式下的访问操作将被忽略(在这种情况下,读操作返回值为 0,写操作将转换为空操作)。

2. 硬件配置寄存器

ARC 处理器具有非常灵活的可配置性,各功能模块能根据应用需求进行裁剪和属性配置。为了方便开发人员在嵌入式系统软件开发或调试阶段查询硬件的具体配置信

表 3-7　ARCv2 ISA 定义的辅助寄存器列表

地址	寄存器名	31 30 29 28 27 26 25 24 23 22 21 20 19 18 17 16 15 14 13 12 11 10 9 8 7 6 5 4 3 2 1 0
0x02	LP_START	LP_START[31:1] | 0
0x03	LP_END	LP_END[31:1] | 0
0x04	IDENTITY	CHIPID[15:0] | ARCNUM[7:0] | ARCVER[7:0]
0x05	DEBUG	LD SH BH UB R SM ZZ RA | RESERVED | IS | RESERVED | FH SS
0x06	PC	PC[PC_SIZE-1:1] | 0
0x0A	STATUS32	IE | RESERVED | RB[2:0] ES SC DZ L Z N C V U DE AE E[3:0] H
0x0B	STATUS32_P0	IE | RESERVED | RB[2:0] ES SC DZ L Z N C V U DE AE E[3:0] H
0x0D	AUX_USER_SP	AUX_USER_SP[31:0]
0x0E	AUX_IRQ_CTRL	RESERVED | LP R U L B | RESERVED | NR[4:0]
0x10	IC_IVIC	IC_IVIC
0x11	IC_CTRL	RESERVED | AT R SB R DC
0x13	IC_LIL	IC_LIL
0x18	AUX_DCCM	Region | RESERVED
0x19	IC_IVIL	IC_IVIL
0x1A	IC_RAM_ADDR	IC_RAM_ADDR
0x1B	IC_TAG	TAG | INDEX | 0 0 0 0 0 Ick V
0x1D	IC_DATA	IC_DATA
0x1F	DEBUGI	RESERVED | RBE RB[2:0] | RESERVED | E
0x21	Timer 0 Count	Timer Count Value
0x22	Timer 0 Control	RESERVED | IP W NH IE
0x23	Timer 0 Limit	Timer Limit Value
0x25	INT_VECTOR_BASE	INT_VECTOR_BASE[PC_SIZE-1:10] | RESERVED
0x43	AUX_IRQ_ACT	U | RESERVED | Active[15:0]
0x47	DC_IVDC	RESERVED | IV
0x48	DC_CTRL	RESERVED | RON_OP FS LM IM AT R SB R DC
0x49	DC_LDL	DC_LDL
0x4A	DC_IVDL	DC_IVDL
0x4B	DC_FLSH	IOW | FL
0x4C	DC_FLDL	DC_FLDL
0x58	DC_RAM_ADDR	DC_RAM_ADDR
0x59	DC_TAG	TAG | INDEX | 0 0 0 0 DT Ick V
0x5B	DC_DATA	DC_DATA
0x60-0x7F		Build Configuration Registers
0xC0-0xFF		Build Configuration Registers
0x100	Timer 1 Count	Timer Count Value
0x101	Timer 1 Control	RESERVED | IP W NH IE
0x102	Timer 1 Limit	Timer Limit Value
0x103	AUX_RTC_CTRL	A1 A0 | RESERVED | C E
0x104	AUX_RTC_LOW	Real Time Counter Value[31:0]
0x105	AUX_RTC_HIGH	Real Time Counter Value[63:32]
0x200	IRQ_PRIORITY_PENDING	RESERVED | Pending[u-1:0]
0x201	AUX_IRQ_HINT	RESERVED | Interrupt[m-1:0]
0x206	IRQ_PRIORITY	RESERVED | P[u-1:0]
0x208	AUX_ICCM	ICCM0 | ICCM1 | RESERVED
0x209	AUX_CACHE_LIMIT	Region | RAZ/IOW
0x20A	DMP_PERIPHERAL	Region | RESERVED
0x221-0x237	ACTIONPOINT	Actionpoint Auxiliary Registers
0x260	USTACK_TOP	USTACK_TOP_ADDRESS
0x261	USTACK_BASE	USTACK_BASE_ADDRESS
0x264	KSTACK_TOP	KSTACK_TOP_ADDRESS
0x265	KSTACK_BASE	KSTACK_BASE_ADDRESS
0x290	JLI_BASE	JLI_BASE[PC_SIZE-1:2] | 0 0
0x291	JDI_BASE	LDI_BASE[ADDR_SIZE-1:2] | 0 0
0x292	EI_BASE	EI_BASE[PC_SIZE-1:2] | 0 0
0x400	ERET	ERET[PC_SIZE-1:1] | R
0x401	ERBTA	NEXT_PC[PC_SIZE-1:1] | 0
0x402	ERSTATUS	IE | RAZ/IOW | RB[2:0] ES SC DZ L Z N C V U DE AE E[3:0] 0
0x403	ECR	P U | RESERVED | Vector Number | Cause Code | Parameter
0x404	EFA	Address[31:0]
0x409	MPU_EN	R EN | RESERVED | KR KW KE UR UW UE | RESERVED
0x40A	ICAUSE	RESERVED | ICAUSE[m-1:0]
0x40B	IRQ_SELECT	RESERVED | Interrupt[m-1:0]
0x40C	IRQ_ENABLE	RESERVED | E
0x40D	IRQ_TRIGGER	RESERVED | T
0x40F	IRQ_STATUS	IP | RESERVED | T E P[3:0]
0x410	XPU	u31 u30 u29 u28 u27 u26 u25 u24 u23 u22 u21 u20 u19 u18 u17 u16 u15 u14 u13 u12 u11 u10 u9 u8 u7 u6 u5 u4 u3 u2 u1 u0
0x412	BTA	Address[PC_SIZE-1:1] | 0
0x415	IRQ_PULSE_CANCEL	RESERVED | C
0x416	IRQ_PENDING	RESERVED | IP
0x420	MPU_ECR	EC_CODE | RESERVED | VT[1:0] | MR[7:0]
0x422	MPU_RDB0	BASE_ADDRESS[31:11] | RESERVED | V
0x423	MPU_RDP0	RESERVED | SIZE[4:2] KR KW KE UR UW UE R SIZE[1:0]
0x424-0x441	MPU Registers	Memory Protection Unit Descriptor Base and Permission Registers
0x44F	XFLAGS	RESERVED | F3 F2 F1 F0
0x700	SMART_CONTROL	LOCATION_POINTER[21:0] | IDX | RESERVED | EN
0x701	SMART_DATA	LOCATION_VALUE[31:0]

表 3-8 不同模式下辅助寄存器 LR 和 SR 指令访问权限助记符

访 问 权 限	用 户 模 式		内 核 模 式		调 试 模 式	
	读	写	读	写	读	写
r	•	I	•	I	•	-
R	P	I	•	I	•	-
w	I	•	I	•	-	•
rw	•	•	•	•	•	•
W	I	P	I	•	•	•
rW	•	P	•	•	•	•
RW	P	P	•	•	•	•
rG	•	I	•	I	•	•
RG	P	I	•	I	•	•

息,在辅助寄存器组中有一类特殊的辅助寄存器——硬件配置寄存器,用于保存硬件中的处理器及其各功能模块的版本信息和详细配置信息。例如,RF_BUILD 寄存器中定义了寄存器文件硬件代码的当前版本信息,是 3 端口还是 4 端口的实现方式,是采用默认配置(32 个寄存器)还是精简配置(16 个寄存器),是否支持寄存器组结构,如果采用寄存器组结构,除主寄存器组之外的其余寄存器组包含几个核心寄存器等。

BCR 寄存器只允许读访问操作,这类寄存器在辅助寄存器的空间分配为 0x60~0x7F 及 0xC0~0xFF 地址区域。

3. 基准辅助寄存器

辅助寄存器组中的辅助寄存器可以分为两大类。

第一类称为基准辅助寄存器,存在于所有配置的 ARC 处理器中,包含处理器正常工作所必需的 PC 寄存器、状态寄存器、分支跳转及中断异常处理所需的辅助寄存器等。ARCv2 ISA 中定义的基准辅助寄存器,如表 3-9 所示。

表 3-9 基准辅助寄存器

编 号	辅助寄存器名	访问模式	描 述
0x04	IDENTITY	r	处理器识别寄存器
0x06	Program Counter, PC	rG	PC 寄存器(32 位)
0x0A	Status Register, STATUS32	RW	状态寄存器
0x412	Branch Target Address, BTA	RW	分支目的地址
0x403	Exception Cause Register, ECR	RW	异常原因寄存器
0x25	Interrupt Vector Base Register, INT_VECTOR_BASE	RW	中断向量基址
0x0D	Saved User Stack Pointer, AUX_USER_SP	RW	交换堆栈寄存器

编　号	辅助寄存器名	访问模式	描　述
0x400	Exception Return Address，ERET	RW	异常返回地址
0x401	Exception Return Branch Target Address，ERBTA	RW	BTA saved on exception entry
0x402	Exception Return Status，ERSTATUS	RW	STATUS32 saved on exception
0x404	Exception Fault Address，EFA	RW	异常故障地址
BCR			
0x60	Build Configuration Registers Version，BCR_VER	R	BCR 版本寄存器
0x63	BTA Configuration Register，BTA_LINK_BUILD	R	BTA 配置寄存器
0x68	Interrupt Vector Base Address Configuration，VECBASE_AC_BUILD	R	中断向量基址配置寄存器
0x6E	Core Register Set Configuration Register，RF_BUILD	R	核心寄存器组配置寄存器
0xC1	ISA_CONFIG	R	指令集配置寄存器

第二类称为可选的辅助寄存器。只有当相应的硬件功能模块被配置时，这些辅助寄存器才可以被访问和操作。具体可选的辅助寄存器将在以下章节——介绍。

4. 可选的指令集辅助寄存器

当指令集配置了对零开销循环功能的支持（LP_SIZE＞0）时，其相应增加的辅助寄存器如表 3-10 所示。

当指令集配置了代码密度功能（CODE_DENSITY==1）时，一些指令中的操作数将隐式显示，微操作的运算是基于索引寄存器进行的。这类指令包括 JLI_S、LDI_S 和 EI_S，其相应增加的辅助寄存器如表 3-11 所示。

表 3-10　零开销循环辅助寄存器（LP_SIZE＞0）

地　址	辅助寄存器名	访问模式	描　述
0x02	LP_START	rw	循环起始地址（32 位）
0x03	LP_END	rw	循环结束地址（32 位）

表 3-11　代码密度索引辅助寄存器（CODE_DENSITY==1）

地　址	辅助寄存器名	访问模式	描　述
0x290	JLI_BASE	rw	跳转和链接索引基址
0x291	LDI_BASE	rw	加载索引基址
0x292	EI_BASE	rw	执行索引基址

5. 主机调试辅助寄存器

当配置了外部主机调试接口时，其相应增加的辅助寄存器如表 3-12 所示。

表 3-12 主机调试辅助寄存器

地 址	辅助寄存器名	访问模式	描 述
0x05	DEBUG	RG	调试寄存器
0x1F	DEBUGI	RG	调试寄存器、中断/寄存器组

6. 定时器辅助寄存器

ARCv2 ISA 支持配置多达 2 个 32 位可编程定时器和 1 个 64 位实时计数器,当相应的定时器被配置时,增加的辅助寄存器如表 3-13~表 3-15 所示。

表 3-13 定时器 0 用辅助寄存器(HAS_TIMER_0==1)

地 址	辅助寄存器名	访问模式	描 述
0x21	定时器 0 计数寄存器,COUNT0	RW	处理器定时器 0 的计数值
0x22	定时器 0 控制寄存器,CONTROL0	RW	处理器定时器 0 的控制值
0x23	定时器 0 极限寄存器,LIMIT0	RW	处理器定时器 0 的极限值

表 3-14 定时器 1 用辅助寄存器(HAS_TIMER_1==1)

地 址	辅助寄存器名	访问模式	描 述
0x100	定时器 1 计数寄存器,COUNT1	RW	处理器定时器 1 的计数值
0x101	定时器 1 控制寄存器,CONTROL1	RW	处理器定时器 1 的控制值
0x102	定时器 1 极限寄存器,LIMIT1	RW	处理器定时器 1 的极限值

表 3-15 实时寄存器用辅助寄存器

地 址	辅助寄存器名	访问模式	描 述
0x103	AUX_RTC_CTRL	rW	实时时钟控制寄存器
0x104	AUX_RTC_LOW	r	实时时钟低位寄存器
0x105	AUX_RTC_HIGH	r	实时时钟高位寄存器

7. 存储系统辅助寄存器

如第 2 章所介绍的,基于 ARCv2 ISA 的 ARC 处理器存储系统可配置指令 ICache、DCache、ICCM、DCCM、存储保护单元等。

当配置了 ICache 时,根据配置选项 IC_FEATURE_LEVEL 相应增加了辅助寄存器,如表 3-16 所示。

表 3-16 ICache 辅助寄存器

地址	辅助寄存器名	访问模式	描 述	说 明
0x10	IC_IVIC	W	无效 ICache	IC_FEATURE_LEVEL=0,1,2
0x11	IC_CR	RW	ICache 控制寄存器	IC_FEATURE_LEVEL=0,1,2
0x13	IC_LIL	W	锁定 ICache 行	IC_FEATURE_LEVEL=1,2
0x19	IC_IVIL	W	无效 ICache 行	IC_FEATURE_LEVEL=1,2
0x1A	IC_RAM_ADDR	RW	ICache 外部访问 RAM 地址	IC_FEATURE_LEVEL=2
0x1B	IC_TAG	RW	ICache 标志访问	IC_FEATURE_LEVEL=2
0x1D	IC_DATA	RW	ICache 数据访问	IC_FEATURE_LEVEL=2

当配置了 DCache 时，根据配置选项 DC_FEATURE_LEVEL 相应增加了辅助寄存器，如表 3-17 所示。

表 3-17　DCache 辅助寄存器

地　址	辅助寄存器名	访问模式	描　　述	说　　明
0x47	DC_IVDC	W	无效 Cache	IC_FEATURE_LEVEL=0,1,2
0x48	DC_CR	RW	DCache 控制寄存器	IC_FEATURE_LEVEL=0,1,2
0x4B	DC_FLSH	W	Flush DCache	IC_FEATURE_LEVEL=0,1,2
0x209	AUX_CACHE_LIMIT	RW	第一片非缓存的数据区的起始地址	IC_FEATURE_LEVEL=0,1,2
0x49	DC_LDL	W	锁存数据行	IC_FEATURE_LEVEL=1,2
0x4A	DC_IVDL	W	无效数据行	IC_FEATURE_LEVEL=1,2
0x4C	DC_FLDL	W	Flush 数据行	IC_FEATURE_LEVEL=1,2
0x58	DC_RAM_ADDR	RW	DCache 外部访问 RAM 地址	IC_FEATURE_LEVEL=2
0x59	DC_TAG	RW	DCache 标志访问	IC_FEATURE_LEVEL=2
0x5B	DC_DATA	RW	DCache 数据访问	IC_FEATURE_LEVEL=2

DCCM 和 ICCM 对应的辅助寄存器组如表 3-18 和表 3-19 所示。

表 3-18　DCCM 辅助寄存器组

地　址	辅助寄存器名	访问模式	说　　明
0x18	IDCCM 基地址，AUX_DCCM	RW	DCCM 的起始地址
0x74	DCCM RAM 配置寄存器，DCCM_BUILD	W	DCCM 硬件配置寄存器

表 3-19　ICCM 辅助寄存器组

地　址	辅助寄存器名	访问模式	说　　明
0x208	ICCM 基地址，AUX_ICCM	RW	多个 ICCM 的基地址
0x78	ICCM 配置寄存器，ICCM_BUILD	R	ICCM 硬件配置寄存器

基于 ARCv2 ISA 的处理器支持可选内存保护单元，它通过一系列控制寄存器来定义 MPU 的行为。状态寄存器用于指示内存保护冲突的来源。表 3-20 列出了 MPU 辅助寄存器。

表 3-20　MPU 辅助寄存器

地　址	辅助寄存器名	访问模式	说　　明
0x6D	MPU_BUILD	R	MPU 硬件配置寄存器
0x409	MPU_EN	RW	MPU 使能及缺省许可寄存器
0x420	MPU_ECR	R	MPU 异常产生寄存器
0x422	MPU_RDB0	RW	MPU 区域描述符基地址 0
0x423	MPU_RDP0	RW	MPU 区域描述符许可地址 0
0x424	MPU_RDB1	RW	MPU 区域描述符基地址 1

续表

地 址	辅助寄存器名	访问模式	说 明
0x425	MPU_RDP1	RW	MPU 区域描述符许可地址 1
0x426	MPU_RDB2	RW	MPU 区域描述符基地址 2
0x427	MPU_RDP2	RW	MPU 区域描述符许可地址 2
0x428	MPU_RDB3	RW	MPU 区域描述符基地址 3
0x429	MPU_RDP3	RW	MPU 区域描述符许可地址 3
0x42a	MPU_RDB4	RW	MPU 区域描述符基地址 4
0x42b	MPU_RDP4	RW	MPU 区域描述符许可地址 4
0x42c	MPU_RDB5	RW	MPU 区域描述符基地址 5
0x42d	MPU_RDP5	RW	MPU 区域描述符许可地址 5
0x42e	MPU_RDB6	RW	MPU 区域描述符基地址 6
0x42f	MPU_RDP6	RW	MPU 区域描述符许可地址 6
0x430	MPU_RDB7	RW	MPU 区域描述符基地址 7
0x431	MPU_RDP7	RW	MPU 区域描述符许可地址 7
0x432	MPU_RDB8	RW	MPU 区域描述符基地址 8
0x433	MPU_RDP8	RW	MPU 区域描述符许可地址 8
0x434	MPU_RDB9	RW	MPU 区域描述符基地址 9
0x435	MPU_RDP9	RW	MPU 区域描述符许可地址 9
0x436	MPU_RDB10	RW	MPU 区域描述符基地址 10
0x437	MPU_RDP10	RW	MPU 区域描述符许可地址 10
0x438	MPU_RDB11	RW	MPU 区域描述符基地址 11
0x439	MPU_RDP11	RW	MPU 区域描述符许可地址 11
0x43a	MPU_RDB12	RW	MPU 区域描述符基地址 12
0x43b	MPU_RDP12	RW	MPU 区域描述符许可地址 12
0x43c	MPU_RDB13	RW	MPU 区域描述符基地址 13
0x43d	MPU_RDP13	RW	MPU 区域描述符许可地址 13
0x43e	MPU_RDB14	RW	MPU 区域描述符基地址 14
0x43f	MPU_RDP14	RW	MPU 区域描述符许可地址 14
0x440	MPU_RDB15	RW	MPU 区域描述符基地址 15
0x441	MPU_RDP15	RW	MPU 区域描述符许可地址 15

3.6 工作模式

ARCv2 ISA 在两种模式下支持处理器工作。

(1) 内核模式:拥有最高访问权限,可以访问处理器中所有的状态,包括执行特权指令和访问特权寄存器。处理器复位后默认进入内核模式。

（2）用户模式：拥有最低访问权限，只能访问处理器中有限的状态，对特权状态的访问将报告异常。

内核模式和用户模式是可以相互切换的，任何异常或中断都会将处理器从用户模式切换到内核模式，而 RTIE 指令则可以将处理器从内核模式切换到用户模式。

3.7 指令操作类型

ARCv2 ISA 中支持的指令类型可以分为五种：算术逻辑指令、数据传输指令、控制流指令、特殊指令和扩展指令集。

3.7.1 算术逻辑指令

算术逻辑指令包含算术运算指令（如加法、减法、移位等）和逻辑运算指令（如与、或、非等）。ARCv2 ISA 中支持的基本算术逻辑指令如表 3-21 所示。

表 3-21 算术逻辑指令

操 作	相 关 指 令
加法	ADD, ADC, ADD_S, ADD1/2/3
减法	SUB, SBC, SUB_S, SUB1/2/3
逆向减法	RSUB
比较测试	TST, CMP, RCMP
位测试	BTST
单个指令和 BMSK	BSET, BCLR, BXOR, BMSK, BMSKN
取反	NEG, NEG_S
逻辑指令	AND, OR, XOR, BIC
比较指令	MAX, MIN,
算术移位指令	ASL, ASR
逻辑移位指令	LSR
循环移位指令	ROL, ROR, RLC, RRC

3.7.2 数据传输指令

数据传输指令包括访问辅助寄存器空间的指令、访问存储器空间的指令及数据格式转换指令，如符号位扩展指令、旋转指令等，如表 3-22 所示。

表 3-22 数据传输指令

操 作	相 关 指 令
辅助寄存器访存操作	LR, SR
存储器访存操作	LD, LD_S, LDB_S, LDH_S, PREFETC, ST, ST_S, STB_S, STH_S
堆栈指针的操作	ST. AW, PUSH_S, LD. AB, POP_S

续表

操 作	相 关 指 令
原子内存操作	EX, LLOCK, SCOND
移动和扩展	MOV, SEXB, EXTB, NOT, ABS, FLAG
旋转和转移	ASL, RLC, ASR, LSR, ROR, RRC

3.7.3 控制流指令

控制流指令包括分支、跳转、条件和中断有关的操作,如表 3-23 所示。

表 3-23 控制流指令

操 作		相 关 指 令
分支	条件分支	Bcc, B, B_S, BEQ_S, BNE_S, BGT_S, BGE_S, BLT_S, BLE_S, BHI_S, BHS_S, BLO_S, BLS_S
	分支和链接(条件/无条件)	BLcc, BL, BL_S
	比较或位测试分支	BRcc (EQ/NE/LT/GE/LO/HS), BREQ_S, BRNE_S, BBIT0, BBIT1,
跳转	跳转	Jcc, JLcc, J, J_S, JEQ_S, JNE_S
	空循环	LP
从中断或者异常返回		RTIE

3.7.4 特殊指令

特殊指令主要包括有关中断、辅助寄存器和空操作数的一些指令,如表 3-24 所示。

表 3-24 特殊指令

指 令	描 述
NOP, NOP_S	空操作
SLEEP	休眠直到中断或重新启动
SWI, SWI_S	软件中断,发生 EV_SWI 异常
AEX	辅助寄存器和通用寄存器内容交换
SETI	设置或恢复中断启用和优先级别
CLRI	禁用中断
BRK, BRK_S	断点指令,停止处理器
TRAP_S	陷入系统调用,产生带参数 n 的 EV_Trap 异常
UNIMP_S	未执行的指令,发生指令错误异常
SYNC	内存同步

3.7.5 扩展指令集

指令集使用的是 5 位二进制字段指令字内编码。前 8 个编码用于定义 32 位的指令;其余 24 个编码用于定义 16 位的指令。

32 位指令支持两个扩展指令集:1 个保留扩展集、1 个用户扩展集。

保留扩展集和用户扩展集可以包含双操作数指令、单操作数指令和零操作数指令。扩展指令集可以支持条件执行或设置标志位。

3.8 指令格式

3.8.1 32 位指令格式

ARCv2 ISA 指令提供完整的 32 位编码指令格式。寄存器-寄存器型指令通常采用三个独立的寄存器操作数,即两个源操作数和一个目的操作数,第二个源操作数可以被指定为一个短立即数,包含在每个 32 位的指令里。

当需要一个 32 位长的立即数时,应在源寄存器 r62 里指明,该指令要求 32 位立即数在连续 4 个字节地址内存中。寄存器 r63 是一个只读寄存器,包含 32 位字对齐的 PC,用于所有的指令源操作数,从而支持 PC 相对寻址。

3.8.2 16 位指令格式

有些应用不需要完整的 32 位编码格式的指令,可以选择使用精简的 16 位指令。16 位指令使用了精简的寄存器组。

与 32 位指令相比,16 位指令使用隐含的寄存器,通过目标寄存器与一个源寄存器共享一个寄存器来减少操作数。分支范围从最大偏移量 ±16 MB 降至 ±512 B,没有分支延迟槽执行模式、条件的执行、标志设置选项。

3.8.3 指令存储方式

在 ARCv2 ISA 体系结构中,所有的程序被编码为 16 位的半字序列,一个 32 位长的指令包括两个 16 位半字,如图 3-11 所示。高位 Half-Word 1 存储操作码,便于让处理器中的取指部件区分,以便将完整的 16 位或者 32 位指令分发到后续指令译码部件中。

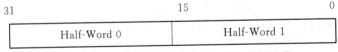

图 3-11 半字的 32 位指令或长立即数据项编号

指令的每个字节保存顺序及长立即数的具体存储顺序取决于处理器配置的存储格式到底是大端格式还是小端格式,图 3-12 和图 3-13 分别列出了大端格式和小端格式下,32 位指令的具体字节与地址对应情况。

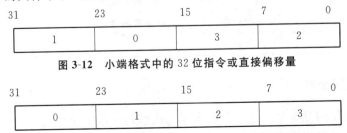

图 3-12 小端格式中的 32 位指令或直接偏移量

图 3-13 大端格式中的 32 位指令或直接偏移量

同样,图 3-14 和图 3-15 分别列出了大端格式和小端格式下,16 位指令的起始地址与每个字节的对应关系。

15	14	13	12	11	10	9	8	7	6	5	4	3	2	1	0
				1								0			

图 3-14 小端格式下内存中的 16 位指令偏移

15	14	13	12	11	10	9	8	7	6	5	4	3	2	1	0
				0								1			

图 3-15 大端格式下内存中的 16 位指令偏移

无论大端格式还是小端格式,16 位指令和 32 位指令都可以一起存储在存储器中,图 3-16 所示的是 32 位指令 A 和 16 位指令 B、C 存储在存储器中的情况。

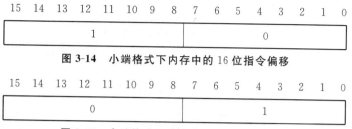

图 3-16 指令存储格式

3.8.4 条件执行

ARCv2 ISA 中的 32 位指令支持有条件执行,5 位条件码字段允许在执行指令前使用高达 32 种不同的条件限制。默认情况下,作为预留接口,16 项条件都可供用户自定义。

大多数 ARCv2 ISA 指令是支持条件执行的,指定指令只有在条件码标识与给定的条件匹配时才执行。条件执行减少了分支指令的数目,相应地减少了指令流水线的排空次数,从而改善了执行代码的性能,也在一定程度上提高了代码密度。

条件执行主要依赖于两部分:条件码和条件状态位。条件码是跟在指令助记符后面的 2 个字母<.cc>,缺省条件是 AL,即无条件执行。

ARCv2 ISA 中定义了四个条件状态位,即 Z、N、C、V,位于状态寄存器 STATUS32 中,各状态标志位的具体定义如表 3-25 所示。

表 3-25 状态标志位含义

状 态 位	含 义
Z	结果为零
N	结果最高有效位 MSB 被置 1
C	进位设置
V	设置是否产生溢出

在 32 位指令中,指令助记符<.f>用于指示状态位更新,即根据指令执行的结果更新 STATUS32 寄存器中相应的 Z、N、C、V 位的值。16 位指令不支持<.f>标志设

置,但是 BTST_S、CMP_S、TST_S 可以设置标记符隐藏。

表 3-26 列出了 ARCv2 ISA 中已定义的 16 种条件码及其需满足的各状态位数值。工程设计人员可以根据实际应用需求添加和扩展条件码(0x10～0x1F)。

表 3-26　条件码及相应状态位数值

助 记 符	条 件	状态位数值	编 码
AL, RA	无	1	0x00
EQ, Z	为零	Z	0x01
NE, NZ	非零	/Z	0x02
PL, P	正数	/N	0x03
MI, N	负数	N	0x04
CS, C, LO	进位置位,小于(无符号)	C	0x05
CC, NC, HS	进位清零,不小于(无符号)	/C	0x06
VS, V	溢出置位	V	0x07
VC, NV	溢出清零	/V	0x08
GT	大于(有符号)	(N、V 与/Z)或(/N、/V 与/Z)	0x09
GE	不小于(有符号)	(N 与 V)或(/N 与/V)	0x0A
LT	小于(有符号)	(N 与/V)或(/N 与 V)	0x0B
LE	不大于(有符号)	Z or (N 与/V)或(/N 与 V)	0x0C
HI	高于(无符号)	/C 与/Z	0x0D
LS	低于或相同(无符号)	C 或 Z	0x0E
PNZ	非零正数	/N 与/Z	0x0F

32 位 ALU 运算可以是有条件或可选择的更新标志,如

```
ADD.EQ r1,r1,r2
XOR.EQ.F r1,r1,r2
SUB.F 0,r1,r3
```

16 位 ALU 运算很少设置标志,可以无条件执行,如

```
CMP_S  r3,r1
```

3.9　指令集应用实例

ARCv2 ISA 使用特定后缀语法来区分 32 位指令和 16 位指令,如表 3-27 所示。

表 3-27　32 位和 16 位指令特定后缀语法

助 记 符	描　　述
OP	32 位指令
OP_L	32 位指令
OP_S	16 位指令

ARCv2 ISA 所支持的所有 32 位和 16 位指令参见附录 B"ARC 指令速查表"。

为了支持不同寻址模式、不同的条件执行及不同的立即数大小,ARCv2 ISA 中使用的助记符如表 3-28 所示。

表 3-28　ARCv2 ISA 指令助记符

语　法	描　述
a，b，c	通用寄存器
h，g	通用寄存器,用于 16 位指令。使得该 16 位指令可以不受指令编码限制访问到所有寄存器空间
u<X>	无符号立即数,位宽 <X>位,如 u6,u7
s<X>	有符号立即数,位宽 <X>位,如 s12,s13
limm	32 位长立即数(一般作为第二个操作数存储)
<.f>	回写状态寄存器标志
<.cc>	条件码字段(如条件分支)
<.d>	延迟槽遵循指令(用于分支和跳转)
<.zz>	数据大小定义(字节、半字或字)
<.x>	执行符号扩展
<.di>	数据缓存旁路(加载和存储操作)
<.aa>	地址回写
<.y>	反转默认静态分支预测

本章将针对 ARCv2 ISA 支持的不同指令类型列举部分具有代表性的指令使用实例。

3.9.1　数据传输指令 MOV

(1)指令书写格式:

```
MOV<.cc> <.f>b,c;
```

(2)指令操作:

```
if (cc) b=c;
```

当满足条件时,将操作数 c 的值传送到目的操作数 b 中。在对 f 标志设置后,当执行 MOV 操作时,目的操作数 b 中的数值将相应更新 STATUS32 寄存器中的 Z、N、C、V 状态位。

(3)举例:

```
MOV r1,r2;将 r2 的值传入 r1 中
```

3.9.2　算术运算指令

算术运算指令主要是指加法和减法的运算。

1. 加法指令

(1) 指令书写格式：

```
ADD<.cc><.f>a,b,c;
```

(2) 指令操作：

```
if (cc) a=b+c;
```

当满足条件时，将操作数 c 与 b 相加后，将结果传送到目的操作数 a 中。在对 f 标志设置后，当执行 ADD 操作时，目的操作数 a 中的数值将相应更新 STATUS32 寄存器中的 Z、N、C、V 状态位。

(3) 举例：

```
ADD r1,r2,r3 ;将 r2 与 r3 相加后的值传入 r1 中
```

2. 带进位的加法指令

(1) 指令书写格式：

```
ADC<.cc> <.f> a,b,c;
```

(2) 指令操作：

```
if (cc) a=b+c+carry;
```

当满足条件时，将操作数 c 与 b 相加，再加上进位后，将结果传送到目的操作数 a 中。当执行 ADC 操作时，目的操作数 a 中的数值将相应更新 STATUS32 寄存器中的 Z、N、C、V 状态位。

(3) 举例：

```
ADC r1,r2,r3; 将 r2 与 r3 和进位相加后传入 r1 中
```

(4) 说明：ADC 常用于多字的加法运算。

3. 减法指令

(1) 指令书写格式：

```
SUB<.cc> <.f>a,b,c;
```

(2) 指令操作：

```
if (cc) a=b-c;
```

当满足条件时，将操作数 b 与 c 相减后，将结果传送到目的操作数 a 中。在对 f 标志设置后，当执行 SUB 操作时，目的操作数 a 将相应更新 STATUS32 寄存器中的 Z、N、C、V 状态位。

(3) 举例：

```
SUB r1,r2,r3; 将 r3 与 r2 相减后传入 r1 中
```

4. 带借位的减法指令

(1) 指令书写格式：

```
SBC<.cc> <.f>a,b,c;
```

（2）指令操作：

```
if (cc) a=(b-c)-C;
```

当满足条件时，将操作数 b 与 c 相减，再减去借位后，将结果传送到目的操作数 a 中。在对 f 标志设置后，当执行 SBC 操作时，目的操作数 a 将相应更新 STATUS32 寄存器中的 Z、N、C、V 状态位。

（3）举例：

```
SBC r1,r2,r3; 将 r3 与 r2 相减并借位后传入 r1 中
```

（4）说明：SBC 常用于多字的减法运算。

3.9.3　比较指令

（1）指令书写格式：

```
CMP<.cc>b,c;
```

（2）指令操作：

当满足条件时，执行减法操作（b−c）；该指令条件执行减法操作，但它并不保存运算结果，结果会影响 Z、N、C、V 标志位。比较指令主要用于更新状态位，因此其结果无须目的操作数。

（3）举例：

```
CMP r1,r2; 比较 r2 和 r1 的值，将标志位写入 STATUS32 寄存器
```

3.9.4　逻辑运算指令

1. 逻辑与指令

（1）指令书写格式：

```
AND<.cc><.f>a,b,c;
```

（2）指令操作：

```
if (cc) a=b & c;
```

当满足条件时，将操作数 b 与操作数 c 按位相与，将结果传送到目的操作数 a 中。在对 f 标志设置后，当执行 AND 操作时，目的操作数 a 将相应更新 STATUS32 寄存器中的 Z、N、C、V 状态位。

（3）举例：

```
AND r1,r2,r3; 将 r2 和 r3 按位与后的结果传入 r1 中
```

2. 逻辑或指令

（1）指令书写格式：

```
OR<.cc><.f>a,b,c;
```

（2）指令操作：

```
if (cc) a=b | c;
```

当满足条件时,将操作数 b 与操作数 c 按位或,将结果传送到目的操作数 a 中。在对 f 标志设置后,当执行 OR 操作时,目的操作数 a 将相应更新 STATUS32 寄存器中的 Z、N、C、V 状态位。

（3）举例：

```
OR r1,r2,r3; 将 r2 和 r3 按位或后的结果传入 r1 中
```

3.9.5　跳转指令

跳转指令又称为分支指令,用于实现程序流的跳转,这类指令可以用于改变程序的执行流程和调用子程序的顺序。

1. 转移指令

（1）指令书写格式：

```
B<.d>s25;
```

（2）指令操作：

```
PC=(PCL+s25);
```

使程序跳转到指定目标地址执行,其结果不会影响标志位。

（3）举例：

```
B label; 使程序跳转到标签 label 处
```

2. 带返回的转移指令

（1）指令书写格式：

```
BL<.cc><.d>s21;
```

（2）指令操作：

```
if (cc) {BLINK=NEXT_PC; PC=PCL+s21};
```

将当前 PC 的值（下一条指令的地址）送到通用核心寄存器 r14 中保存,并使其跳转到指定位置执行,其结果不会影响标志位。

（3）举例：

```
BLEQ label;如果结果标志位 Z 被置位,那么使程序跳转到标签 label 处
```

3.9.6　加载/存储指令

Ld/St 指令用于操作存储器和处理器寄存器之间的数据传输,其通用指令格式分别如下:

```
LD<zz><.x><.aa><.di>      a,[b,c]
ST<zz><.aa><.di>          c,[b,s9]
```

下面将具体介绍在不同的模式下使用不同格式的指令。

（1）地址回写模式:这种模式仅限于 32 位的指令格式。如果一条加载指令的目的

地是相同的一个源寄存器,并且寻址模式定义更新数据存储到源寄存器,写入到该寄存器中的值就是从存储器返回的值。下面给出了一个简单的例子:

```
LDH.AW r0,[r1,r2]        ; r1<-r1+r2 r0<-@ (r1+r2)
                         ;事前更新
LDH.AB r0,[r1,r2]        ; r1<-r1+r2 r0<-@ r1
                         ;事后更新
```

（2）缓存旁路模式:这种格式仅限于 32 位的指令格式。下面给出了一个简单的例子:

```
ST.DI r0,[r1,0x06];先直接存储在内存中,然后旁路缓存
```

（3）数据大小模式:表 3-29 具体说明了使用数据大小模式的编码。

表 3-29　加载存储数据尺寸模式

zz 代码	zz 后缀	访 问 模 式
00		字(32 位)默认
01	B	Byte
10	H	半字(16 位)
11	D	引发非法指令异常

```
LDB r0,[r1,r2]           ;将 r1、r2 寄存器中的内容相加作为地址,将地址中对应的
                         ;内容取出存入 r0
LDH_S.X r0,[r1,33]       ;符号扩展,addr=r1+32
ST.AS r0,[r1, 2]         ;将一个 32 位的数写入内存,addr=r1+ (2<<2)
```

3.9.7　其他指令

1. 单个和空操作数指令

单个操作数的基本指令如 FLAG、SLEEP、EXT、SXT、ABS 等。
空操作数的基本指令如 BRK_S、SWI、SYNC。

2. 零开销循环

使用 LP 指令集,循环起始和结束之间必须在循环中有多个指令。
例如:

```
lpz
                    MOV  LP_COUNT,2;
                    LP   loop_end;
loop_in:
                    LR   r0,[r1];
                    ADD  r2,r2,r0;
                    BIC  r1,r1,4;
loop_end:
                    ADD  r19,r19,r20
```

3. SLEEP 指令

SLEEP 指令允许程序员使 CPU 休眠,允许事先设定低功率消耗的时间,CPU 中

断唤醒,可以设置的相关参数有唤醒处理器所需的阈值、中断优先级及用户定义的睡眠模式状态。

3.10 DSP 扩展

本节适用于编程人员对 ARC EM 处理器的 ARCv2 ISA 和 ARCv2 DSP ISA 进行开发。ARCv2 ISA 包含一套强制流水线特性及可选扩展集合。本节将介绍 ARCv2 ISA 的各个方面。

ARCv2 DSP 是 ARCv2 ISA 的扩展。ARCv2 DSP 包含 100 多条新的 DSP 指令,这些指令用于加速信号处理算法,包括向量和复杂的 MUL/MAC 操作。ARCv2 DSP 包括:

(1) 统一的单周期 32×32 MUL / MAC 单元,带有 40 位/72 位累加器;

(2) 支持饱和算数的小数运算(Q31 和 Q15 数据类型)、舍入和非舍入指令,以及支持滤波的除法和平方根指令、快速傅里叶变换(FFT)和其他信号处理算法;

(3) 矢量操作,可以在单个操作中处理多个数据值。

3.10.1 ARCv2 DSP ISA 的关键特性

1. ARCv2 DSP

(1) 基本饱和算数指令;

(2) 向量解包指令;

(3) 向量 ALU 指令;

(4) 累加器指令;

(5) 向量 SIMD 16×16 MAC 指令;

(6) 双内积 16×16 MAC 指令;

(7) 32×32 和 16×16 MAC 指令;

(8) 双 16×8 MAC 指令;

(9) 复杂指令;

(10) 32×16 MAC 指令。

2. XY 存储器

(1) 灵活的 XY 存储器;

(2) DCCM、XCCM 和 YCCM 统一访问;

(3) 可配置数量的地址指针寄存器、配置寄存器和偏移寄存器;

(4) 支持线性、模数和位反向寻址模式;

(5) 支持数据解包、打包、复制和重新排序;

(6) XY 逻辑的电源管理;

(7) 完全互锁的 XY 访问、加载和存储操作;

(8) 每个时钟周期内一个 32×32 MAC 指令的峰值吞吐量。

3. DMA 控制器

(1) 1~16 个独立的可编程 DMA 通道(可配置通道数);

（2）用户可对所有可用通道进行优化编程；

（3）与主 CPU 并行操作；

（4）软件和硬件触发 DMA 传输；

（5）两种寻址模式；

（6）支持内部和外部中断。

4. Debug

ARC RTT 支持以下方式。

（1）跟踪单核或多核处理器配置中的数据。

（2）数据收集：辅助寄存器读/写，核心寄存器写入和内存读/写的建立时间可配置性。

（3）调试跟踪：程序流、进程 ID 跟踪和观察点跟踪。

5. 性能监测

（1）热点分析：定位消耗最多 CPU 时间的功能和指令。

（2）指令流量量：确定整个系统共有的行为模式。

（3）时序测量：测量最小、最大和平均响应时间。

（4）实时统计显示：在系统运行时，实时查看系统参数。

6. 看门狗定时器

（1）检测某些意外事件导致核心挂起的死锁情况。

（2）使用外部接口信号请求核心复位。

（3）使用外部接口信号通知主机系统超时。

（4）在内核中触发内部中断。

3.10.2 DSP 相关配置选项

DSP 相关配置选项如表 3-30 所示。

表 3-30 DSP 相关配置选项

配 置 名 称	配 置 操 作	配 置 值	描 述
DSP	—create	com. arc. hardware. DSP. 1_0System. CPUisle. ARCv2EM. DSP	包含 DSP
Implementation	—dsp_ impl	inferred｜optimized	从 Verilog 推断数据路径组件或使用进位保存组件进行优化以进行计时
Single Cycle Complexsupport	—dsp_complex	false｜true	包括对单循环复杂 MPY / MAC 指令和蝶形指令的支持； 若为 false,则支持双周期复数 MPY / MAC 指令，但不支持蝶形指令
ITU Support	—dsp_ itu	false｜true	包括对 ITU 编解码器要求的预累积移位的支持；若为 true,则支持，否则不支持

续表

配 置 名 称	配 置 操 作	配 置 值	描 述
Accum Shift Support	—dsp_ accshift	limited | full	限制累加器换挡范围减小区域：limited：受限制的换挡范围为[−8,8] full：完全换挡支持[−72,72]
Divide and Square Root	—dsp_ divsqrt	no | radix2 | radix4	启用对除法和平方根指令的支持。radix2 每个时钟周期计算一个结果位。radix4 每个时钟周期计算两个结果位。平方根和小数除法总是基数为 2

3.10.3 DSP 数据类型

DSP 扩展使用以下熟悉的数据类型，其中 S 为符号位。

1. 8 位有符号整数向量

如图 3-17 所示，在 32 位数据中，包含 4 个 8 位有符号整数。每个有符号整数（8 位）包括一个符号位（最高有效位）和表示整数的 7 位二进制补码[6:0]。8 位有符号整数的最高有效位是符号位。

图 3-17　8 位有符号整数向量

2. 16 位有符号整数

如图 3-18 所示，在 32 位数据中，16 位有符号整数由最低有效 16 位表示。在最低有效 16 位中，位[15]是符号位，位[14:0]表示整数的二进制补码。32 位中的高 16 位被忽略。

16 位有符号整数始终与偶数内存地址对齐。

图 3-18　16 位有符号整数

3. 16 位无符号整数

如图 3-19 所示，在 32 位数据中，16 位无符号整数由最低有效 16 位表示。32 位中的高 16 位被忽略。

16 位无符号整数始终与偶数存储器地址对齐。

31 30 29 28 27 26 25 24 23 22 21 20 19 18 17 16	15 14 13 12 11 10 9 8 7 6 5 4 3 2 1 0
忽略	无符号整数

图 3-19　16 位无符号整数

4. 16 位有符号小数

16 位有符号小数可以存储在寄存器[31:16]的最高位部分或寄存器[15:0]的最低位部分。16 位小数 DSP 指令可通过以下方式进行标量：

（1）从 LSB 获取 Q15 标量操作数的指令，助记符后缀为"L"。

（2）从 MSB 获取 Q15 标量操作数的指令,助记符后缀为"M"。

5. 16 位有符号整数向量

如图 3-20 所示,在 32 位数据中,16 位有符号整数向量包含两个 16 位有符号整数。每个有符号整数(16 位)包括一个符号位(最高有效位)和 15 位表示整数的二进制补码。16 位有符号整数的最高有效位是符号位。

16 位有符号整数始终与偶数内存地址对齐。

31 30 29 28 27 26 25 24 23 22 21 20 19 18 17 16	15 14 13 12 11 10 9 8 7 6 5 4 3 2 1 0
S　　整数的二进制补码	S　　整数的二进制补码

图 3-20　16 位有符号整数向量

6. 16 位无符号整数向量

如图 3-21 所示,在 32 位数据中,16 位无符号整数向量包含两个 16 位无符号整数。每个无符号整数表示整数的 16 位二进制补码。

16 位无符号整数向量始终与偶数存储器地址对齐。

31 30 29 28 27 26 25 24 23 22 21 20 19 18 17 16	15 14 13 12 11 10 9 8 7 6 5 4 3 2 1 0
整数的二进制补码	整数的二进制补码

图 3-21　16 位无符号整数向量

7. 16 位有符号小数向量

如图 3-22 所示,32 位数据类型包含两个 16 位有符号小数向量。在每个 16 位向量中,最高有效位表示符号位,表示小数的 15 位二进制补码。

最大可表示的值为 0.999999,最小值为 −1。

16 位有符号小数数据始终与偶数存储器地址对齐。

31 30 29 28 27 26 25 24 23 22 21 20 19 18 17 16	15 14 13 12 11 10 9 8 7 6 5 4 3 2 1 0
S　　小数的二进制补码	S　　小数的二进制补码

图 3-22　16 位有符号小数向量

8. 32 位有符号整数

如图 3-23 所示,在 32 位有符号整数中,最高有效位(第 31 位)是符号位,最低有效位[30:0]表示整数的二进制补码。

32 位有符号整数始终与四字节存储器地址对齐。

31 30 29 28 27 26 25 24 23 22 21 20 19 18 17 16 15 14 13 12 11 10 9 8 7 6 5 4 3 2 1 0
S　　　　　　整数的二进制补码

图 3-23　32 位有符号整数

9. 32 位无符号整数

如图 3-24 所示,在 32 位无符号整数中,位[31:0]表示整数的二进制补码。

32 位无符号整数始终与四字节存储器地址对齐。

31 30 29 28 27 26 25 24 23 22 21 20 19 18 17 16 15 14 13 12 11 10 9 8 7 6 5 4 3 2 1 0
无符号整数

图 3-24　32 位无符号整数

10. 32 位有符号小数

如图 3-25 所示,在 32 位有符号分数中,最高有效位(位 31)是符号位,最低有效位 [30:0]表示小数的二进制补码。

32 位有符号小数始终与四字节存储器地址对齐。

31	30	29	28	27	26	25	24	23	22	21	20	19	18	17	16	15	14	13	12	11	10	9	8	7	6	5	4	3	2	1	0
S													小数的二进制补码																		

图 3-25　32 位有符号小数

11. 累加器

DSP 组件使用辅助寄存器(ACC0_LO、ACC0_HI、ACC0_GLO、ACC0_GHI)进行 DSP 操作。

ACC0_LO 寄存器是小端格式下 r58 寄存器的镜像,也是大端格式下 r59 寄存器的镜像。当 ACC0_LO 寄存器溢出时,辅助寄存器 ACC0_GLO 用于存储保护位。

同样,ACC0_HI 寄存器是小端格式下 r59 寄存器的镜像,也是大端格式下 r58 寄存器的镜像。当 ACC0_HI 寄存器溢出时,辅助寄存器 ACC0_GHI 用于存储保护位。

12. 累加器饱和

如果保护位使能(满足 DSP_CTRL. GE==1)、饱和位使能(满足 DSP_CTRL. SE=1),且保护位溢出,那么累加器饱和。如果禁止保护位(DSP_CTRL. GE==0),那么饱和位 DSP_CTRL. SE 被忽略,并且累加器溢出后就会饱和。

13. 累加器操作

表 3-31 提供了可用于移位、设置、读取、除法和计算平方根的累加器指令列表。

表 3-31　累加器操作

指　　令	类　　型	最大值	最小值	标志位	描　　述
ASLACC	ZOP	0x05	0x00	0	算术左移累加器
ASLSACC	ZOP	0x05	0x01	0	算术左移累加器;带进位
FLAGACC	ZOP	0x05	0x04	1	将累加器状态标志复制到 STATUS 32 寄存器中
GETACC	SOP	0x05	0x18	0	读取累加器
NORMACC	SOP	0x05	0x19	0	归一化累加器
SETACC	DOP	0x05	0x0d	1	累加器置位

3.10.4　核心寄存器组扩展

当处理器使用具有 MAC 的 DSP 单元时,两个扩展核心寄存器由 64 位累加器 (ACCH,ACCL)组成。根据寄存器对的定义,ACC 寄存器包括累加器(ACCH, ACCL)寄存器对。

当使用浮点单元和 FSMADD 或 FSMSUB 指令时,两个扩展核心寄存器由第三个操作数组成,如图 3-26 所示。

31	30	29	28	27	26	25	24	23	22	21	20	19	18	17	16	15	14	13	12	11	10	9	8	7	6	5	4	3	2	1	0
S	指数位											有效位																			

图 3-26　ACCL 用于积和熔加运算及积和熔减运算操作

如果 HAS_AGU 选项为 true,那么扩展核心寄存器 r32 及以前的寄存器用于 AGU 窗口寄存器如图 3-27 所示,AGU 窗口寄存器的数量由 AGU_MOD_NUM AGU 选项确定。窗口寄存器可用于扩展核心寄存器 rX,其中 $32 \leqslant X < 32 + AGU\_MOD\_NUM$。

读取或写入这些窗口寄存器会在更新地址指针时,间接访问 XY 存储器。

	3	3 2 2 2 2 2 2 2 2 2 2 1 1 1 1 1 1 1 1 1 1 9 8 7 6 5 4 3 2 1 0
r0		基本通用核心寄存器
r1~r25		
r26		全局指针(GP)
r27		框架指针(FP)
r28		堆指针(SP)
r29		中断链接寄存器(ILINK)
r30		通用寄存器
r31		分支链接寄存器(BLINK)
r32~r57		AGU 窗口寄存器
r58		累加器低 ACCL(小端),ACCH(大端)
r59		累加器高 ACCH(大端),ACCL(小端)
r60		如循环计数器[LPC_SIZE-1:0]
r61		保留
r62		长立即数寄存器
r63		程序计数器[PC_SIZE-1:2],只读(PCL)　　　0 0

图 3-27　HAS_AGU 为 true 时的扩展核心寄存器

3.10.5　辅助寄存器组扩展

1. DSP 辅助寄存器

DSP 组件包括一组硬件和指令,可用于在执行入门级 DSP 应用(如基本音频处理)时最小化处理器负载。

DSP 组件包含如表 3-32 所示的辅助寄存器。

表 3-32　DSP 辅助寄存器

地　　址	辅助寄存器名	访问方式	描　　述
0x580	Accumulator Low Register,ACCO_LO	rw	低累加寄存器
0x581	Low Accumulator Guard and Status Register,ACCO_ GLO	rw	低累加器的保护和状态寄存器
0x582	Accumulator High Register,ACCO_ HI	rw	高累加寄存器

地　　址	辅助寄存器名	访问方式	描　　述
0x583	High Accumulator Guard and Status Register, ACCO_ GHI	rw	高累加器的保护和状态寄存器
0x598	DSP Butterfly Instructions Data Register, DSP_ BFLYO	rw	用于存储蝶形指令中使用的隐式复数 A0 操作数的寄存器
0x59E	DSP FFT Control Register, DSP_ FFT_ CTRL	rw	用于控制傅里叶变换蝶形指令的缩放行为的寄存器
0x59F	DSP Control Register, DSP_ CTRL	rw	控制舍入和保护位行为的寄存器

2. XY 寄存器接口

XY 存储器是 DSP 处理器中常见的一种功能,可提高 DSP 性能。XY 组件(包含如表 3-33 所示的辅助寄存器)允许处理器使用单个指令隐式加载源操作数并将结果存储到紧密耦合存储器中。这有利于代码密集,性能提高。通过 AGU 中的一组地址指针和修饰符来访问 XY 存储器,修饰符定义 AGU 中 XY 地址指针的数据类型和增量值。对于 ARCv2 内核,X 存储器通常表示为 XCCM,Y 存储器通常表示为 YCCM。

表 3-33　XY 辅助寄存器

地　　址	辅助寄存器名	访问方式	描　　述
0x5F8	XCCM Base Address, XCCM_BASE	RW	XCCM 基地址
0x5F9	YCCM Base Address, YCCM_BASE	RW	YCCM 基地址
0x5C0 to 0x5CF	AGU Address Pointer Registers, AGU_AUX_APx	RW	地址生成单元地址指针寄存器
0x5D0 to 0x5DF	AGU Offset Registers, AGU_AUX_OSx	RW	地址生成单元偏移寄存器
0x5E0 to 0x5E7	AGU Modifier Registers, AGU_AUX_MODx	RW	地址生成单元修饰寄存器

XY 存储器架构允许单个 ARCv2 指令在单个时钟周期内执行以下操作:

(1) 通过引用地址指针,从 XY 存储器加载两个源操作数(一个来自 X 存储器,一个来自 Y 存储器);

(2) 自增地址指针;

(3) 计算指令的结果(乘以操作数,MAC 操作数等);

(4) 通过取消引用地址指针将结果回写 XY 存储器;

(5) 自增目标地址指针。

3.10.6　DSP 指令类别

DSP 指令定义了以下几类指令:

(1) 基本饱和算术运算;

(2) 向量拆包操作;

(3) 向量 ALU 操作;

（4）累加器操作；

（5）向量 SIMD 16×16 MAC 操作；

（6）双内积 6×16 MAC 操作；

（7）32×32 和 16×16 MAC 操作；

（8）双 16×8 MAC 操作；

（9）复杂操作；

（10）32×16 MAC 操作。

指令助记符如表 3-34 所示。

表 3-34　指令助记符

前缀或后缀	描　　述
V	前缀，SIMD 形式的矢量操作
D	前缀，内产形式的矢量操作
C	前缀，复杂操作
2	后缀，双路向量复杂操作
B	后缀，八位操作数
H	后缀，十六位操作数
WH	后缀，32×16 位操作数
HB	后缀，16×8 位操作数
HWF	后缀，16 位小数操作数；32 位回写
D	后缀，32×32 位操作数，64 位回写
F	后缀，分数操作数
R	后缀，四舍五入
U	后缀，无符号
C	后缀，复共轭
L	后缀，最不重要的
M	后缀，最重要的

3.11　小结

本章介绍了 ARC EM 处理器的编程模型，主要包括寻址空间划分、数据类型、寻址方式、寄存器组、工作模式及指令操作类型和指令格式等，并详尽介绍了典型的常用指令。

4

中断及异常处理

中断机制是嵌入式系统中必不可少的一部分,特别是在低功耗 MCU 中,中断更是扮演了特殊角色。所以,深入学习并掌握中断技术是非常重要的。中断和异常都是处理系统中突发事件的机制,请求处理器打断正常程序的执行流程,进入特定的处理或服务程序。本章主要介绍 ARC EM 处理器的中断和异常处理机制。

4.1 概述

ARC EM 处理器支持异常且可选择性配置中断:异常是在处理器内核完成某个指令后立即触发,所以认为它是同步的;中断可能在处理器运行的任何时刻都会触发,所以认为它是异步的。

当发生异常或中断时,ARC EM 处理器会先保存当前的处理器工作模式状态信息,随后切换到内核模式进行异常或中断处理。当退出异常或中断服务程序时,ARC EM 处理器会根据保存的工作模式状态信息自动切换到之前的工作模式,以便继续执行程序。ARC EM 处理器也支持在异常或中断服务程序中显式地更改工作模式的状态信息,以便在退出服务程序时切换到所期望的工作模式。

4.2 工作模式和权限

ARC EM 处理器的工作模式决定是否允许任务执行某一特权指令或访问受保护的状态。例如,存储管理系统可以根据当前处理器所处的工作模式来判断对某一特定的存储区域的访问是否合法。

ARC EM 处理器有两种工作模式:内核模式和用户模式。这两种工作模式的权限等级也不相同。

(1)内核模式具有最高权限等级,且是一种从复位进入的工作模式。访问完整的处理器状态只能在内核模式下进行,包括执行特权指令和访问特权寄存器。内核模式任务通过 STATUS32 状态寄存器中的 U 域确定处理器所处的工作模式及恢复所有合法的中断或异常的状态,而且可使完整的处理器状态得以保存和恢复。

(2)用户模式是最低权限等级,对访问特权处理器状态有严格的限制。任何试图访问特权处理器状态,或执行特权指令的操作都将引发一个异常。

ARC EM 处理器在用户模式和内核模式时的权限区别如表 4-1 所示。

表 4-1　用户模式和内核模式的权限区别

功　能	用 户 模 式	内 核 模 式
访问通用寄存器	除 ILINK 外均可以	允许
内存管理/TLB 控制	不允许	允许
缓存管理	不允许	允许
普通指令	允许	允许
特权指令	不允许	允许
访问基本辅助寄存器	只允许访问 LP_START、LP_END、PC32 及 STATUS32 寄存器的 ZNCV 域	允许
访问外部辅助寄存器	只允许 JLI_BASE、LDI_BASE 及 EI_BASE	允许
访问 BCR 寄存器	不允许	允许
访问定时器	不允许	允许
运行 TRAP_S、SWI、SWI_S 等指令	允许	允许
启用中断,优先级选择	不允许	允许
扩展指令及状态	是否允许由 XPU 控制	允许

4.2.1　特权指令

特权指令包括 SLEEP、RTIE、CLRI、SETI。

当 DEBUG[UB]=0 时,BRK、BRK_S 也属于特权指令。

需要指出的是,KFLAG 指令虽然不属于特权指令,但是在内核模式中执行该指令,也可以更改 STATUS32 寄存器中的某些特权位域值。

4.2.2　特权寄存器

绝大多数核心寄存器组的寄存器允许在用户模式和内核模式两种工作模式下访问。ILINK 寄存器则只允许在内核模式中访问,在用户模式下访问 ILINK 寄存器将引起一个特权违背异常,并反映在异常原因寄存器中。

对于辅助寄存器空间,在用户模式下只允许访问的寄存器有 PC、STUTUS32 寄存器的 ZNCV 域、LP_START、LP_END。

除上述寄存器之外的辅助寄存器只能在内核模式下访问。

4.2.3　工作模式切换

当 ARC EM 处理器发生陷阱(TRAP_S)、软中断(SWI、SWI_S),中断,异常,复位或机器检测异常时,处理器将进入内核模式。

当以下情况出现时,ARC EM 处理器将从内核模式切换至用户模式。

从异常返回:处理器状态寄存器指出最后一个异常发生于用户模式。

从中断返回:处理器状态寄存器指出最外层中断发生于用户模式。

在状态寄存器中清除中断有效位或异常有效位期间,异常和中断处理程序可以选择在返回值寄存器(ERET、ILINK、BLINK 等)、状态寄存器(ERSTATUS、STATUS32_P0)及活跃中断寄存器(AUX_IRQ_ACT)中并调整数值,以跳转进入内核模式或用户模式。

FLAG 指令不能用于改变处理器的用户模式或内核模式状态,但 KFLAG 指令可以将处理器置于异常处理模式或正常模式,还可以用于设置中断阈值。

4.3 中断

中断是指处理器在正常运行程序时,由于内部或外部事件引起处理器暂时中止执行现行程序,转去执行请求处理器为其服务的外设或事件的服务程序,待该服务程序执行完毕后,又返回到被中止的程序这样一个过程。

在处理器检测到某个中断信号后,会停止当前运行的程序,并在保存相关寄存器内容后,才跳转到另一个程序的地址开始执行指令,这个地址称为中断向量。中断向量所指向的程序空间称为中断服务程序。不同中断发生时,处理器内核跳转地址组成的集合称为中断向量表,它指定了各种异常中断及中断服务程序的对应关系。中断向量表中每个中断或异常对应一个 32 位入口地址,并且可以通过中断或异常向量号进行索引查询。在执行完中断服务程序后,处理器会恢复中断发生时相关寄存器的内容,继续执行原来的程序,整个过程称为中断响应过程。

ARC EM 处理器的中断单元具有良好的可编程性,可处理以下中断类型。

(1) 定时器中断:在配置了相应定时器的 CONTROL 寄存器之后,由定时器 0 或定时器 1 在计数到达设定值时所触发的中断。

(2) 外部中断:由外部系统触发的中断。

(3) 软件触发中断:由软件触发的中断模拟外部硬件行为,可用于调试用途。

本节主要讲述的内容包括中断单元特性、配置中断单元、中断单元编程及中断处理。

4.3.1 中断单元特性

ARC EM 处理器的中断单元具有以下特性。

(1) 支持多达 240 个中断,每个中断可被定义为电平触发或边沿触发。

(2) 支持多达 16 个中断优先级。根据应用的需求,每个中断的响应优先级可被定义为 0~15 中的任意值,其中,0 代表最高优先级,15 代表最低优先级。

(3) 支持低优先级的中断处理被高优先级的中断处理打断。最高中断优先级 0 可以看成快速中断。如果配置了多体寄存器组,辅助寄存器组的寄存器可用于快速中断的上下文保存。

(4) 根据不同中断入口,自动进行上下文保存。

（5）进入和退出中断时，自动保存和恢复已选寄存器，提供快速上下文切换。

（6）程序中可以控制处理中断时用户上下文保存在用户堆栈中还是内核堆栈中。

（7）软件可配置 STATUS32 寄存器中的 E 域来设置中断阈值，控制处理器仅对优先级不小于阈值的中断进行响应或被唤醒。

（8）精简的中断优先级判断逻辑使得在休眠状态下，处理器的待机功耗极低。

（9）任意中断均可由软件触发。

4.3.2 配置中断单元

ARC EM 处理器中断单元提供的配置选项如表 4-2 所示。某个特定处理器硬件配置下的中断控制单元配置信息会反映在只读的 IRQ_BUILD 辅助寄存器中。

表 4-2 ARC EM 处理器中断单元配置选项

配 置 选 择	范　围	描　　述
HAS_INTERRUPTS	0,1	处理器是否配置中断单元：0 表示不配置；1 表示配置
NUMBER_OF_INTERRUPTS	0～240	中断的数量
NUMBER_OF_LEVELS	0～15	中断响应优先级的数量
EXTERNAL_INTERRUPTS	0～240	外部中断数量
FIRQ_OPTION	0,1	是否开启快速中断响应：0 表示关闭快速中断；1 表示开启快速中断

1. 中断配置约束

（1）配置的中断数量（NUMBER_OF_INTERRUPTS）要不小于定时器的数量与配置的外部中断（EXTERNAL_INTERRUPTS）的数量之和。

（2）当配置了定时器时，来自定时器 0 和定时器 1 的中断向量分别固定分配为向量 16 和向量 17。

（3）外部中断的向量号分配为未被定时器使用的中断向量，且从小到大依次分配。例如，当硬件中只配置了定时器 1 时，外部中断所分配的向量号依次为 16、18、19 等。

（4）软件触发的中断所分配的中断向量号应高于来自外部中断的中断号。

2. 中断向量表

ARC EM 处理器中断单元将中断向量的 0～15 分配给处理器内部异常事件，中断向量的 16～255 分配给处理器中断。每个向量均对应一个指向中断或异常服务程序的 32 位地址，以构成中断向量表。中断向量表存储在指令寻址空间（如 ICCM、ICache 或主存）中，以便取指逻辑访问和读取，其存储格式的大、小端格式是根据系统存储格式决定的。若系统是小端格式，则中断向量地址的存储也是小端格式，反之亦然。

3. 中断向量基地址

中断向量表中每个中断或异常对应一个 32 位入口地址，通过中断向量基地址和中断向量号（索引）计算而得。

与中断向量基地址有关的辅助寄存器包括 VECBASE_AC_BUILD 寄存器和 INT_VECTOR_BASE 寄存器。其中，VECBASE_AC_BUILD 寄存器属于 BCR 寄存器，它存储的是硬件配置阶段设置的中断向量基地址。INT_VECTOR_BASE 寄存器是中断单元生成中断或异常入口地址的基地址寄存器,其上电复位后的初始值由 VECBASE_AC_BUILD 寄存器提供,也允许程序员动态编程以改变中断向量基地址。

4.3.3 中断单元编程

ARC EM 处理器中断单元允许对中断的特定参数设置进行编程控制。在对中断单元编程之前,必须禁用所有中断并处理所有未响应的中断。

当硬件中没有配置中断控制器时,与之相关的中断辅助寄存器将不存在。无论是内核模式或用户模式,访问不存在的中断寄存器将引发非法指令异常。

1. 启用中断

启用中断可以通过 SETI 指令实现,它将对 STATUS32 寄存器的 IE 域置 1。

2. 关闭中断

关闭中断可以通过 CLRI 指令实现,它将对 STATUS32 寄存器中的 IE 域置 0。

3. 中断相关辅助寄存器

表 4-3 列出了编程中常用的中断相关辅助寄存器,各寄存器的详细格式及域定义请参见附录 A“常用辅助寄存器快速参考”。

表 4-3　常用的中断相关辅助寄存器

辅助寄存器地址	辅助寄存器名	访问权限	描　　述
0xF3	IRQ_BUILD	R	中断系统配置寄存器
0x0E	AUX_IRQ_CTRL	RW	中断上下文保存控制寄存器
0x43	AUX_IRQ_ACT	RW	中断有效寄存器
0x40A	ICAUSE	R	中断原因寄存器
0x40B	IRQ_SELECT	RW	中断选择寄存器
0x40C	IRQ_ENABLE	RW	中断使能寄存器
0x40D	IRQ_TRIGGER	RW	中断触发模式寄存器
0x40F	IRQ_STATUS	R	中断状态寄存器
0x415	IRQ_PULSE_CANCLE	W	边沿触发中断清除寄存器
0x416	IRQ_PENDING	R	未响应中断状态寄存器
0x200	IRQ_PRIORITY_PENDING	R	未响应中断优先级状态寄存器
0x206	IRQ_PRIORITY	RW	中断优先级配置寄存器

IRQ_BUILD 寄存器是只读 BCR 寄存器,存储了中断单元的配置信息,如中断单元的版本信息、支持的内部中断数、支持的外部中断数、支持的中断响应优先级及是否开启快速中断。

AUX_IRQ_CTRL 寄存器控制进入或退出中断时,用于保存自动上下文的寄存器信息,如设置用于保存上下文的核心寄存器数目,是否将 BLINK、LP_COUNT、LP_START、LP_END、EI_BASE、JLI_BASE、LDI_BASE 等寄存器的信息在进入中断时压栈,在退出中断时出栈等。

AUX_IRQ_ACT 寄存器为每个中断响应优先级分配了一个比特位,比特位为 1 时代表该中断响应优先级存在一个活跃中断。此外,AUX_IRQ_ACT 寄存器还有一个工作模式 U 域,它保存了进入最外层中断时处理器的工作模式。

ICAUSE 寄存器是一个只读寄存器,它实际上映射到多个物理寄存器上,每个中断优先级对应一个特定的 ICAUSE 寄存器。当 AUX_IRQ_ACT 寄存器的值为非零时,ICAUSE 寄存器将返回 AUX_IRQ_ACT 寄存器中处于活跃状态的最高优先级所对应的中断号。当 AUX_IRQ_ACT 寄存器的值等于零(无中断发生)时,ICAUSE 寄存器返回一个不确定值。

ARC EM 处理器的中断系统支持对多个中断(1≤M≤240)进行响应,每个中断的编程和控制通过一系列特定的辅助寄存器实现。在对特定中断进行编程或配置前,必须先配置 IRQ_SELECT 寄存器,选择相应的中断辅助寄存器组。每个中断辅助寄存器组包括如下辅助寄存器:

(1) IRQ_PRIORITY 寄存器设置由 IRQ_SELECT 寄存器选定的中断响应优先级;

(2) IRQ_ENABLE 寄存器设置由 IRQ_SELECT 寄存器选定的中断是否开启或关闭;

(3) IRQ_PULSE_CANCEL 寄存器是一个只写寄存器,用于以软件方式清除由 IRQ_SELECT 寄存器选定的边沿触发中断;

(4) IRQ_TRIGGER 寄存器设置由 IRQ_SELECT 寄存器选定中断的触发模式是电平触发还是边沿触发;

(5) IRQ_PENDING 寄存器为只读寄存器,用于指示由 IRQ_SELECT 寄存器选定的中断是否处于未被响应状态;

(6) IRQ_STATUS 寄存器是一个只读寄存器,用于指示由 IRQ_SELECT 寄存器选定的中断的所有信息和状态(中断响应优先级、使能情况、触发模式及中断响应状态)。

由于对选定中断对应的辅助寄存器操作必须先设置 IRQ_SELECT 寄存器,为了避免 IRQ_SELECT 寄存器被另一线程修改,中断在此过程中必须禁用。

若系统阶段没有配置的中断号(比如说,若总的配置中断为 10 个,则中断号 50 在该系统中肯定不存在,为非配置中断号),则对该中断号所对应的中断寄存器进行读/写,写操作可以忽略,读操作返回零。

4. 中断优先级设置

当有多个中断源同时向处理器发出中断请求时,优先级高的中断可以优先得到处理器的响应,而其他同时或之后发生的中断将被挂起,直到优先级高的中断服务程序执行完毕后,再进行优先级的比较。

ARC EM 处理器的动态中断优先级模型提供了 16 个级别的优先等级,允许每个已配置的中断能动态地设置其中断优先级,P0 是最高中断优先级,P15 是最低中断优先级。中断优先级的设置可以通过写 IRQ_PRIORITY 寄存器来实现。一般来说,硬件复位和非法指令这两类异常的优先级是高于中断的,中断的优先级是高于同步程序异常(如陷阱、算术运算异常等)的,此优先顺序用于限制处理器最坏条件下的中断响应时间。

例 4-1 描述了如何通过寄存器 r1 设置中断号,通过 r2 设置中断优先级,中断状态信息由寄存器 r0 保存和恢复。

例 4-1 设置中断优先级示例程序。

```
CLRI r0                        ;保存中断使能,然后非使能
SR    r1,[IRQ_SELECT]          ;r1 提供中断号
SR    r2,[IRQ_PRIORITY]        ;r2 提供中断优先级
SETI  r0                       ;回复之前的中断使能
```

5. 中断优先级阈值

STATUS32 寄存器中的 E[3:0] 域定义了响应中断的中断优先级阈值。优先级低于 E[3:0] 设置值的中断是不会被 ARC EM 处理器响应和处理的。例如,若设置 E=4,则在开启中断使能时,只有优先级为 P4 或高于 P4 的优先级(P0、P1、P2、P3)的中断才会被响应;同理,若设置 E=15,则在开启中断使能时,所有中断均可被响应。

6. 中断使能

ARC EM 处理器的中断使能包含以下两个范畴。

(1)全局中断使能:由 STATUS32 寄存器的 IE 域定义。若 IE 域的值为 0,则所有中断请求均不被处理。反之,若 IE 域的值为 1,则处理器会根据局部中断使能状态及发起请求的中断优先级进行判断。

(2)局部中断使能:由每个中断(通过 IRQ_SELECT 寄存器选择)对应的 IRQ_ENABLE 寄存器定义。如果 IRQ_ENABLE 寄存器的使能位设置为 0,那么处理器便不会处理来自该中断的请求。如果使能位设置为 1,并且该中断对应的中断优先级(通过 IRQ_PRIORITY 寄存器设置)不小于 STATUS32 寄存器定义的中断优先级阈值,那么中断请求便会被响应和处理。

处理器正在响应的中断优先级可通过 AUX_IRQ_ACT 寄存器查询。在 AUX_IRQ_ACT 寄存器的低 16 位中,最低有效位值为 1 对应的比特位即代表处理器当前正在处理的中断优先级。例如,AUX_IRQ_ACT=32'hxxxx0006 代表当前正在处理的中断的优先级为 P1。若 AUX_IRQ_ACT 寄存器低 16 位全为 0,则表示处理器当前没有在处理中断。

7. 中断触发类型的设置

每个中断可设置为边沿触发或电平触发的中断。

设置为边沿触发的中断必须使中断信号线为有效状态且仅生效一次,然后解除其有效状态。对于边沿触发的中断,每个中断信号线的上升沿脉冲至多生成一个中断。可以通过向相应的 IRQ_PULSE_CANCEL 寄存器写入 1 以清除未响应的中断。

设置为电平触发的中断必须使中断信号线为有效状态并保持,直至相应的中断服务程序执行完成才能解除有效状态指令。

在默认情况下,所有中断均设置为电平触发的中断,但是可以通过写 IRQ_TRIGGER 寄存器来更改设置。

IRQ_TRIGGER 寄存器可在内核模式下进行读/写操作,而在用户模式下则无法访问。

IRQ_SELECT 寄存器选择所操作的寄存器组。如果将 IRQ_TRIGGER 寄存器的 T 域设置为 0,那么设置该中断为电平触发的中断;如果设置为 1,那么该中断为边沿触发的中断。

8. 清除边沿触发的中断

IRQ_PULSE_CANCEL 寄存器是一个 32 位写寄存器,它允许操作系统清除所选定的边沿触发中断请求。对 IRQ_PULSE_CANCLE 寄存器写入 1 将清除与之对应的边沿触发的未响应中断。

9. 软件触发的中断

除了软件中断 SWI 指令外,中断系统允许通过软件生成一个特定的中断。所有的中断可以通过 AUX_IRQ_HINT 寄存器生成。软件可以触发任何已配置的中断,比如说,对于定时器中断 16,直接将 AUX_IRQ_HINT 寄存器设置为 16,就能触发定时器中断。当软件触发的中断不存在时,如硬件中只配置了 10 个外部中断,向 AUX_IRQ_HINT 寄存器写向量号 200,就会把所有通过软件产生的未响应的中断都清除掉。

10. 中断编程示例

ARC EM 处理器中断单元编程的步骤如下。

(1) 使用 IRQ_SELECT 寄存器选择一组中断寄存器:设置 IRQ_SELECT 寄存器选定所需配置的中断号,并启用相应的中断寄存器组。以下为必须进行设置的中断寄存器。

① IRQ_PRIORITY:设置该中断的响应优先级(0~NUMBER_OF_ LEVELS−1)。

② IRQ_TRIGGER:设置该中断触发模式,即是电平触发还是边沿触发。

③ IRQ_PULSE_CANCEL:如果需要撤销一个边沿触发的未响应中断,那么可以对 IRQ_PULSE_CANCLE 寄存器置 1。

④ IRQ_ENABLE:设置该中断是否使能。

(2) 设置处理器的中断响应优先级阈值(STATUS32 寄存器的 E[3:0]域)。

(3) 开启全局中断。通过 SETI 指令实现对 STATUS32 寄存器的 IE 域置 1。

(4) 如果是软件调试和仿真,那么可以将需要触发的中断号写入 AUX_IRQ_HINT 寄存器。该寄存器触发选定的中断,中断单元基于中断优先级和抢占原则应用该中断。

例 4-2 是中断单元编程示例程序,描述了对向量号为 20 的外部中断进行编程的过程。

例 4-2　中断单元编程示例程序。

```
clri                            ;禁用中断
mov r1,        20
sr  r1,        [0x40b]          ;选择向量号为 20 的外部中断
mov r1,        0
sr  r1,        [0x40d]          ;优先级使能
mov r1,        0
sr  r1,        [0x206]          ;设置最高优先级
mov r1,        1
sr  r1,        [0x40c]          ;中断请求
```

```
mov r0,0
seti            r0              ;中断使能
```

4.3.4 中断处理

1. ARC EM 处理器的中断处理模式

(1) 快速中断:在进入中断时,处理器仅为最高优先级中断 P0 保存部分用户上下文。快速中断配置的目的是为了避免进入和退出中断时内存信息的交互。

(2) 常规中断:从堆栈中保存和还原原先选定的用户上下文。

2. 中断处理的四个阶段

(1) 保存被中断程序现场,其目的是为了在中断处理完成之后,可以返回到原来被中断的地方继续执行被中断程序。

(2) 分析中断源,判断中断原因。

(3) 转去执行相应的中断处理程序。

(4) 恢复被中断程序现场,继续执行被中断程序。

3. 快速中断

ARC EM 处理器中断单元支持配置快速中断,以避免进入和退出中断时内存信息的交互,提高中断处理响应速度。快速中断的优先级为最高优先级 P0,仅保存 PC 寄存器及 STATUS32 寄存器的值。如果核心寄存器支持多体配置,那么辅助寄存器组的核心寄存器可用于保存中断上下文,而不需要通过堆栈进行保存。执行快速中断时,当前处理器的其他所有中断都被禁止。

快速中断的选项是 FIRQ_OPTION,其值分为以下几种情况。

(1) 当 FIRQ_OPTION 为 1 时,所有优先级为 P0 的中断都会被设为快速中断,即对上下文的保存不再通过压入和弹出 PC、STATUS32 及核心寄存器到堆栈中,而是将 PC 寄存器的值存储到 ILINK 寄存器中,将 STATUS32 寄存器的值存储到 STATUS32_P0 寄存器中。

(2) 当 FIRQ_OPTION 为 1 并且核心寄存器采用多体结构(RGF_NUM_BANKS≥2)时,对优先级为 P0 的中断,在进入和退出中断时硬件会自动进行寄存器组的切换,即使用辅助寄存器组的寄存器保存快速中断的上下文信息。

(3) 当 FIRQ_OPTION 为 0 时,所有优先级的中断的上下文都通过内存堆栈保存和还原。此时,STATUS32_P0 寄存器不存在,对它进行写操作是无效的。在进入和退出中断期间,ILINK 寄存器可作为临时寄存器使用。

1) 进入快速中断

当发生快速中断时,按照以下步骤执行。

(1) 保存上下文:

① 程序中下一条指令的 PC 的值保存在 ILINK 寄存器中;

② STATUS32 寄存器的当前值保存在 STATUS32_P0 寄存器中;

③ 当 AUX_IRQ_ACT 寄存器的中断有效位被清除时,更新 AUX_IRQ_ACT 寄存器的工作模式标志位,并更新相应模式下的堆栈指针;

④ 更新 STATUS32 寄存器(相关位域包括 L 域、ES 域、DZ 域、DE 域、RB 域等)。

（2）跳转至中断处理程序的中断向量地址。

2）退出快速中断

当退出快速中断时，按照以下步骤执行。

（1）判断是否有其他已使能的快速中断未处理。若有，跳转至该未处理的快速中断所对应的向量；若无，则直接进入第（2）步。

（2）恢复上下文并从中断返回原程序继续执行：

① 清除 AUX_IRQ_ACT 寄存器中对应的当前中断的有效位；

② 恢复工作模式标志位，以跳转回前一个工作模式；

③ 从 STATUS32_P0 寄存器恢复至 STATUS32 寄存器；

④ 跳转回保存在 ILINK 寄存器中的外部上下文，即原程序的下一条指令地址。

4. 常规中断

本节介绍了快速中断禁用情况下的常规中断处理。

1）保存及恢复上下文

对于常规中断中非关键状态的保存和恢复是可编程的。常规中断的进入和退出的过程通过 AUX_IRQ_CTRL 寄存器编程控制，该寄存器定义了用于保存自动上下文的寄存器数量。

与快速中断不同的是，在常规中断处理中，ILINK 寄存器可以作为临时寄存器使用，而 PC 寄存器和 STATUS32 寄存器的值会保存到堆栈中。

AUX_IRQ_CTRL.NR 域定义了进入及退出中断时，堆栈保存和恢复的通用寄存器对的数量，其值可为 0～16。当核心寄存器组的主寄存器组配置为 32（RF32）时，NR 域允许的最大值为 16；当主寄存器组的配置为 16（RF16）时，NR 域允许的最大值为 8。

AUX_IRQ_CTRL.B 域定义了进入及退出中断时，是否要保存和恢复 BLINK 寄存器的值。它与 NR 域配合使用，即当 NR≥15（RF32）或 NR≥8（RF16）时，无论 B 域定义的值为 0 还是 1，BLINK 寄存器都会被当成通用寄存器进行上下文保存；当 NR<15（RF32）或 NR<8（RF16）时，BLINK 寄存器的保存取决于 B 域的定义。

AUX_IRQ_CTRL.L 域定义了进入及退出中断时，LP_COUNT、LP_START 及 LP_END 寄存器的值是否需要保存和恢复。

当代码密度选项开启（CODE_DENSITY == 1），AUX_IRQ_CTRL.LP 域定义了进入及退出中断时，JLI_BASE、EI_BASE 及 LDI_BASE 寄存器的值是否需要保存和恢复。

AUX_IRQ_CTRL.U 域定义了寄存器的值是保存在用户指针指向的堆栈还是保存在内核指针指向的堆栈。

关于 AUX_IRQ_CTRL 寄存器的详细域定义请参考附录 A"常用辅助寄存器快速参考"。

2）进入及退出中断过程中的异常

ARC EM 处理器可以很好地处理进入及退出中断过程中发生的异常事件。举例来说，存储器访问操作可以发生在产生中断后的自动上下文的保存或恢复过程中。如果发生访存异常，那么该异常将打断中断的进入或退出过程，停止更新相应的堆栈指针或寄存器的值。在处理完成异常后，再继续进行自动上下文的保存或恢复。

3）进入常规中断

当有常规中断发生时，按照以下步骤执行。

（1）上下文的保存：

① 程序中下一条指令的 PC 的值保存在 ILINK 和 ERET 寄存器中；

② 下一条指令的 PC 寄存器及 STATUS32 寄存器的值被压入堆栈中；

③ 根据 AUX_IRQ_CTRL 寄存器的配置值，把处理器状态上下文压入堆栈中；

④ 当 AUX_IRQ_ACT 寄存器的中断有效位被清除时，更新 AUX_IRQ_ACT 寄存器的工作模式标志位，并更新相应模式下的堆栈指针；

⑤ 更新 STATUS32 寄存器（相关位域包括 L 域、ES 域、DZ 域、DE 域、RB 域等）。

（2）跳转至中断处理程序的中断向量地址。

4）退出常规中断

当退出常规中断时，按照以下步骤执行。

（1）清除 AUX_IRQ_ACT 寄存器中对应的当前中断的有效位。

（2）判断是否有其他中断未处理或已开启：若有，则更新该中断优先级至最高未处理中断优先级及其工作模式标志位，然后跳转至中断处理程序中该未处理中断所对应的向量；若无，则直接进入第（3）步。

（3）恢复上下文及从中断返回：

① 根据 AUX_IRQ_CTRL 寄存器的值，把处理器状态上下文从堆栈中弹出；

② 把下一个 PC 的值从堆栈中弹出；

③ 把 STATUS32 的值从堆栈中弹出；

④ 恢复用户模式 FLAG，以跳转回前一个工作模式；

⑤ 跳转回保存在 PC 寄存器中的外部上下文。

4.4 异常

正常的程序执行流程发生暂时停止的现象，称为异常。一旦异常发生，处理器便进入内核模式，并跳转到向量表中的某个入口。

每种异常对应一个优先级，如果同时发生两个或更多异常，那么将按照优先级的固定顺序来处理异常。

4.4.1 异常精确性

精确异常是指异常事件产生的位置能精确定位到某一条特定指令。当采取精确异常时，异常处理程序可以精确地定位出程序中发生的异常点，并计算出引起异常的指令相对于当前 PC 的值的偏移。

非精确异常是异步的，不一定能定位到相关的特定指令。

ARC EM 处理器都采用精确异常，且所有指令都可以重新启动。当接收到一个异常时，操作系统可以执行下列任意操作：

（1）关闭进程；

（2）向进程发送一个信号；

（3）清除引起异常的原因，重启进程。

4.4.2 异常向量及异常原因寄存器

1. 异常向量

异常向量(异常中断的入口地址)存放在指令空间,产生异常时,会从指令空间读取该值。指令空间可能存在于 ICCM、ICache 及主存中。每个异常具有的关联信息有向量名称、向量编号、向量偏移值、原因代码及参数。

1)向量名称

向量名称等同于向量编号。

2)向量编号

异常中断向量表中的索引是每个不同的中断或异常所特有的。

3)向量偏移值

向量偏移值用于确定中断或异常服务程序的地址。向量偏移值是基于 4 的倍数,从地址 0 的复位向量开始,然后每 4 个字节就对应一个异常中断向量,它是基于异常或中断向量的基地址来偏移的。

ARC EM 处理器异常向量表的偏移值如表 4-4 所示。

表 4-4 异常向量表的偏移值

向 量 名 称	向量偏移值	向 量 编 号	类 型
Reset	0x00	0x00	异常
Memory Error	0x04	0x01	异常
Instruction Error	0x08	0x02	异常
EV_MachineCheck	0x0C	0x03	异常
Reserved	0x10	0x04	异常
Reserved	0x14	0x05	异常
EV_ProtV	0x18	0x06	异常
EV_PrivilegeV	0x1C	0x07	异常
EV_SWI	0x20	0x08	异常
EV_Trap	0x24	0x09	异常
EV_Extension	0x28	0x0A	异常
EV_DivZero	0x2C	0x0B	异常
EV_DCError	0x30	0x0C	异常
EV_Maligned	0x34	0x0D	异常
Unused	0x38	0x0E	—
Unused	0x3C	0x0F	—
IRQ16~IRQ255	0x40~0x3FC	0x10~0xFF	中断

若需要将控制权传给中断处理程序,则可使用 AUX_IRQ_HINT 寄存器。若要将控制权传给异常处理程序或执行软重置,则可按照例 4-3 进行。与之对应的异常向量代码如例 4-4 所示。

例 4-3 实现软重置。

(1) 把中断向量地址入口加载到一个核心寄存器,对于 reset,其中断向量地址入口等于基地址(INT_VECTOR_BASE)加上偏移量(0x00);

(2) 执行间接跳转。

```
LR r0,[INT_VECTOR_BASE]
LD r1,[r0]
J [r1]
```

例 4-4 异常向量代码。

```
_reset:                          ;中断向量地址入口
.long _start                     ;异常 0 基地址加上偏移量 0x00
.long memory_error               ;异常 1 基地址加上偏移量 0x44
.long instruction_error          ;异常 2 基地址加上偏移量 0x88
```

4) 原因代码

由于存在多个异常对应单个异常向量,该 8 位向量编号用于识别确切的异常原因。

5) 参数

该 8 位字段的参数用于从异常传递给异常处理程序。对于具有相同原因代码的异常,此参数字段用于指示确切的差异。参数字段的每一位都对应一个异常。当两个或多个异常同时发生时,将对参数字段相应位进行设置。

2. 异常原因寄存器

异常原因寄存器(ECR)提供一个与异常处理程序访问有关的异常情况信息来源。异常原因寄存器的值是由中断码、向量编号、原因代码和参数构成的,其具体位域定义请参考附录 A"常用辅助寄存器快速参考"。

例如,陷阱异常有以下信息:中断码为 0x00,向量名称为 EV_Trap,向量编号为 0x09,向量偏移为 0x24,原因代码为 0x00,参数为 nn,则陷阱异常对应的异常原因寄存器的值为 0x0900nn。

4.4.3 异常类型与优先级

当执行一条指令时,可能触发多个异常,它们将会按固定的优先级进行处理,即在同一时间只能有一个异常被处理。在处理完第一个异常之后,再执行该指令会触发剩余的异常,然后接着处理剩下的最高优先级异常,一直这样到最后所有的异常全部被处理完毕。

ARC EM 处理器的异常及中断优先级次序定义如表 4-5 所示。表 4-6 具体列出了 ARC EM 处理器支持的各异常类型对应的向量名称、向量偏移值、向量编号、原因代码、参数及 ECR 寄存器的值。

表 4-5 ARC EM 处理器异常及中断优先级次序表

优 先 级	异常或中断类型
1	复位
2	机器检查,缓存故障

续表

优先级	异常或中断类型
3	机器检查,内存错误
4	特权违例,取指令中 Actionpoint
5	机器检查,双误(在已发生异常且未被处理的情况下再次发生异常)
6	机器检查,取指错误
7	P0~P15 优先级中断
8	指令错误——非法指令异常
9	特权违例,指令或寄存器访问
10	特权违例,禁用扩展组
11	扩展指令异常
12	保护性违例,LD/ST 非对齐
13	除 0 异常
14	TRAP_S、SWI 或 SWI_S 指令
15	内存错误——外部总线错误
16	特权违例,辅助寄存器或内存访问监视点命中

表 4-6 异常向量表

异常类型	向量名称	向量偏移值	向量编号	原因代码	参数	ECR 寄存器的值
复位	Reset	0x00	0x00	0x00	00	0x000000
外部存储器总线错误	Memory Error	0x04	0x01	0x00	00	0x010000
非法指令	Instruction Error	0x08	0x02	0x00	00	0x020000
非法指令次序	Instruction Error	0x08	0x02	0x01	00	0x020100
预留	EV_MachineCheck	0x0C	0x03	0x01	00	0x030100
预留	EV_MachineCheck	0x0C	0x03	0x02	00	0x030200
Cache 关键错误	EV_MachineCheck	0x0C	0x03	0x03	00	0x030300
内核数据访存错误	EV_MachineCheck	0x0C	0x03	0x04	00	0x030400
D$ 闪存错误	EV_MachineCheck	0x0C	0x03	0x05	00	0x030500
双重错误	EV_MachineCheck	0x0C	0x03	0x00	00	0x030000
取指令内存错误	EV_MachineCheck	0x0C	0x03	0x06	00	0x030600
预留	EV_ITLBMiss	0x10	0x04	0x00	00	0x040000
预留	EV_DTLBMiss	0x14	0x05	0x01	00	0x050100
预留	EV_DTLBMiss	0x14	0x05	0x02	00	0x050200
预留	EV_DTLBMiss	0x14	0x05	0x03	00	0x050300
取指令保护违例	EV_ProtV	0x18	0x06	0x00	00	0x060000

续表

异 常 类 型	向 量 名 称	向量偏移值	向量编号	原因代码	参 数	ECR 寄存器的值
预留	EV_ProtV	0x18	0x06	0x01	00	0x060100
代码保护过程中读取内存 Memory Read(LD, POP, LEAVE, interrupt exit, LLOCK)	EV_ProtV	0x18	0x06	0x01	01	0x060101
堆栈检测过程中读取内存 (LD, POP, LEAVE, interrupt exit, LLOCK)	EV_ProtV	0x18	0x06	0x01	02	0x060102
在 MPU 中读取内存 (LD, POP, LEAVE, interrupt exit, LLOCK)	EV_ProtV	0x18	0x06	0x01	04	0x060104
预留	EV_ProtV	0x18	0x06	0x01	08	0x060108
预留	EV_ProtV	0x18	0x06	0x02	00	0x060200
代码保护过程中写入内存 (ST, PUSH, ENTER, interrupt entry, SCOND)	EV_ProtV	0x18	0x06	0x02	01	0x060201
堆栈检测过程中写入内存 (ST, PUSH, ENTER, interrupt entry, SCOND)	EV_ProtV	0x18	0x06	0x02	02	0x060202
在 MPU 中写入内存 (ST, PUSH, ENTER, interrupt entry, SCOND)	EV_ProtV	0x18	0x06	0x02	04	0x060204
预留	EV_ProtV	0x18	0x06	0x02	08	0x060208
预留	EV_ProtV	0x18	0x06	0x03	00	0x060300
代码保护中内存读-改-写(EX)	EV_ProtV	0x18	0x06	0x03	01	0x060301
堆栈检测保护过程中 内存读-改-写(EX)	EV_ProtV	0x18	0x06	0x03	02	0x060302
在 MPU 方案中内存读-改-写(EX)	EV_ProtV	0x18	0x06	0x03	04	0x060304
预留	EV_ProtV	0x18	0x06	0x03	08	0x060308
存储器或寄存器触发 作用点,取指令	EV_PrivilegeV	0x1C	0x07	0x02	nn	0x0702nn
特权违例	EV_PrivilegeV	0x1C	0x07	0x00	00	0x070000
禁用外部指令	EV_PrivilegeV	0x1C	0x07	0x01	nn	0x0701nn
命中作用点,内存或寄存器	EV_PrivilegeV	0x1C	0x07	0x02	nn	0x0702nn
软中断	EV_SWI	0x20	0x08	0x00	00	0x080000
陷阱	EV_Trap	0x24	0x09	0x00	nn	0x0900nn
外部指令异常	EV_Extension	0x28	0x0A	mm	nn	0x0Ammnn**

异常类型	向量名称	向量偏移值	向量编号	原因代码	参　数	ECR寄存器的值
无效操作,浮点型外部异常	EV_Extension	0x28	0x0A	0x00	0x01	0x0A0001
除0异常,浮点型外部异常	EV_Extension	0x28	0x0A	0x00	0x02	0x0A0002
除0异常	EV_DivZero	0x2C	0x0B	0x00	00	0x0B0000
DCache一致性错误	EV_DCError	0x30	0x0C	0x00	0x00	0x0C0000
非对齐的数据访问	EV_Misaligned	0x34	0x0D	0x00	00	0x0D0000
预留	—	0x38	0x0E	—	—	—
预留	—	0x3C	0x0F	—	—	—

4.4.4　检测异常

异常的检测处理采取了严格的程序顺序。若多个异常被归因于一条指令,则处理最高优先级的异常,忽略低优先级的异常。当重新执行程序再次检测出错误指令时,再处理剩余的异常。

4.4.5　进入异常

本小节介绍了当某一异常被检测出时应采取的措施。本节所涉及的地址由程序设定。检测到进入异常后应采取如下处理方式。

(1) 驳回错误指令。

(2) 将PC的值载入异常返回寄存器(ERET),用于异常处理完成后重新取指出错的指令。

(3) 异常返回状态寄存器(ERSTATUS)载入STATUS32寄存器内容。

(4) 将分支目标地址寄存器(BTA)的当前值载入异常返回分支目标地址寄存器(ERBTA)。

(5) 更新异常原因寄存器(ECR),指明异常产生的原因。

(6) 当某一内存访问触发了一个异常时,将触发该异常的地址载入异常错误地址寄存器(EFA)中;对于其他故障,将出错指令的PC的值载入EFA寄存器中;对于Actionpoint引起的异常,将PC的值载入EFA寄存器中;对于Watchpoint引起的异常,由于该异常不能确定是否为精确,因此不需对EFA寄存器赋值。

(7) 更新STATUS32寄存器(包括U域、IE域、AE域、ES域、SC域、DZ域、DE域、L域和RB域等)。

(8) 将异常向量的地址载入PC中。该异常向量的地址是由所检测到异常的类型和异常向量表基地址的值所决定的。

异常处理必须能够保存和还原在异常处理过程中所改变的处理器状态。

4.4.6　退出异常

完成异常处理操作后,应返回到发生异常中断的指令处以继续执行任务,并将在入口处置位的中断禁止控制位清零。

4.4.7 异常与延迟槽指令

ARC EM 处理器允许在执行延迟槽指令时发生异常。

例 4-5 延迟槽指令的异常。

```
J.D[blink]                    ;分支跳转指令
LD fp,[sp,24];
...                           ;
MOV r0, 0                     ;数据传送指令
```

当延迟槽指令发生异常时,处理器能立马执行异常处理程序,并支持延迟槽指令执行时的现场保护及恢复。

4.5 中断或异常服务程序返回指令

中断或异常服务程序返回(RTIE)指令用于从中断或异常服务程序返回,并允许处理器从内核模式切换到用户模式。RTIE 指令仅在内核模式中可用,在用户模式下使用此指令会引发一个特权违背异常。

RTIE 指令可恢复之前的上下文现场,包括程序计数器、状态寄存器、通用寄存器等。如表 4-7 所示,RTIE 指令通过读取 STATUS32 寄存器、AUX_IRQ_ACT 寄存器及 IRQ_PRIORITY_PENDING 寄存器的相应位域值来判断进入中断或异常之前的处理器状态,并根据中断或异常的类型决定如何恢复。

(1) 如果是从异常处理服务程序返回,那么处理器状态通过 ERET、ERSTATUS 和 ERBTA 辅助寄存器恢复。

(2) 如果是从快速中断返回,那么处理器状态通过 ILINK 和 STATUS32_P0 辅助寄存器恢复。

(3) 如果是从常规中断返回,那么处理器状态通过用户堆栈或内核堆栈(这取决于进入中断前的处理器工作模式)恢复。同时,如果 AUX_IRQ_CTRL 寄存器的相应位有效,对应的核心寄存器和辅助寄存器也将从堆栈中恢复。

表 4-7 异常及中断退出模式

U	AE	AUX_IRQ_ACT	快速中断配置	当前模式	RTIE 响应	关联寄存器
0	0	0000_0000_0000_0000	—	内核模式	异常退出	ERET,ERSTATUS,ERBTA
0	0	xxxx_xxxx_xxxx_xxx1	1	ISRP0	中断优先级P0 退出	ILINK,STATUS32_P0
0	0	xxxx_xxxx_xxxx_xxx1	0	ISRP0	中断优先级P0 退出	从堆栈中恢复
0	0	xxxx_xxxx_xxxx_xx10	—	ISRP1	中断优先级P1 退出	从堆栈中恢复

U	AE	AUX_IRQ_ACT	快速中断配置	当前模式	RTIE 响应	关联寄存器
0	0	xxxx_xxxx_xxxx_x100	—	ISRP2	中断优先级 P2 退出	从堆栈中恢复
0	0	xxxx_xxxx_xxxx_1000	—	ISRP3	中断优先级 P3 退出	从堆栈中恢复
0	0	xxxx_xxxx_xxx1_0000	—	ISRP4	中断优先级 P4 退出	从堆栈中恢复
0	0	xxxx_xxxx_xx10_0000	—	ISRP5	中断优先级 P5 退出	从堆栈中恢复
0	0	xxxx_xxxx_x100_0000	—	ISRP6	中断优先级 P6 退出	从堆栈中恢复
0	0	xxxx_xxxx_1000_0000	—	ISRP7	中断优先级 P7 退出	从堆栈中恢复
0	0	xxxx_xxx1_0000_0000	—	ISRP8	中断优先级 P8 退出	从堆栈中恢复
0	0	xxxx_xx10_0000_0000	—	ISRP9	中断优先级 P9 退出	从堆栈中恢复
0	0	xxxx_x100_0000_0000	—	ISRP10	中断优先级 P10 退出	从堆栈中恢复
0	0	xxxx_1000_0000_0000	—	ISRP11	中断优先级 P11 退出	从堆栈中恢复
0	0	xxx1_0000_0000_0000	—	ISRP12	中断优先级 P12 退出	从堆栈中恢复
0	0	xx10_0000_0000_0000	—	ISRP13	中断优先级 P13 退出	从堆栈中恢复
0	0	x100_0000_0000_0000	—	ISRP14	中断优先级 P14 退出	从堆栈中恢复
0	0	1000_0000_0000_0000	—	ISRP15	中断优先级 P15 退出	从堆栈中恢复
0	1	xxxx_xxxx_xxxx_xxx	—	异常模式	异常退出	ERET,ERSTATUS, ERBTA
1	—	xxxx_xxxx_xxxx_xxx	—	用户模式	特权违例	ERET,ERSTATUS, ERBTA

注意：表 4-7 中，x 表示非关键条件，x 值的位表示该位是 1 或 0，它不影响处理器的当前操作中断优先级；ISR 表示中断服务程序，是通过执行事先编好的某个特定程序来完成的。

（1）程序计数器加载源自 ERET 寄存器的异常返回值，且 ERSTATUS 的内容应复制到 STATUS32 寄存器中，ERBTA 寄存器的内容也应复制进 ERBTA 寄存器中。

（2）在内核模式下使用 KFLAG 指令可以将 AE 位设置为任意值。

（3）如果将 STATUS32[DE] 位设置为 RTIE 指令，处理器就会进入一个未响应的分支延迟槽状态。

为了减少不必要的上下文现场保存，当 ARC EM 处理器从某一中断返回且存在其他未响应的使能中断时，处理器首先应找出未响应中断的最高优先级，并将其与 STATUS32 寄存器的中断阈值进行比较，如果需要进行中断处理，那么跳转至该未响应中断的向量入口进行中断服务处理，直至服务完所有的内层中断再恢复之前的中断现场。

4.6 小结

本章介绍了 ARC EM 处理器中断及异常处理的基本原理，以及各种中断及异常的工作模式、类型、优先级及寄存器配置等，并对相关部分给出实例说明。此外，读者需要结合实验来加深对异常处理和向量中断的理解。

5

汇编语言程序设计

本章将概要介绍 ARC 汇编语言,主要介绍 ARC 汇编语言的伪指令、ARC 汇编语言语句格式、ARC 汇编语言程序设计及 ARC 汇编语言与 C/C++语言的混合编程。

5.1 ARC 汇编语言

汇编程序是运行在特定微处理器上的机器语言。汇编程序采用汇编语言编写源程序,通过汇编器汇编成目标机器可识读的二进制代码。ARC 汇编语言与其他高级语言不同,它是面向机器的一种低级语言,可直接对硬件进行操作,执行效率高,但对复杂的程序进行设计时难度较大。汇编语言同时比机器语言易于读/写,具有机器语言执行速度快、占用内存少等优点,但是汇编语言依赖具体的处理器结构,不同处理器结构之间不能通用。

汇编语言在软件设计流程中的位置如图 5-1 所示。

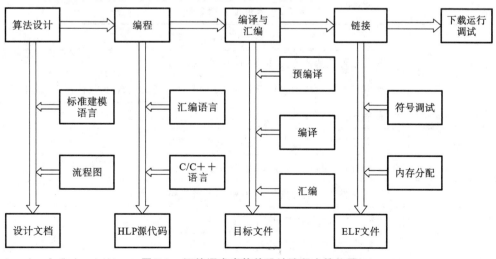

图 5-1　汇编语言在软件设计流程中的位置

5.2 ARC 汇编语言伪指令

5.2.1 汇编语言伪指令简介

在 ARC 汇编语言中,有一些特殊的指令助记符。这些助记符与指令系统的助记符不同,它们没有相对应的操作码,通常把这些特殊的助记符称为伪指令,所完成的操作称为伪操作。伪指令在源程序中的作用是指导汇编器处理汇编程序的行为,这些伪指令仅在汇编过程中起作用,一旦汇编结束,伪指令的使命也随即结束。

5.2.2 汇编语言伪指令

在 ARC 的汇编程序中,伪指令主要有符号定义伪指令、数据存储伪指令、汇编控制伪指令及其杂项伪指令等。

指示符也称为伪操作,它可以帮助程序员控制程序的结构和处理数据。

ARC 伪指令分类如下。

(1) 条件汇编指令:. if、. ifdef、. ifeq、. ifeqs、. else、. endif 等。

(2) 数据存储声明指令:. 2byte、. align、. ascii、. byte、. word、. long 等。

(3) 定义的扩展指令:. extAuxRegister、. extInstruction 等。

(4) 定义控制及列表指令:. blank、. eject、. lflags、. list、. nolist、. page、. sbttl、. title 等。

(5) 宏定义指令:. define、. endm、. exitm、. macro 等。

(6) 重复块指令:. rep、. endr、. while、. endw 等。

(7) 特殊节指令:. bss、. data、. org、. rdata、. section、. text 等。

(8) 符号声明指令:. global、. equ、. set 等。

(9) 其他:. line、. end、. assert、. warn、. err 等。

各类汇编指令的具体含义如表 5-1～表 5-9 所示。

条件汇编指令用于控制汇编程序的执行流程,常用的条件汇编如表 5-1 所示。

表 5-1 条件汇编指令表

指　令	含　　义
. else	当. if 条件表达式为假时,执行相应汇编代码
. elseif	当. if 条件表达式为假且当前. elseif 的条件表达式为真时,执行相应汇编代码
. endif	条件终止块
. if	当. if 条件表达式为真时,执行相应汇编代码
. ifdef	当. if 标识符被定义时,执行相应汇编代码
. ife	当. if 条件表达式为真时,执行相应汇编代码
. ifeq	当条件表达式为真时,执行相应汇编代码
. ifeqs	当两个字符串相等时,执行相应汇编代码

续表

指　　令	含　　义
.ifn	当条件表达式为假时,执行相应汇编代码
.ifndef	当标识符未被定义时,执行相应汇编代码
.ifne	当条件表达式为假时,执行相应汇编代码
.ifnes	当两个字符串不相等时,执行相应汇编代码
.ifnotdef	当标识符未被定义时,执行相应汇编代码

数据存储声明特定数据分配存储单元,同时完成分配存储单元的初始化。常见数据存储声明指令如表 5-2 所示。

表 5-2　数据存储声明指令表

指　　令	含　　义
.2byte	在当前节存储 16 位值(半字)
.3byte	在当前节存储 24 位值
.4byte	在当前节存储 32 位值(全字)
.align	以特定边界对齐
.ascii	在当前节放置不以 null 结束的字符串
.asciz	在当前节放置以 null 结束的字符串
.block	生成一块未初始化或已经初始化的字节
.byte	在当前节存储 8 位值(字节)
.double	在当前节存储双精度浮点常数
.endian	生成代码的字节顺序(大、小端格式)
.even	以每两个字节为边界对齐
.float	在当前节存储单精度浮点常数
.half	在当前节存储 16 位值(半字)
.long	在当前节存储 32 位值(全字)
.short	在当前节存储 16 位值(半字)
.space	生成一块未初始化或已经初始化的字节块
.string	在当前节放置不以 null 结束的字符串
.word	在当前节存储 32 位值(全字)

常见的汇编控制伪指令及其杂项伪指令如表 5-3～表 5-9 所示。

表 5-3　定义的扩展指令表

指　　令	含　　义
.extAuxRegister	定义一个扩展的辅助寄存器
.extCondCode	定义一个扩展的条件码

续表

指　　令	含　　义
. extCoreRegister	定义一个扩展的核心寄存器
. extInstruction	定义扩展指令

表 5-4　定义控制及列表指令表

指　　令	含　　义
. blank	在源代码列表中插入空白行
. eject	指定列表到顶部页面
. lflags	设置列表标志位
. list	使能源代码列表
. nolist	关闭源代码列表
. page	指定列表到顶部页面
. sbttl	指定源代码列表的子标题
. title	指定源代码链接的主标题

表 5-5　宏定义指令表

指　　令	含　　义
. define	定义一个宏变量
. endm	终止宏定义
. exitm	终止宏扩展
. ldefine	声明局部宏变量
. macro	声明宏的名称和参数
. purgem	放弃当前宏定义
. undef	取消定义一个或多个宏变量

表 5-6　重复块指令表

指　　令	含　　义
. endr	终止重复块
. endw	终止由 . while 指令初始化的重复块
. irep	对所列的每个项目,创建重复块并相应替换重复块中的标识符
. irepc	对所列字符串中的每个字符,创建重复块并相应替换重复块中字符标识符
. rep	创建一个重复块并根据指定次数重复执行
. while	当表达式的值为真时,创建重复块

表 5-7 特殊节指令表

指　　令	含　　义
.bss	将当前节切换到.bss 段
.comm、.common	定义公共块（存储块未被初始化）
.data	将当前节切换到默认.data 段
.lcomm、.lcommon	定义本地的未初始化存储块
.org	设置 ELF 节地址
.popsect	弹出节堆栈,恢复最近压入的节
.previous	恢复前一节
.pushsect	压入当前节到堆栈中,切换到新的节
.rdata、.rodata	将当前节切换到默认只读数据节
.sectflag	设置指定节的 SHF_* 标记字段
.section	定义控制节和类型
.sectionflag	设置指定节的 SHF_* 标记字段
.sectionlink、.sectlink	设置某个指向另一个节的链接字段
.seg	定义控制节和类型
.segflag	设置指定节的 SHF_* 标记字段
.seglink	设置某个指向另一个节的链接字段
.text	将当前节切换到默认的.text 段

表 5-8 符号声明指令表

指　　令	含　　义
.eflags	将 ELF 头的 e_flags 字段中的值按位或操作
.entry	设置 ELF 汇编的 ENTRY 入口
.equ	分配值到一个标识符
.extern	指定一个外部符号
.global、.globl	导出符号
.reloc	在当前节指出下一条指令的重定位位置
.set	分配值到一个标识符

表 5-9 其他指令表

指　　令	含　　义
.assert	若断言失败,则打印错误信息
.end	终止汇编

指　令	含　义
.err	打印错误信息
.file	指定源文件名
.ident	把字符串放到目标文件的注释部分
.incbin	包含一个二进制格式的指定文件
.include	包含指定的源文件
.line	确定行号
.offwarn	屏蔽选择的警告信息
.onwarn	开启选择的警告信息
.option	指定某个汇编选项
.print	打印字符串到标准输出
.size	指定符号的字节大小
.type	指定类型
.version	将字符串放置在目标文件的注释部分
.warn	打印警告消息

5.3　ARC 汇编语言语句格式

5.3.1　汇编语言格式与示例

1. 汇编语言格式

ARC 汇编语言格式由 1～4 个部分组成,包含以下字段:

[label:] opcode[operands][;comment]

[标号:] 操作码[操作数][;注释]

1) 标号

位置标记,具体使用规则见 5.3.4 节的汇编语言标号。

2) 操作码

ARC 汇编指令的操作码,通常情况下是 ARC 处理器指令的助记符。

同时,操作码字段可以是一个汇编程序指令(也称为伪操作)或用户自定义的宏。宏的具体使用规则见 5.3.7 节——宏。

操作码字段可以从任意列开始。

3) 操作数

操作数是操作码字段的指令的参数,与操作码字段之间用空格分隔。

ARC 汇编指令的操作数,可以是标识符、常量,或包含一个或多个标识符、常量的表达式。本章后续小节将详细介绍 ARC 汇编标识符、常量的具体使用规则。

4）注释

注释包含汇编语句相关信息或一组信息。注释字段是可选的。如果注释在操作码或操作数之后，须使用空格分隔带、分隔符的注释和操作数或操作码。

注释可以在任意列开始，在注释前添加分隔符。在 ARC 汇编语言格式中，注释用"；"或"＃"开始，本行之后的部分到本行语句结束，都会被当作注释。

2. 示例

结合 ARC 汇编语言的伪指令，下面举例说明 ARC 汇编应用。

1）. set 和. equ 伪指令示例

该指令使用标号表示表达式。一个标号被用于一个伪指令或指令，它替换其括号内相应的表达式。如果其相应的表达式也是一个常量表达式，那么替换的标号可以在常量表达式中使用。

句法　　`label[:] .equ expression`

例 5-1　设置一个常量 const＝1000×2＋3，将其用于 ADD 指令中。

```
const .set (1000* 2)+3
ADD A1,A2,const
```

例 5-2　将当前的部分程序计数器加 4 并分配给 target。

```
_target .equ $+4
```

例 5-3　相等约束的示例。

```
SIZE .equ 120
ALIGN .equ 8
.bss foo, SIZE, ALIGN
```

2）. bss 指令示例

该指令将未初始化的数据存储到. bss 段。如果指定对齐方式，那么当前. bss 段的位置数据是在数据保留前对齐的。

句法　　`.bss symbol , size[, alignment]`

举例如下。

```
.bss foo, 123
.bssfum, SIZE>>2, 8
```

SIZE 必须是一个均等的常量。

3）. short 和. half 指令示例

. short 和. half 指令是同义词。该指令在当前区间把一个或多个 16 位整数放到连续字节中。字节的确切位置取决于处理器是采取大端格式还是小端格式。如果标号在. short 或. half 之前使用，那么它指向的是第一个被初始化的字节。

句法　　`.half value` 　　　　　　　　`[ ,…,value]`

举例如下。

```
short 0x1234
short 1974
short -1
short 0b10101
short ((500+0x12*10)+_one)
_one .set 1
```

4).float 和.double 指令示例

该指令在当前区间放置的 IEEE 754 浮点数为连续字节。字节的确切位置取决于处理器是采取大端格式还是小端格式。

.float 生成一个单精度浮点数,在 IEEE 754 中,其宽度为 32 位,数值部分为 24 位,指数部分为 8 位。

.double 生成一个双精度浮点数,在 IEEE 754 中,其宽度为 64 位,数值部分为 53 位,指数部分为 11 位。

如果一个标号前使用.float,那么它指向第一个被初始化字节。

句法 `.float value`

举例如下。

```
.float 16.2E-2                  ;单精度浮点数
.double -47.5534E-26            ;双精度浮点数
```

5).byte 指令示例

该指令将字节从一个或多个表达式或由字符组成的字符串中添加到当前区间。一个带引号的字符串,其每个字符都被视为一个单一的 8 位值。该字符串中的字符被放入连续字节当前区间。一个表达式,它的值将被截取为 8 位。如果一个标号在.byte 之前使用,那么它指向第一个被初始化的字节。

句法 `.byte value[ ,…,value ]`

举例如下。

```
.byte 0, 1, 2
```

6).4byte、.word 和.long 指令示例

.4byte、.word 和.long 是同义指令。该指令将一个或多个 32 位整型常量放到当前区间的连续字节中。字节的确切位置取决于处理器是采取大端格式还是小端格式。

句法 `.word value[ ,…,value ]`

举例如下。

```
LAB:
    .word 0
    .word LAB+4
    . word (2+3)*4
```

7).ascii 和.string 指令示例

.ascii 和.string 是同义指令。该指令添加字节(一个或多个字符串字节)到当前区

间,如果一个标号使用这个指令,它将指向第一个字符串的第一个字符。

句法　　.string string_value[,…,string_value]

举例如下。

```
.string "This is a string value"
.ascii "This", "is", "string", "value"
```

两个实例具有相同的效果。

8）.asciz 指令示例

该指令将字节从一个或多个字符增加到当前区间。每个字符串后,添加一个空字符。如果一个标号使用这个指令,那么它将指向第一个字符串的第一个字符。

句法　　.asciz string_value[,…,string_value]

举例如下。

```
.asciz "This is a string value"
.asciz "This", "is", "string", "value"
```

9）.err 指令示例

该指令将引发错误消息。该指令提供一个退出码,汇编终止时立即返回退出码。如果没有指定退出码,那么汇编器将继续解析当前的输入文件,但是不会产生输入文件生成的输出目标文件。

句法　　.err message [,exit_code]

举例如下。

```
.err "Invalid operations"
```

5.3.2　汇编语言的字符集与标识符

1. 字符集

ARC 汇编语言中支持的字符集（Character Set）有以下类型。

（1）字母字符（Alphabetic Character）：A～Z、a～z。

（2）数字字符（Numeric Character）：0～9。

（3）特殊字符（Special Character）：如表 5-10 所示。

表 5-10　特殊字符表

字　　符	名　　称	字　　符	名　　称
&	与	,	逗号
*	星号	$	美元符号
@	AT 符号	"	双引号
\	反斜杠	=	等号
∧	插入符号	!	感叹号
:	冒号	〈	左尖括号

续表

字　符	名　称	字　符	名　称
（	左括号	]	右方括号
〔	左方括号	；	分号
—	减号	'	单引号
%	百分号	/	斜杠
.	句号		空格
+	加号		退格
♯	井号	~	波浪线
?	问号	—	下划线
〉	右尖括号	|	竖线
）	右括号		

　　一些特殊的字符在汇编语言中预定义的功能:".”表示当前位置的计数器;";”标记注释的开始;"\”为一行末尾的换行符,该行继续到下一行;"'”分隔一行语句。

2. 标识符

ARC 标识符可以是变量、标号、功能、宏、寄存器和指令助记符的名称。

ARC 有效标识符需要遵守以下规则:

(1) 包含 A~Z、a~z、0~9、$、?、_、%、. ,但不能以 0~9 为开头;

(2) 标识符的大小写是代表不同含义的,除寄存器名称、操作码助记符和宏名之外。

以下是有效标识符的举例:

```
Month
.size
L14
_main
display__4DateFv
```

5.3.3　汇编语言符号

　　汇编语言符号是在汇编语句中可以用于操作数的标识符。在 ARC 汇编语言程序设计中,经常使用各种符号代替地址、变量和常量等,以增加程序的灵活性和可读性。

1. 保留符号

以下是保留符号,不能被重新定义:

(1) 单个(.)表示当前位置的计数器;

(2) 通用寄存器 r0~r31 包括 GP(r26)、FP(r27)、SP(r28)和 PCL(r63);

(3) 扩展寄存器 r32~r59;

(4) 循环计数寄存器 LP_COUNT、链接寄存器 ILINK1、ILINK2 和 BLINK;

(5) 辅助寄存器 STATUS32、PC、LP_END 等;

（6）使用寄存器的名称作为标识符。

2．识别标识符

用户可以采用以下方法使汇编器识别用户定义的标识符，而非一个不加％的寄存器名称。

（1）在命令行上指定选项 -％寄存器或选项-percent_reg；

（2）把指令.option"％reg"或 .option"percent_reg"加在汇编代码中；

（3）打开 percent_reg 选项。

3．内置符号

ARC 汇编器支持表 5-11 所列的一些内置符号。

表 5-11　内置符号表

变　　量	值
$ arc_family	在汇编器中选择当前处理器系列： ARC CPU ＄arc_family -a4 ARC4 -a5 ARC5 -arc600/-a6ARC600 -arc700/-a7 ARC700 -av2em/-arcv2em ARCv2EM -av2hs/arcv2hs ARCv2HS
$ architecture	核心版本号的字符串值
$ core_version	整数值代表由 option -core* 或 directive .option 指定的核心版本号
$ cpu	字符串值 ARC
$ endian	大端格式或小端格式
$ false	整数值 0
$ isa	汇编的指令集构架字符串值 ARCtangent-A4 及更早版本：ARC ARCtangent-A5 版本：ARCompact 其他处理器系列：ARCompact ARC EM 系列：ARCompact ARC HS 系列：ARCompact
$ is_arcv2	汇编的指令集构架,其值为 1 时表明为 ARCv2 架构处理器,其值为 0 时表明为其他
$ macro	宏,详见 5.3.7 节
$ lpc_width	LP_COUNT 寄存器的宽度
$ narg	当前调用的宏参数数量
$ suffix	当前引用的宏后缀
$ true	整数值 1

下面具体说明表 5-11 中这些符号的使用。

1) 操作数的使用

ARC 汇编语言中，符号可以用于汇编或宏定义的操作数。

举例如下。

```
.ifeqs $endian, "big"            /* 设置大端格式* /
.set BIG_ENDIAN, $true
.else
.set BIG_ENDIAN, $false
.endif
```

2) 符号 $arc_family 的使用

符号 $arc_family 可简化预处理。需要注意的是，它包含的值是字符串，并且必须在代码上加引号。

举例如下。

```
.if $arc_family==" av2em "      /* 如果处理器构架是 av2em* /
//text here
.endif
```

3) 自定义函数的使用

ARC 汇编语言中，自定义函数是一个标识符，测试给定的条件，返回一个基于结果的值。ARC 汇编语言支持表 5-12 所列相关类型的自定义函数。

表 5-12   自定义函数表

标 识 符	值
$defined(name)	返回真(1)或假(0)，这取决于定义名称
$is_con(argument)	若 argument 是常数，则返回真(1)；否则，返回假(0)
$is_reg(argument)	若 argument 是寄存器，则返回真(1)；否则，返回假(0)
$off(toggle_name)	若指定的 toggle_name 关闭，则返回真(1)；否则，返回假(0)
$on(toggle_name)	若指定的 toggle_name 开启，则返回真(1)；否则，返回假(0)
$reg(expression)	将 expression 传至寄存器并返回相应寄存器的值，expression 的值必须为有效的寄存器
$regval(reg)	返回 reg 寄存器的数值

5.3.4 汇编语言标号

标号是用于控制偏移量的符号，这种符号是"可重新定位的"。标号的最终地址是未知的，除非链接器映射到相应控制节的位置。分支指令的操作数是一个典型的标号。标号通常是与一条指令或具体数据的位置相关联的。

举例如下。

```
Label_name:instruction…
```

标号定义可以从任意列开始，但一定要在一行的开头。标号名称通常在一个冒号（:)或两个冒号(::)后。使用两个冒号的标号为全局标号。

标号定义举例如下。

```
.text
…
Func::push_s "%blink
    …
      .data
my_word: .word 0
my_halfword: .half 0
```

标号主要分为常规标号、局部标号、数字标号三种类型,下面进行详细介绍。

1. 常规标号

常规标号在整个模块是全局性的,并且在所有模块中必须保持同样的数值,所以只能定义一次。使用常规标号,可被其他模块访问。为了使常规标号能被其他模块使用,必须在模块中包含一个.global 或.comm 指令,或在定义后加上双冒号(::),如 main::。

常规标号的命名遵循标识符的通用语法。以下的常规标号都是合法的:

```
main:
L00DATA:
L208.day:
Displau_4DateFv:
```

2. 局部标号

局部标号以 $ 为开始,并在后面接 1～6 位的十进制数。
举例如下。

```
$00010:
```

局部标号适用范围有限,需要时可重新定义,局部标号的适用范围如下:
(1) 宏的主体;
(2) .rep、.irep 或.irepc 指令的主体;
(3) .include 文件。

局部标号的适用范围在下一次常规标号之前结束,并且使用未定义的局部标号将导致汇编器报告错误。

3. 数字标号

数字标号为 0～9 的数,举例如下。

```
1: mov %r12, %r15
7: nop
```

数字标号适用范围有限,需要时可重新定义,引用数字标号需要在数字后面加上 b(向后)或 f(向前)的字符,举例如下。

```
1:b 1f
    nop
1: b 3f
```

```
        nop
    2: b 1f
    3: b 2b
    1: nop
    2: b L1
        nop
    L1: b L3
        nop
    L2: b L1a
    L3: b L2
    L1a: nop
```

5.3.5　汇编语言的常量

汇编语言的常量是指其值在程序的运行过程中不被改变的量。汇编语言的常量主要包括整型常量、浮点常量、字符串常量。

1. 整型常量

整型常量包括二进制、八进制、十进制和十六进制的整型常量,如表 5-13 所示。

表 5-13　整型常量表

基　　数	前　　缀	举　　例
二进制	0B 或 0b	0B101011 0b101011
八进制	0 (zero)	053
十进制	无	43/－43
十六进制	0X 或 0x	0x2B,0x2b

一个整数,若前面没有 0 或其他前缀,则汇编认定该整数是十进制整数。整型常量前面可以加上"＋"或"－"符号。

2. 浮点常量

汇编语言包括标准的十进制格式和指数格式的浮点常量。共有两种浮点常量,举例如下。

```
3.14159          ;十进制格式
9e+7             ;指数格式
```

任何浮点常数,如果有小数点存在,那么至少有一个数字必须出现在小数点的左边,该数字可以是 0。汇编常量有两种浮点类型:float 型和 double 型。

3. 字符串常量

字符串常量是包括在双引号之中的任意长度的字符,举例如下。

```
"This is a string constant"
```

使用字符串常量的汇编指令有.ascii、.ident、.pushsect、.string、.asciz、.incbin、.sbttl、.title、.err、.include、.section、.version、.file、.print、.seg、.warn。

字符串常量包括所有的 ASCII 码字符,有以下限制:

(1)如果单引号或双引号被用于普通字符,而非分隔符,那么必须在前面加上反斜杠(\),举例如下。

```
"This is a \"character\" string."
```

(2)如果反斜杠被用于普通字符,那么必须在其前面再加上一个反斜杠,举例如下。

```
"This \\ is a character."
```

(3) ASCII 码控制字符必须与表 5-14 所示的字符组合使用。

表 5-14　ASCII 码控制字符与字符组合使用表

控 制 字 符	ASCII 码值	字符组合键
警告	0x07	\a
退格	0x08	\b
换行符	0x0a	\n
回车	0x0d	\r
制表键	0x09	\t
空	0x00	\0

除了使用 ASCII 字符本身的字符串常量外,还可指定八进制或十六进制的 ASCII 值。

(1)八进制表示在八进制字符前加反斜杠(\);

(2)十六进制表示在十六进制字符前加反斜杠(\)和 x。

例如,为了替换字符串常量经常用"\121"或"\x51"。

5.3.6　表达式

表达式是由一个或多个操作数(标识符、常数和子表达式)、运算符(算术运算符、逻辑运算符或关系运算符)组成以能求得数值的组合。在汇编语言程序设计中经常使用的表达式有数字表达式、逻辑表达式和字符串表达式,举例如下。

```
Index<=255,a+b;
```

表达式是使用汇编指令助记符和汇编指令的操作数,在伪指令中,可以使用常数的地方,同样可以使用常数表达式。

汇编程序中表达式允许的赋值:赋值将表达式的值传递给一个标识符。

汇编程序默认使用下列形式的赋值语法:

```
标识符=表达式;
标识符:=表达式;
标识符:=表达式;
```

其中,各运算符及其优先级如表 5-15 所示。

表 5-15 运算符及其优先级一览表

优 先 级	运 算 符	操 作
1	( )	( )具有最高优先级
2	+	一元加
2	−	一元减
2	~	一元按位逻辑非
2	!	一元逻辑非
3	/	除
3	%	取余
3	*	乘
4	+	加
4	−	减
5	<<	左移
5	>>	右移
6	<	小于
6	>	大于
6	<=	不大于
6	>=	不小于
7	==	等于
7	<>	不等于
7	! =	不等于
8	&	按位逻辑与
9	∧	按位逻辑异或
10	|	按位逻辑或
11	& &	逻辑与
12	∧ ∧	逻辑异或
13	| |	逻辑或

5.3.7 宏

宏是汇编语言中具有一定独立功能的汇编语句,这些语句在汇编代码中使用被称为宏调用。宏只能定义一次。宏被调用时参数可接收不同的值。

宏的定义包含宏操作的实际代码,它由三部分组成:宏名、宏主体和宏终止。

要调用宏,需要在汇编语句的操作码字段插入宏的名称和参数,宏的名称相当于汇编指令。参数之间用逗号隔开,与宏名称之间用空格隔开。当宏展开时,需要将每个参数作为一个字符串,若一个参数包含一个逗号或分号,则必须用尖括号(〈 〉)括弧对应参数。举例如下。

```
.macro mac, a, b, c
add a, b, c
.endm
mac r1, r2, r3+5
mac r1, r2, <x+3 ; reference external>
```

5.4　ARC 汇编语言程序设计

在 ARC 指令集及汇编语言伪指令的基础上,工程设计人员可以参照汇编语言格式要求来进行汇编源程序的编写。按程序的功能结构来分类,可把程序分为简单程序、分支程序、循环程序和子程序等类型。任何复杂的程序结构可看成是这些基本结构的组合。

5.4.1　汇编语言编程步骤

1. 分析需求确定算法

必须明确需求的目标和意义,对需求的已知条件和要完成的任务进行详细的了解和分析,将一个实际的问题转化为计算机可处理的问题。弄清楚已知条件所给定的原始数据和应得的结果,以及对运算精度和速度的要求,确定各数据之间关系的数学模型。

算法是指对需求的准确而完整的描述,是一系列满足需求的清晰指令,算法代表用系统的方法描述解决问题的策略机制。所谓合适的算法,就是根据实际问题对执行速度的要求、计算机所能提供的存储空间及程序设计的方便性所选择的一种算法。

分析需求、确定算法是整个程序设计工作的基点。对于比较简单的需求,其目的、要求、数据等一目了然。而对于大规模比较复杂的需求,必须深入分析,才能为以后各步打好基础。

2. 合理分配存储空间和寄存器

存储器和寄存器是汇编语言程序设计中直接调用的重要资源之一。根据上述步骤已经确定的算法需求,合理地安排存储空间和寄存器来存放算法中出现的原始数据、中间结果及最终结果。这对于改善程序的逻辑结构、提高存储空间及寄存器的使用效率和提高程序的执行速度等都有好处。

通常要规定寄存器和存储单元的用途,要明确规定程序中的原始数据和变量等所要占用的寄存器和存储单元,如表格的地址、存储器指针、循环控制计数器等。

在程序中,无论是对数据进行操作或传送,均需要使用寄存器,而且有的操作需要使用特定的寄存器。由于 CPU 中寄存器的数量是有限的,所以程序中合理分配各寄存器的用途显得特别重要。

3. 根据算法画出程序流程图

一般问题可以根据解题步骤或算法的运算次序画出流程图。对于比较复杂的问题,要按逐步求精的方法,先画出粗框图,然后逐步加细,直至变成能便于编写程序的流程图为止。

流程图是对程序执行过程的一种形象描述,它以时间为线索把程序中具有一定功能的各个部分有机地联系起来,形成一个完整的体系,以便读者对程序的整体结构有一个全面的了解。

4. 根据程序流程图编写程序

根据程序流程图编写出一条条的指令,便可编写源程序。编写源程序的过程,就是用汇编格式指令实现具体算法的过程。

在进行程序设计时,应尽可能遵循节省数据存放单元,减少程序的空间及时间复杂度,尽可能用标号或变量来代替绝对地址和常数,以加快运算时间的原则,编写程序的同时,应当注意写出简洁明了的注释。

5.4.2 程序设计类型

程序设计有顺序程序设计、分支程序设计、循环程序设计和子程序设计,下面对其进行分别介绍。

1. 顺序程序设计

顺序程序设计,又称为直接程序设计。顺序程序是既不包含分支,也不包含循环的程序。顺序程序是从第一条指令开始,按其自然顺序,逐条指令执行的程序。在运行期间,CPU 既不跳过某些指令,也不重复执行某些指令,一直执行到最后一条指令为止,此程序的任务也就完成了。汇编语言中的大部分指令,如数据加载与存储指令、数据处理指令等都可以用于构造顺序结构。顺序结构是最简单的程序结构,程序的执行顺序与指令的编写顺序一致。所以,编写指令的次序就显得至关重要。另外,在编写程序时,还要妥善保存已得到的处理结果,为后面的进一步处理提供有关信息,从而避免不必要的重复操作。

举例如下。

```
ADD r1,r2,r3              ;先执行 r1=r2+r3
AND r10,r12,r13           ;接着执行 r12 与 r13 相与并写入 r10 中
SUB r0,r4,r5              ;最后执行 r0=r4-r5
```

2. 分支程序设计

顺序程序设计技术是最简单的程序设计技术。但实际上很多情况往往比较复杂,需要首先根据初始条件进行判断,然后根据条件判断的结果,来决定程序的走向,这就是分支程序设计技术。这相当于高级语言中的 IF-ELSE 语句和 CASE 语句,要根据不同条件进行不同的处理。IF-ELSE 语句可以引出两个分支,CASE 语句则可以引出多个分支。不论哪一种形式,它们的共同特点是:运行方向是向前的,在某一种确定条件下,只能执行多个分支中的一个分支。

例 5-4 将 a、b、c 三个数依次递减排列。

```
LD   r0,=0x30007000          ;指向首地址
    LD   r1,[r0]             ;取第一个数 a
    LD   r2,[r0,4]           ;取第二个数 b
    CMP  r1,r2              ;比较第一个数与第二个数
```

```
          BGE_S   LABEL1          ;若 a>=b,则跳转到 LABEL1
          ST      r2,[r0]         ;a、b 交换
          ST      r1,[r0,4]       ;a、b 交换
  LABEL1: LD      r1,[r0,4]       ;取中间的数
          LD      r2,[r0,8]       ;取第三个数
          CMP     r1,r2           ;判断 b>=c
          BGE_S   LABEL2          ;跳转到 LABEL2
          ST      r2,[r0,4]       ;交换 b、c
          ST      r1,[r0,8]       ;交换 b、c
  LABEL2: LD      r1,[r0]         ;
          LD      r2,[r0,4]       ;
          CMP     r1,r2           ;判断 a>=b
          BGE_S   LABEL3          ;跳转到 LABEL3
          ST      r2,[r0]         ;交换 a、b
          ST      r1,[r0,4]       ;交换 a、b
  LABEL3: MOV     r1,0x0D         ;
          ST      r1,[r0,0x0C]    ;将 0x0D 写入 0x30007000
```

3. 循环程序设计

有时需要多次重复执行一系列语句,这类程序称为循环程序。在这里将介绍循环程序的基本结构和控制方法。

1)循环程序的基本结构

循环程序一般由以下三个部分组成。

(1)置循环初值部分。为开始循环准备必要的条件循环初值,该初值分为两类:一类是循环工作部分的初值,另一类是控制循环结束条件的初值。例如,设置循环次数计数器、地址指针初值、存放结果的单元初值等。

(2)循环体。需要重复执行的程序段,包括对循环条件的修改,这是循环的中心。

(3)循环控制部分。判断循环条件是否为真,若不为真,则转去重复执行循环工作部分;若为真,则退出循环以执行循环体下面的部分程序段。若循环程序的循环体中不再包含循环程序,即为单重循环程序;若循环体中还包含循环程序,则这种现象就称为循环嵌套,这样的程序就称为二重、三重甚至多重循环程序。在多重循环程序中,只允许外重循环嵌套内重循环程序,而不允许循环体互相交叉。

2)循环程序的控制方法

如何控制循环次数是循环程序设计中的一个重要环节。下面介绍最常见的两种控制方法:计数控制和条件控制。

(1)计数控制:当循环次数已知时,通常使用计数控制。

下面使用零开销延迟循环机制的例子来说明计数控制。

```
  MOV LP_COUNT,2          ;设置循环 2 次 (标志位未设定)
  …                       ;中间指令
  LP loop_end             ;在 loop_in 与 loop_end 之间设置循环机制,进行循环
  loop_in: LR r0,[r1]     ;循环第一个指令
  ADD r2,r2,r0            ;求和,r2=r2+r0
  BIC r1,r1,4             ;循环最后指令
```

```
                              ; in loop
loop_end:
    ADD r19,r19,r20                ;循环后求和,r19=r19+r20
```

（2）条件控制。

有些情况下,循环次数未知,但它与问题的某些条件有关。这些条件可以通过指令来测试。若测试比较的结果表明满足循环条件,则继续循环;否则,退出循环。

例 5-5　实现自加到 0x200 的简单跳转。

```
MOV r0, 0x0;
count_for_end_serve:
    ADD r0, r0, 0x1              ;循环体
    CMP fr0, 0x199              ;循环判断条件(循环控制部分)
    BNE count_for_end_serve    ;满足循环条件跳转到循环体
```

4. 子程序设计

在编写工程项目案例程序时,往往会遇到多处需要相同功能的程序段,使用该程序段的差别是对程序变量的赋值不同。如果每次用到这个功能就重新书写一遍程序,就会花费较多的时间。同时,程序冗长,占用内存多。如果把多次使用的功能程序编制为一个独立的程序段,每当用到这个功能时,就将控制转向它,完成后再返回到原来的程序,这就会大大减少编程的工作量。这种可以被其他程序使用的程序段称为子程序。

1）子程序调用

对于一个子程序,应该注意它的入口参数和出口参数。入口参数是由主程序传递给子程序的参数,而出口参数是子程序运算完传递给主程序的结果。另外,子程序所使用的寄存器和存储单元往往需要被保护,以免影响返回后主程序的运行。主程序在调用子程序时,一方面初始数据要传递给子程序,另一方面子程序运行结果要传递给主程序。因此,主、子程序之间的参数传递是非常重要的。

参数传递一般有三种方法实现。

（1）用寄存器实现:这是一种最常见的方法,把所需传递的参数直接放在主程序的寄存器中,并传递给子程序。

（2）用存储单元实现:主程序把参数放在公共存储单元,子程序则从公共存储单元取得参数。

（3）用堆栈实现:主程序将参数压入堆栈,子程序运行时则从堆栈中取得参数。

在汇编语言程序中,子程序的调用一般是通过分支指令 BLINK 来实现的。该指令在执行时完成如下操作:将子程序的返回地址存放在 BLINK 中,同时将程序计数器指向子程序的入口点,当子程序执行完毕需要返回调用处时,只需将存放在 BLINK 中的返回地址重新复制给程序计数器即可。在调用子程序的同时,也可以完成参数的传递和从子程序返回运算的结果,通常可以使用寄存器 r0~r3 完成。

2）子程序的嵌套

子程序同时可以作为调用程序去调用另一个子程序,这种情况就称为子程序的嵌套。嵌套的层数不限,其层数称为嵌套深度。嵌套子程序的设计需要注意寄存器的存储和恢复,以避免各层子程序之间因寄存器冲突而出错的情况。若程序中使用堆栈来传递参数等,则对堆栈的操作要格外小心,以避免因堆栈使用中的问题而造成子程序不

能正确返回的情况。

在子程序嵌套的情况下,如果一个子程序调用的子程序是它本身,这种情况就称为递归调用,这样的子程序称为递归程序。递归程序往往能设计出简洁的程序,可完成相当复杂的计算。

5.5 ARC 汇编语言程序实例

例 5-6 设计一个完整的使用 ARC 汇编程序设计的片外存储器访问实例:这面涉及 ARC 汇编器伪指令和中断异常向量入口定义,程序既有顺序程序,也有循环程序。

```
    .include code.s
    equ  PASS_CODE,  CORE|ASSEMBLER|0|CORETEST|PASSED
    .equ  FAIL_CODE,  CORE|ASSEMBLER|0|CORETEST|FAILED
    .equ  HALT,  1
    .section  vectors,text          ;向量表
    .global_start
_reset: .long  _start
mem_err: .long  mem_err_handler
ins_err: .long  ins_err_handler
;; - - - - - - - - - - - - - - - - - - - - - - - - - - - - - - - -
;;
;;  Main
;;
;; - - - - - - - - - - - - - - - - - - - - - - - - - - - - - - - -
    .text
    .global_start
                                    ;;开始程序
_start:
    mov r26, FAIL_CODE              ;初始化
    mov r0, data_area               ;数据段开始地址
    mov LP_COUNT, 30
    lp init_mem_lp_end
    stb r0, [r0]                    ;将 r0 的值显示在跟踪调试文件中
    add_s r0, r0, 1
init_mem_lp_end:
    mov r1, 0                       ;清除累加器
    mov LP_COUNT, 30
    lp load_mem_lp_end
    sub_s r0, r0, 1                 ;地址后移
    ldb r2, [r0]                    ;读取
    add_s r1, r1, r2                ;写入累加器
load_mem_lp_end:
    st r1, [r0]                     ;将 r1 的值显示在跟踪调试文件中
    cmp_s r1, 7155                  ;结果比较
SUM(0xE0,0xE0+29)
    mov.eq r26, PASS_CODE
```

```
        nop
        nop
mem_err_handler:
ins_err_handler:
    flag HALT                          ;信号调试器终止测试
              nop
              nop
        .data
data_area:
                                  ;EOF 结束
```

5.6 ARC 汇编语言与 C/C++语言的混合编程

ARC 汇编语言具备较强的硬件直接操作能力,对于底层的初始化及驱动使用汇编语言,而大部分应用程序则使用 C/C++语言,因此,在实际应用中使用汇编语言与 C/C++语言的混合编程。ARC 处理器体系结构支持汇编语言与 C/C++语言的混合编程。下面主要介绍 ARC 汇编语言与 C/C++语言之间互相调用、混合编程。

5.6.1 C/C++程序调用汇编程序

为了从 C/C++程序调用一个一般的汇编语言程序,必须按照规则编写代码。在该代码里,name 是程序名。

```
        .text
        .global name
    name:
```

例 5-7 C/C++程序调用汇编函数 peek()。

C/C++程序如下。

```
/*  extern "C" * / int peek(long adr);
...
void main(){
char b;
...
b=peek(0x8000);
...
    }
```

汇编程序如下。

```
        .text
        .global peek
    peek:
        j.d[%blink]
        ldb.di %r0,[%r0]
```

编译器会在全局符号表中寻找对应的函数段,汇编代码段插入 C/C++程序编译结果中,或使用跳转方式执行程序,执行完后再重新回到 C/C++程序。

下面用例子说明在 C/C++源代码里使用汇编语言的五种方法。

1. 固有函数

固有函数有_nop()、_sr()、_lr()。

2. 内联汇编

句法 _ASM("sub %r0, %r0, %r1")

例 5-8 内联汇编代码的使用示例。

```
int temp 0==0;
int temp 1==1;
int temp 2==7;
temp 0=4;
temp 1=6;
_ASM("add %r7,%r0,%r1");
printf("Temp0=%d,Temp1=%d,Temp2=%d\n",temp 0,temp 1,temp 2);
```

3. SRV4 宏

句法 _Asm int NAME(unsigned int…)

例 5-9 SRV4 宏的使用示例。

```
_Asm unsigned short CheckSum (int StartAdd,unsigned short
              ByteLength,int Sum,int Word,int LoadAdd)
{
%reg StartAdd,ByteLength,Sum,Word,LoadAdd
mov    Sum,0x0
asr    %1p_count,ByteLength
sub    LoadAdd,StartAdd,2
.align 4
lp     $20
idw.a  word,[LoadAdd,2]
add    Sum,Sum,Word
$20:
asr    Word,Sum,16
add    %r0,Sum,Word
}
```

4. #pragma

例 5-10 #pragma 的使用示例。

```
extern unsigned long nand (Long,Long);
extern int count_bits (int);
pragma intrinsic (nand,name=>"nand",opcode=>7, sub_opcode=>10,flags=>"zn");
pragma intrinsic (count_bits,name=>"cbit",opcode=>7, sub_opcode=>11,flags=>"
zn");
main ()
```

```
{
    for(int i=0;i<7;i++)
        for(int j=0;j<7;j++)
            printf("NAND(0x%x,0x%x)=0x%x\n",i,j,(unsigned char)nand(i,j));
    for(i=0;i<16;i++)
        printf("The number of bits in 0x%x is:%2d\n",i,count_bits(i));
```

5. 调用 extern "C" 模块

例 5-11 外部汇编模块调用 extern "C"模块的使用示例。

C 模块如下。

```
extern "C" int peek(long adr);
void main(){
    charb;
b=peek(0x8000);
}
```

汇编模块如下。

```
.text                   ;没有.global,就不会在链接中看到 peek
.global peek
peek:
ldb.di%r0,[%r0]
jal[%blink]
.end
```

请记住将 C 和 Assembler 调用括在可能从带有 extern "C"的 C++调用的头文件中,以避免 C++名称损坏和链接失败。

```
#ifdef CPLUSPLUS_
extern "C"{
#endif
    extern int peek(long adr);
#ifdef CPLUSPLUS_
}
#endif
```

5.6.2 ARC 汇编程序调用 C/C++函数

为了使应用程序代码具有较好的逻辑性及可读性,可以从汇编程序直接调用 C/C++ 函数,也可以间接用函数指针调用 C/C++函数。

1. 直接调用函数

汇编程序直接调用 C/C++函数的步骤如下:

(1) 加载函数前 8 个参数到寄存器 %r0～%r7;

(2) 按照从右到左顺序向堆栈加入附加参数;

(3) 执行 bl 指令;

(4) 如果调用函数需要返回,那么需要存储%blink 寄存器,同时在结束调用时恢复％blink 寄存器内容,跳转回函数调用现场。

例 5-12 汇编程序调用 C/C++函数的示例。

C/C++函数如下。

```
/* extern "C"*/ void write_string (char*s){
printf("%s\n", s);
}
```

ARCompact 和 ARCv2 目标汇编如下。

```
.L0:
        .asciz "hello"
;调用 write_string
        mov_s %r0, .L0
        bl write_string
```

2. 间接调用函数

如果希望通过函数指针间接调用函数,那么首先加载函数地址到一个寄存器,然后通过该寄存器再调用函数。所有其他步骤与直接调用一样,使用 jl 指令。

编译器产生的所有函数指针用 @h30 初始化,确保机器指令的高 30 位与其指令功能适配。

例 5-13 在 ARCompact 和 ARCv2 处理器中,函数指针形成函数的全 32 位地址,并且在没有用@h30 初始化的情况下被调用,汇编程序间接调用 C/C++函数的示例。

```
mov  %r0, write_string        ;加载函数指针
jl  [%r0]                      ;间接调用函数
```

5.6.3 C/C++模块和汇编模块交叉调用实例

除了以上章节所介绍的交叉调用的各种方法,在 C/C++模块和汇编模块交叉调用中,模块之间还可以共享变量。如果没有用♯pragma 指令进行别名覆盖,那么外部全局变量名必须在 C/C++源代码中准确匹配。需要注意的是,没有 extern 指令修饰且未初始化的全局变量实际上被定义成独立的全局数据块,除非用 Multiple_var_defs 打开。

例 5-14 C/C++和汇编模块共享变量的示例。

C/C++模块如下。

```
int alpha, beta;
char hextable[]="0123456789ABCDEF";
extern char*names[];
extern short status;
```

汇编模块如下。

```
.comm alpha,4
.comm beta,4
.extern hextable              ;从 C 导入
.rodata
```

```
        .global names              ;只读部分
        names: .long L01
                .long L02
                .long L03
                .long 0
                .align 4
        L01:    .asciz "alfred"
                .align 4
        L02:    .asciz "bonny"
                .align 4
        L03:    .asciz "charlie"
                .data
                .global status
        status: .short -1
```

在 C/C++模块和汇编模块交叉调用中,可以直接用寄存器赋值一个变量。其变量声明语句语法如下:

```
        ==integer_constant_expression
```

举例如下。

```
        int i==3;
```

变量被赋值后,数字就直接映射到寄存器。例如,0 映射到％r0,1 映射到％r1 等。如果不能映射变量到特定寄存器,编译器将产生一个错误消息。变量没有被映射的原因包含以下几种情况:

(1) 整型常量表达式是无效数字(它不能映射到一个寄存器);

(2) 寄存器不可用(如 SP 或 PC)。

通常情况下,优化器试图避免用变量对寄存器进行赋值,但局部变量可以直接给寄存器赋值。

对于全局变量,编译器默认保留而不用于其他用途。注意:当使用 RTOS 时,若没有特殊设置,则这些变量往往在固有的本地线程中。例如,在程序的全局范围赋值:

```
        my_struct*data_block==23;
```

默认情况,寄存器 r23 被编译器保留,而不用于产生代码。直接寄存器赋值不能精确保证对寄存器的读/写控制,若需要控制寄存器,则建议调用_core_read() 和_core_write() 函数。

5.7 ARC DSP 编程

5.7.1 简介

本节的目的是描述 DSP 库的软件功能。本节介绍了 DSP 库组件的概述、软件功能及其用法的描述、软件功能和硬件加速器映射。

如果软件功能映射到硬件加速器,那么这意味着当硬件加速器包含在处理器配置中时,软件功能使用硬件加速器;当处理器配置中不包含 DSP 硬件加速器时,使用纯软件实现。

5.7.2　API 参考

在本节中,我们简要介绍了 DSP 库的四个主要函数:快速数学函数、向量数学函数、滤波函数和矩阵数学函数。

1. 快速数学函数

快速数学函数是一组提供常用数学运算的快速近似函数,这些函数使用标量输入值进行操作。由于实现的是数学函数的快速近似算法,每个函数都包含一个计算误差,该误差可以定义为由精确的双精度实现的数学函数 t 和相应的 DSPLIB 函数之间的差值。

2. 向量数学函数

向量数学函数是一组函数,它们提供了基本的、一个元素的向量算术运算。向量表示为连续数组。

这些向量数学函数的 q15 和 q7 版本不需要输入和输出向量 4 字节对齐,最有效的计算是在均匀对齐的输入和输出向量上进行的(这种计算需要 SIMD 硬件加速器)。

3. 滤波函数

大多数信号处理函数都是处理无限长度的信号,这个信号被分割成有限长度的处理块。这样的函数有一个包含系数和状态变量的特殊实例结构。必须为每个滤波器定义单独的实例结构。系数数组可以在多个实例之间共享,而状态变量数组不能共享。支持的四种数据类型(q7、q15、q31、f32)都有单独的实例结构声明。

每个数据类型都与一个初始化函数相关联。初始化函数执行以下操作:

(1)设置内部结构字段的值和零状态中的值缓冲区。

(2)为系数和状态变量外部缓冲区分配缓冲区。初始化函数只接受指向这些缓冲区的指针。在初始化函数描述部分中描述了这些缓冲区的大小。数据类型元素 count 中提到了所有大小。

在完成所有处理函数之前,必须提供实例、系数和状态变量缓冲区的数据完整性。

4. 矩阵数学函数

矩阵数学函数提供基本的矩阵数学运算。这些函数操作的矩阵数据结构定义如下:

```
typedef struct {…} matrix_q7_t;
typedef struct {…} matrix_q15_t;
typedef struct {…} matrix_q31_t;
typedef struct {…} matrix_f32_t;
```

矩阵数据缓冲区是用矩阵数据由外部分配的缓冲区。矩阵数据表示为"〈行数〉×〈列数〉"大小的连续数据数组。

5.7.3　底层(XY) API 参考

本节描述了 DSP 库函数的底层(XY) API。每种函数我们给出了一个例子及其详细描述。

1. 向量数学函数

例 5-15 加法运算的功能描述。

原型如下。

```
void dsp_add_q31_XXtoY(int 32_t offs_SrcA,int32_t offs_SrcB,int 32_t offs_
Dst,uint32_t nSamples);
void dsp_add_q31_YYtoX(…);
```

参数如下。

offs_SrcA 表示 XY 存储器在 q31 字到第一个操作数向量的偏移量；offs_SrcB 表示 XY 存储器在 q31 字到第二个操作数向量的偏移量；offs_Dst 表示 XY 存储器在 q31 字到输出向量的偏移量；nSamples 表示样本的矢量长度。

程序如下。

```
//XY memory map
#define IN0 0
#define IN1 12
#define OUT 0
//Prepare data within IN0 and IN1 XY buffers
…
//Call to vector addition processing function
dsp_and_q31_XYtoY(IN0,IN1,OUT,12);
//OUT buffer contains result of addition
```

源文件为 dsp_add_q31_xy.c。

2. 过滤功能

卷积是一个数学运算，它对两个有限长度的向量进行运算，以生成有限长度的输出向量。卷积与相关相似，经常用于滤波和数据分析。

例 5-16 卷积运算的功能描述。

原型如下。

```
void dsp_conv_q31_XXtoX_MAC32x32(int 32_t offs_SrcA,unit32_t nLenA,int32_t
offs_SrcB,uint32_t nLenB,int32_t offs_Dst);
void dsp_conv_q31_YXtoX_MAC32x32(…);
void dsp_conv_q31_XYtoY_MAC32x32(…);
void dsp_conv_q31_YXtoY_MAC32x32(…);
```

参数如下。

offs_SrcA 表示向量 SrcA 的 XY 偏移；nLenA 表示向量 SrcA 的长度；offs_SrcB 表示向量 SrcB 的 XY 偏移；nLenB 表示向量 SrcB 的长度；offs_Dst 表示向量 Dst 的 XY 偏移。

程序如下。

```
#define X_INPUT0 0
#define Y_INPUT1 0
#define X_OUTPUT0 (64)
dsp_conv_q31_XYtoX_MAC32x32(X_INPUT0,64,Y_INPUT1,128,X_OUTPUT0);
```

源文件为 dsp_conv_q31_xy.c。

5.7.4　示例

DSP 算法与任何数学算法一样,可以使用不同的数据类型来实现,可以来自不同的数据源,可以有不同的需求,也可以有不同的演变。

1. 标准的 C 功能和操作

(1) 移植整数的 C 代码,使用标准 C 整数类型;

(2) 移植使用浮点的 C 代码,使用浮点单元(或模拟);

(3) 移植定点算法用 C 整数类型和操作;

(4) 移植定点算法编写使用特殊的宏(定点乘法、multiply-add 操作等)。

2. 扩展内容

ARC EM DSP 和 MetaWare 工具提供了通过不同配置处理不同场景的方法。除了标准的 C 功能和操作,扩展还包括以下内容。

(1) FXAPI 基本单元,用于指定饱和定点算术运算,以及相应的数据类型($Q15\_t$、$Q31\_t$ 等),还提供了 ITU-T 基础操作立即可用的映射。

FXAPI 构建在映射到相应整数类型的整数数据类型(如 $Q31\_t$)之上,因此可以使用普通整数 C 操作符来执行非饱和操作,并且很容易进行逐步迁移(在需要时引入 FX-API 操作符)。

(2) 本地定点数据类型($Q15\_t$、$Q31\_t$ 等),建立定点变量和使用 C 操作。

(3) C++类定点数据类型。

如果 C 定点数据已经可用,通常使用 C 宏或内在函数表示定点操作(特别是实现针对不同的处理器进行了优化)。在这种情况下,最直接的方法是保留 C 的整型算法,或将这些宏映射到 FXAPI 原语中,尤其是在需要饱和操作的情况下。在某些情况下,如果算法受益于饱和操作,那么可以用饱和的 FXAPI 原语替换非饱和整数表达式。

FXAPI 方法的好处是数据类型在整个应用程序中保持不变,基本上保持 int 或 short 类型。

从头开始编写应用程序或移植浮点实现时,可以使用 C 本机数据类型或 C++类来使用常规算法。

在某些情况下,即使对未改变的整数 C 代码,编译器也可以生成有效的定点代码。

3. 示例

例 5-17　未改变 C 代码的卷积示例。

```
short test(short * restrict a, short * restrict b) {
int i;
long acc=0;
for (i=0; i<20; i++)
acc+=(((long)(*a++)) **b++)<<1;
return (short) ((acc+ 0x8000)>>16);
}
```

在例 5-17 中,32 位累加器变量可以溢出(具有正常的整数环绕),因此必须确保来自 a 和 b 指针的输入正确缩放以避免溢出,或者仔细分析算法并允许环绕。

编译器能够使用定点缩放 MACF 指令来编译例 5-17,尽管该指令是饱和的,但是原始代码使用非饱和整数运算。在这种特殊情况下,32×32 位 MACF 指令用于 16 位输入,72 位累加器不能饱和。

ARC EM DSP 具有运行时可配置选项,除了累加器的正常 32 位或 64 位之外,还可以为累加器启用或禁用 8 个保护位。使用 C 编程时,C 编译器必须知道所选模式,因此必须使用编译器选项-Xdsp_ctrl 来指定正确的配置,而不是直接在 DSP_CTRL 寄存器中切换此选项,并使用 fx_init_dsp_mode() 函数,以便在程序初始化或特定功能的入口处设置正确的处理器配置代码。由于配置是通过编译器命令行选项选择的,因此,该配置选项对于整个模块来说基本上是固定的,并且程序员有责任确保模块之间的一致性。

例 5-18 具有 FXAPI 操作和数据类型的卷积示例。

```
q15_t test2(short* a, short* b) {
int i;
accum32_t acc=fx_create_a32(0, 0); //(Hi, Lo) parts
for (i=0; i<20; i++)
acc=fx_add_a32(acc, fx_a32_mpy_q15(*a++, *b++));
return fx_q15_cast_rnd_a32(acc);
}
```

请注意,如例 5-17 中的原始整数 C 代码,因为使用了没有保护位的 32 位累加器,acc 可以溢出。但在这种情况下,fx_add_a32() 操作的语义是"饱和溢出",因此不会发生环绕。

必须使用-Xdsp_ctrl 选项的 guard 参数编译此代码,以启用对受保护数据类型的访问,即

```
-Xdsp_ctrl=preshift,guard,up
```

否则使用 accum32_t 类型会导致错误。

例 5-19 使用 40 位累加器,利用额外的 8 位来获得更大的动态范围。

```
q15_t test2 (short* a, short* b) {
int i;
accum40_t acc=fx_create_a40(0, 0); // (Hi, Lo) parts
for (i=0; i<20; i++)
acc=fx_add_a40(acc, fx_a40_mpy_q15(*a++, *b++));
return fx_q15_cast_rnd_a40(acc);
}
```

5.8 小结

本章主要内容是 ARC 汇编语言,主要介绍了 ARC 汇编语言的伪指令、ARC 汇编语言语句格式、ARC 汇编语言程序设计及 ARC 汇编语言与 C/C++的混合编程及 ARC DSP 编程,并对相关小节内容分别给出了示例。

6

ARC EM 处理器的开发及调试环境

本章主要介绍 ARC EM 处理器的开发及调试环境,其中包括 MetaWare 开发套件、MetaWare IDE 开发系统及开发流程、使用 MWDT 调器进行性能分析,以及 ARC GNU 介绍等。

6.1 MetaWare 开发套件

DesignWare ARC MetaWare 开发套件是在有着多年行业领先的编译器和调试器产品的基础上开发的。该套件是用于 Synopsys DesignWare ARC 处理器开发的完整解决方案,包含支持开发、仿真、调试和嵌入式应用程序优化的所有组件。该开发套件支持全系列的 ARC 处理器,从高速 ARC HS 系列,到深度嵌入式 ARC EM 系列,再到适用于高性能的通用 ARC 600 系列、ARC 700 系列及 ARC AS200 音频处理器。如图6-1 所示,MetaWare 开发套件包含了开发过程中编程、仿真及调试的所有软件工具,主要包括编译器(Compiler)、链接器(Linker)、汇编器(Assembler)、调试器、仿真器(Debugger Simulators)及 MetaWare(IDE)等,其中与编译相关的编译器、链接器和汇编器及运行时库也统称为 MetaWare C/C++工具链。

MetaWare IDE 集成了 MetaWare 开发套件中的主要组件,同时提供一个友好的图形化操作界面,使用户在统一的图形界面下进行程序编译与调试。此外,MetaWare IDE 图形界面允许用户增加其他工具,同时通过可配置技术定义使用范围,以加速关键代码,提高运行效率。当然,MetaWare 开发套件中的软件工具如编器、调试器等也可以在 MetaWare IDE 之外被直接调用,独立工作。

MetaWare 开发套件并不是免费软件,必须要获得 Synopsys 公司授权才能运行。除了 MetaWare 开发套件之外,Synopsys ARC 还提供免费开源的 ARC GCC 工具链、GDB 调试器及软件开发包,用于个人学习和了解 ARC 处理器,也可用于基于 ARC 处理器的嵌入式系统的开发与编程。

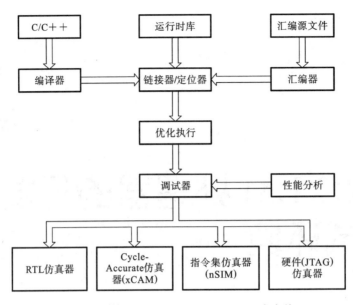

图 6-1 DesignWare ARC MetaWare 开发套件

6.1.1 MetaWare mcc 编译器和 ccac 编译器

编译器就是将"一种语言(通常为高级语言)"翻译为"另一种语言(通常为低级语言)"的程序。现代编译器的主要工作流程是:源代码 → 预处理器 → 编译器 → 目标代码 → 链接器 → 可执行程序。

计算机高级语言便于编写、阅读交流和维护,更接近自然语言,学习者能够快速学习。机器语言使计算机能直接解读、运行二进制代码。编译器将输入的汇编或计算机高级语言源程序翻译成目标语言即机器代码的等价程序。源代码一般使用高级语言(如 Pascal、C、C++、Java 等)或汇编语言编写,而目标语言则是机器语言的目标代码,有时也称为机器码。

对 C♯、VB 等高级语言而言,编译器的功能是把源代码编译成通用中间语言(MSIL/CIL)的字节码。在运行时通过通用语言运行时库的转换,最终形成可以被CPU 直接执行的机器码。

MetaWare mcc 编译器适用于 ARCtangent-A4、ARCtangent-A5、ARC600 和ARC700 系列处理器。ARC EM 系列和 ARC HS 系列处理器需要使用 ccac 编译器。MetaWare mcc 编译器是支持若干扩展的全功能编译器。它支持 C89 标准的 C 语言,以及由 Margaret Ellis 和 Bjarne Stroustrup 在《the Annotated C++ Reference》一书中定义的全部 C++,同时增加了 ISO C++标准的大部分功能,如命名空间、运行时类型识别、模板、异常处理。Clang-Based 编译器 ccac 支持 C99 和 C++98 标准。ccac支持 C++11 语言特征,但不支持 C++11 的运行时库。

MetaWare ccac 编译器具有以下优势:

(1) 高度优化和强大 ANSI C 标准的编译器;

(2) 适用于嵌入式应用,支持 ISO 和 ANSI C++扩展的相关子集;

(3) 支持 GNU 的子集编译器扩展;

（4）针对嵌入式应用深度优化的标准 C/C++库，同时支持基本的 C++语言；

（5）支持 STLport 标准库项目的标准模板库（通过命令行开关选择）：类似于类模板的部分特殊的高级 C++语言功能；

（6）适用于 Plum Hall C/C++ 验证测试的编译器和库；

（7）ARC 处理器支持混合 16/32 位指令集架构，提供了业界领先的代码密度，而无须指令对齐或切换模式；

（8）在控制文本、数据分布和段分布上，提供了丰富的命令语言控制 ELF 汇编器和链接器。

针对不同的 ARC 处理器，不同的指令需求，需要配置不同的编译器选项。编译器重要选项表如表 6-1 所示，通过选项设置，选择出不同的处理器及正确的运行时库。

表 6-1　编译器重要选项表

选　项	描　述
-av2em	指定 ARC EM 系列处理器
-av2hs	指定 ARC HS 系列处理器
-arc600	指定 ARC600 系列处理器
-arc700	指定 ARC700 系列处理器
-Xlib	添加通用扩展指令，如移位、位操作、乘除法等
-Xmpy_option＝M	添加不同级别乘法器指令
-Xdsp	添加 DSP 指令
-Xfpus/-Xfpud	添加单/双精度浮点运算指令
-o	指定编译器生成的可执行文件的文件名
-g	生成调试信息
-O	优先优化代码速度
-Os	同时优化代码速度和代码大小

6.1.2　MetaWare ELF 汇编器

汇编器是将汇编语言翻译为机器语言的程序。一般而言，汇编器生成的目标代码，在经过链接器链接后才能最终生成可执行代码。

汇编语言是汇编指令集、伪指令集和使用其规则的统称，使用具有一定含义的符号为助忆符，用指令助忆符、符号地址等组成的符号指令称为汇编格式指令。作为一门语言，对应于高级语言的编译器，需要“汇编器”来把汇编语言源文件汇编成处理器可执行的机器码。常用的高级语言编译器有 Microsoft 公司的 MASM 系列编译器和 Borland 公司的 TASM 系列编译器，还有一些其他公司推出的或免费提供的汇编软件包等。

用户可以直接调用汇编器进行编译，也可以使用一个统一的 ccac 或 mcc 命令一次性完成编译、汇编、链接等工作。

6.1.3　MetaWare ELF 链接器

链接器的工作就是解析未定义的符号引用，将目标文件中的占位符替换为符号的地址。它将汇编器产生的一个或多个目标文件链接、合并生成单个可执行文件的程序，在此过程中链接器也会链接库文件和系统资源，并完成各目标文件的地址空间组织和重定位。

链接器的终极目标就是生成可执行文件。通常，可执行文件和普通目标文件的重要区别就是地址空间的使用。主流操作系统中，可执行文件都是基于虚拟地址空间的，即每个可执行文件都有相同且独立的地址空间，并且文件中各个段（代码段、数据段及进程空间中的堆栈段）都有相似的布局。

当链接器进行链接时，首先确定各个目标文件在最终可执行文件中的位置，并访问所有目标文件的地址重定义表，对其中记录的地址进行重定位（加上一个偏移量，即该编译单元在可执行文件中的起始地址）；然后遍历所有目标文件的未解析符号表，并且在所有的导出符号表里查找匹配的符号，同时在未解析符号表中所记录的位置上填写实现地址；最后把所有目标文件的内容写在各自的位置上，再做一些链接的工作，就可以生成一个可执行文件。

MetaWare 链接器与一般链接器功能类似，它处理目标文件后，对目标文件进行重定位，然后生成 ELF 格式的可执行文件。MetaWare 链接器支持 SVR3 和 SVR4 格式的 Unix 系统链接器命令文件。SVR3 于 1987 年发布，它包括 STREAMS、远程文件共享（RFS）、共享库及 Transport Layer Interface（TLI）；SVR4 于 1989 年 11 月 1 日公开，并于 1990 年发布，是 Unix Systems Laboratories 和 Sun 联合进行的项目，它融合了来自 Release 3、4.3BSD、Xenix 及 SunOS 的技术。

MeteWare 链接器支持扩展的 SVR3 命令语法。

1. 使用 SVR3 格式命令完成的工作

（1）指定如何将输入节映射到输出节；

（2）指定输出节如何以段划分；

（3）定义内部布局；

（4）显式赋值全局符号。

2. 使用 SVR4 格式命令完成的工作

（1）声明段，指定段的属性，如类型、权限、地址、长度、对齐等；

（2）控制输入节映射到段；

（3）声明全局符号。

6.1.4 MetaWare 运行时库

运行时库是程序在运行时所需的库文件，编译器在完成用户代码编译后，会使用链接器链接运行时库。它主要完成一些环境建立、堆管理、I/O 初始化等标准操作。MetaWare 编译器提供以下几种运行时库。

1. MetaWare C

当链接一个 C 程序时默认使用该运行时库。该运行时库支持 ISO-C、IEEE 754、C99、C++等标准。

2. MetaWare 精简库

MetaWare 精简库是对代码尺寸进行优化了的 C 运行时库，该库可能适合于比较小的应用。要使用该库,需要使用 -Hcl 选项。MetaWare 精简库的特点如下。

（1）MetaWare 精简库能使程序运行初始化的开销最小;精简库使用-Hnoxcheck
选项,运行时禁止对处理器硬件扩展的检查。若要启用该功能,则需要指定编译-Hx-
check 选项。

（2）若默认精简库,则不调用_initcopy()函数来初始化内存。若需要调用该函数,
则需要指定编译-Hcrt_initcopy 选项。

（3）若默认精简库,则不初始化 BSS 段。若需要初始化 BSS 段,则需要指定编译
-Hcrt_initbss 选项。

（4）若默认精简库,则不对数据缓存进行初始化。

（5）若默认精简库,则不初始化定时器模块。若需要实现定时器模块的初始化,则
需要指定-Hcrt_inittimer 选项。

（6）若默认精简库,则不会向 main()函数传递任何参数,函数返回调用 exit()。注
意:如果采用结构化编程或采用简单的硬编码值,那么 argc、argv 的值可以是真实的
参数。

此外,MetaWare 精简库能简化堆分配。MetaWare 精简库中的 malloc()函数代码
大小比标准版本代码大小要小,运行时间也短,但不支持 malloc. h 非 ANSI 堆函数。
当使用精简库链接涉及堆操作的应用程序时,可以使用编译 -Hheap＝size 选项来指定
堆的大小。如果不需要使用 malloc()函数或未涉及堆操作,那么可以指定-Hheap＝0
选项。

3．MetaWare C＋＋

如果用该库编译和链接,就必须指定 -Hcppmw 选项。注意该 C＋＋ 库不支持 std
命名空间。

4．STL C＋＋

STL 有两个版本:异常支持库(可以让 C＋＋更符合 ISO C＋＋标准)和无异常库。
若不要使用 C＋＋异常,则将生成更小、更快的代码。若要使用 STL,则指定编译-Hstl
选项,并指定编译 -Hexcept 选项以选择版本。

一旦编译器完成源代码的编译,编译程序就调用链接到相应运行时库的编译器生
成的目标模块的链接中。这些库包含程序设置环境、管理堆、执行 I/O 操作,并处理其
他标准操作。

头文件包含由 MetaWare C 库提供的声明函数、常量和宏,不包含额外的信息。不
是所有的文件都提供所有平台,有些特殊的操作环境需要指定。如果使用了 C 程序库
函数,那么头文件中应该包含适当的头文件声明。

在 Synopsis 中描述任意一个函数,如果其没有包含头文件,那么就不能被安全调
用,该行就会出现如下提示:

```
#include < header_file_name> /* Required * /
```

之所以出现以上提示,可能因为函数没有满足之前的约束,或因为函数返回一个头文件
中声明的参数类型。C 函数调用灵活,容易导致参数的数量和类型发生错误,而以上头
文件可以防止该错误发生。而在函数中,类型和宏的引用在编译过程中必须解决。如
果一个类型或宏是在一个程序中,必须包含头文件的定义,或定义必须在源代码中

复制。

重新建库时需要在库目录中包含 makefile。用 gmake（Windows 平台）或 make（Linux 平台）结合相关 makefile 指令为相应处理器系列编译所有的库。此外，各库目录、子目录层次结构包含一个特定的库重建 makefile（如小端字节序、扩展等）。使用 gmake 重新设置配置库，就必须为每一个编译器建立库。

例如，在 Windows 下重建 ARCompact Little-Endian 扩展库。

```
cd install_dir/lib/a5/le/xlib
gmake
```

可以在任何子目录层次修改 makefile，或用命令行调整编译器使用的区域及编译器选项。

例如，要用一个特定的编译器和附加选项建立整个库。

```
cd arc/lib
gmake CC=/path/to/my/specific/toolkit/bin/mcc cflags="my add'l options"
```

还可以创建个人库目录，可以复制库到新目录，并且用已有的 makefile 重新建立。如果复制该文件到新目录，用编译 -Hrtldir＝dir 选项从新目录链接库。若没有指定全路径，则 -Hrtldir 选项默认 dir 在 install_dir/lib 下。

例如，如下命令行告诉编译器在已有的 install_dir/lib 路径下查找 le_extensions 中的新库。

```
mcc -Hrtldir= le_extensions
```

用 -Hrtldir 选项可以轻易地从运行时库里的多配置选项中进行选择。

5. MetaWare C/C＋＋的 hostlink 库

MetaWare C/C＋＋运行时库提供了 hostlink 库，其与调试器进行通信并在主机平台上完成系统调用。编译器默认链接本库。如果想提供个人系统调用库，例如有一个特定的 RTOS 系统调用库，那么用编译 -Hhostlib＝library 选项来指定库的名称。若要用 hostlink 库特性，则必须用 MetaWare C/C＋＋ 默认包含 _mwrtl_init() 函数的启动代码；否则，hostlink 库和其他输入/输出程序不工作。若没有使用调试器的 hostlink 库，则程序可能挂起。若不需要使用 hostlink 库，则可以不链接 hostlink 库。若移除 hostlink 库，则链接器的 stub 程序（一段无效代码）和输出的缓存就会取代 hostlink 库。

调试器通过 hostlink 库来支持操作系统完成链接等功能。在 C 代码中使用 printf() 函数在调试主机控制台输出打印信息为 hostlink 库的典型应用。

hostlink 有如下的编译选项：

```
-Hhlsize=size- Specify hostlink buffer size
```

为了在程序运行时的通信使用 hostlink 库，并且通过 hostlink 库机制链接来改变缓存大小进行输入/输出，可以用 -Hhlsize＝size 选项，其默认缓存大小是 1KB。具有更大缓存的应用采用该属性，可以运行得更快，效果更显著。

```
-Hhostlib=library- Specify a library to implement run-time system calls
```

用 -Hhostlib 选项指定一个 hostlink 库实现运行时的系统调用。

6.1.5　MetaWare 调试器

调试器的工作原理是基于 CPU 的异常机制,并由操作系统的异常分发或事件分发的子系统(或模块)负责将其封装处理,以较友好的方式与调试器进行实时交互。

在调试器捕获到一个异常或事件之后,将会根据调试器的自身逻辑来判定是否需要接管这个异常或事件,并决定由调试器的哪个函数来接管。当调试器接管该异常或事件后,将根据用户的需求对其进行进一步的处理,处理完毕后再通知系统,此时新一轮的异常或事件捕获、分发循环就又开始了。

MetaWare 调试器分别提供图形用户界面和命令行用户界面。图形用户界面在 Java 虚拟机环境下运行,并且支持交互式调试,可运行多达 3 个进程和目标。命令行用户界面运行在非视窗的操作环境下,如 Linux、Unix 环境下,用户将编译调试命令写入脚本,通过在命令行用户界面下运行脚本,完成编译、调试工作。MataWare 调试器能够在仿真模式或硬件调试模式下运行,通过编译配置选项,支持源码级调试和汇编级调试。

MetaWare 调试器具有以下特点:

(1) 图形和命令行双接口;

(2) 开放接口的调试用户界面,增加功能可自行设计插件;

(3) 语义检查接口能够以最有效的方式实现应用程序的检测;

(4) 协同多处理器调试控制,协调单一调试过程中的多核处理器调试;

(5) 全面支持 ARC 处理器配置选项和扩展(包括 XY-内存和其他 DSP 扩展);

(6) 支持自动覆盖管理;

(7) 扩展分析功能,优化应用程序和系统性能;

(8) 既支持硬件调试,也支持用户界面的仿真;

(9) 在使用硬件之前,ARC 指令集仿真器可对应用软件开发和优化。

6.1.6　MetaWare 仿真器

仿真器以某一系统复现另一系统的功能。仿真器可以替代目标系统中的处理器,仿真其运行。相较于实际的目标处理器,仿真器还增加了其他功能,通过桌面计算机或其他调试界面来观察处理器中的程序和数据,并控制处理器的运行。

在默认情况下,MetaWare 调试器启动图形用户界面,并启动相应仿真器以便对处理器仿真。对于 ARC EM 系列和 ARC HS 系列处理器,ARC nSIM 是默认的仿真器。DesignWare ARC nSIM 指令集仿真器是一个 ARC 指令集仿真器,该指令集仿真器可以在 MetaWare 调试器和 System C 环境中被使用。DesignWare ARC nSIM 指令集仿真器为 ARC EM 处理器提供了一个指令完全匹配的处理器模型。软件开发人员可以使用该模型以快速和精确的方式调试、运行编译好的程序。

(1) 以下是 ARC nSIM 的基本功能特性:

① 支持最新版的 ARC EM、ARC HS 系列处理器的指令和寄存器仿真模型,以及该处理器包含的所有扩展,如 XY 存储器、MPU、MMU、FPX、SmaRT、Cache、ARConnect 等;

② 集成 MetaWare 调试器;

③ 支持 System C TLM 2.0 模拟功能 LT 界面；

④ 集成 Synopsys Virtualizer；

⑤ 通过 Synopsys Virtualizer 可以支持劳特巴赫公司的 Trace32 调试器；

⑥ 支持固有的 64 位仿真器模型；

⑦ 支持内置主机连接；

⑧ 支持 ARC GDB 调试；

⑨ GNU 主机连接；

⑩ 虚拟处理器支持包。

（2）ARC nSIM 还有一些高级功能，需要一个单独的 ARC nSIM 授权才可以使用：

① 采用动态二进制转换技术可执行快速 Turbo 模型；

② 支持 ARC EM 系列处理器的高度周期精确模型（NCAM）。

6.1.7　MetaWare IDE

　　MetaWare IDE（见图 6-2）是基于模块化 Eclipse 技术的下一代 IDE，可以无缝集成以实现应用程序的创建、管理及调试等功能，还可开发自定义的插件。MetaWare IDE 是 MetaWare C/C++工具链和 MetaWare 调试器的集成。

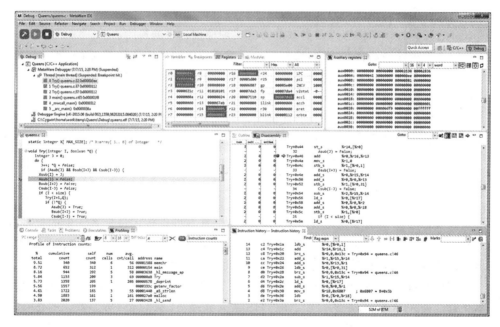

图 6-2　MetaWare IDE

　　MetaWare IDE 可以实现调试和性能分析的可视化。MetaWare IDE 完整的产品解决方案包括 MetaWare C/C++工具链、带有图形用户界面和性能分析的调试器、带有指令集仿真和基于 Eclipse 的 IDE 的优化库等。使用 MetaWare IDE 进行项目管理具有如下优点：

　　（1）无缝集成实现嵌入式应用程序的创建、管理及调试等功能；

　　（2）通过 CDT 插件集成 MetaWare 开发套件的编译器和调试器；

　　（3）能够灵活地整合第三方工具。

6.2 MetaWare IDE 开发指南

6.2.1 创建与管理工程

MetaWare IDE 是以视图的方式组织的。C/C++视图提供编码任务的视图,调试视图提供调试任务的视图(其他的视图也可以通过点击查看窗口→打开视图→其他来切换)。MetaWare IDE 标题栏如图 6-3 所示。

标题栏 ——→

图 6-3　MetaWare IDE 标题栏

如果没有看见 C/C++视图,那么可能需要关闭欢迎界面。如果之前关闭了欢迎界面,那么 MateWare IDE 记住并开始显示有 C/C++视图的项目资源管理器。

使用 MetaWare IDE,创建工程并加载例程代码。以工程为单位,配置编译选项、编译例程代码,对编译生成的可执行文件进行调试、分析。

1. 创建工程

(1) 打开 MetaWare IDE,创建一个名为 demo 的空工程,选择 ARC EM 系列处理器,如图 6-4 所示。

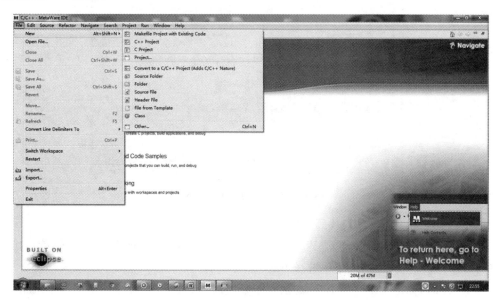

图 6-4　新建空项目

① 在菜单栏中,选择 File→New→Project,打开新建项目对话框,如图 6-5 所示;
② 在新建项目对话框中,展开 C/C++,选择 C 项目,然后单击 Next 按钮;

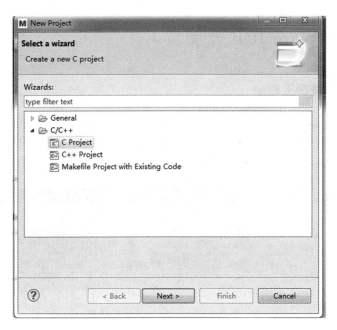

图 6-5　选择 C 项目

③ 选择 ARC EM 处理器，如图 6-6 所示。

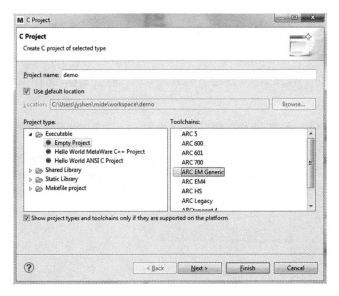

图 6-6　IDE 新建项目对话框 1

（2）向工程 demo 导入代码文件 CoreTest. c。

① 如图 6-7 所示，在 MetaWare IDE 主界面的左侧 Project Explorer 处单击图标
demo，接着在弹出的菜单中选择 Import。

② 此时，弹出一个名为 Import 的对话框，选择 General 选项卡中的 File system，然后单击 Next 按钮。如图 6-8 所示，添加源代码 CoreTest. c 所在文件目录，对话框会自动显示目录的名称及目录所包含的文件名称。选择待添加文件 CoreTest. c，然后单击 Finish 按钮以完成整个导入过程。

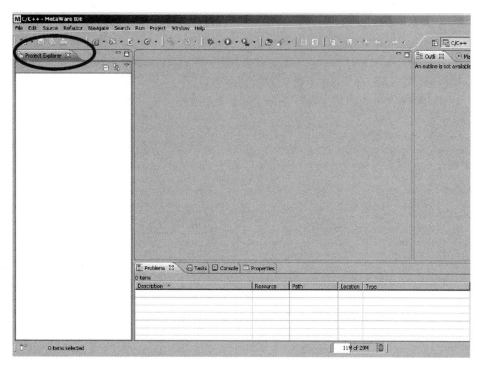

图 6-7　左侧 Project Explorer 选项

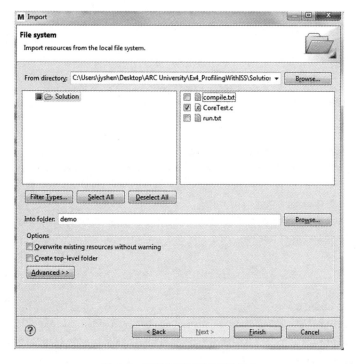

图 6-8　IDE 新建项目对话框 2

　　导入完毕后,可以在 MetaWare IDE 主界面的左侧 Project Explorer 处看到刚才添加过的代码文件 CoreTest.c。

2. 例程代码程序 demo.c

```c
////////////////////////////////////////////////////////////////////
//该演示程序的功能是查找数据点 x 和 y 的最小距离。
//#define/undefine '_DEBUG' 预编译器变量,以获得所需的功能。
//包括_DEBUG 会导入 I/O 库以打印搜索结果。
//为了简单起见,计算中使用到的数据点硬编码到 POINTX 和 POINTY 中。
////////////////////////////////////////////////////////////////////
#ifdef _DEBUG
#include "stdio.h"
#endif

#define POINTX {1, 2, 3, 4,  5,  6,  7,  8,  9, 10}
#define POINTY {2, 4, 6, 8, 10, 12, 14, 16, 18, 20}
#define POINTS 10

#define GetError(x, y, Px, Py) \((x-Px)*(x-Px)+(y-Py)*(y-Py))

int main(intargc, char*argv[]) {
    intpPointX[]=POINTX;
    intpPointY[]=POINTY;

    int x, y;
    int index,error,minindex,minerror;

    x=4;
    y=5;

    minerror=GetError(x,y,pPointX[0],pPointY[0]);
    minindex=0;

    for(index=1; index <POINTS; index++) {
      error=GetError(x, y, pPointX[index], pPointY[index]);

      if (error<minerror) {
      minerror=error;
      minindex=index;
        }
        }

#ifdef _DEBUG
    printf("minindex=%d,minerror=%d.\n",minindex,minerror);
    printf("The point is (%d,%d).\n",pPointX[minindex],pPointY[minindex]);
    getchar();
#endif

    return 0;
    }
```

6.2.2　配置工程

单击当前工程 demo,在弹出的选项卡中选择 Properties,依次选择 C/C++ Build
→Settings→Tool Settings,打开编译选项以设置页面,如图 6-9 所示。

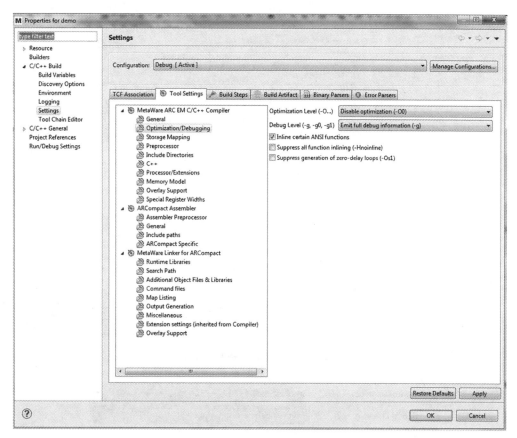

图 6-9　配置工程

在当前界面选中 Optimization/Debugging 来设置编译器优化与调试等级,如设置
优化等级为关闭优化,调试等级为加载全部调试信息。

设置与硬件对应的编译选项有两种方式,一是通过 TCF 文件进行整体的设定,一
是在 Processor/Extensions 一栏中进行设定。

在当前界面的 Processor/Extensions 中设置与目标处理器硬件属性相对应的编译
选项,如处理器的版本,是否支持移位、乘法、浮点运算等扩展指令,是否含有 Timer0、
Timer1 等。如图 6-10 所示,该设置表明目标处理器支持普通扩展指令,包含单周期乘
法器及 Timer0。

最后选中 MetaWare ARC EM C/C++,在右侧 All options 一栏中检查设置的编
译选项。然后单击 OK 按钮,关闭 Properties 对话框。

另外,还可以通过编译器设置来进行相关优化设置。

选择 MetaWare ARC C/C++ 的 Compiler→Optimization/Debugging。MateW-
are IDE 有两种不同的编译器优化设置方案,即代码存储空间和代码性能的优化方案。
较小代码尺寸优化设置,如图 6-11 所示。

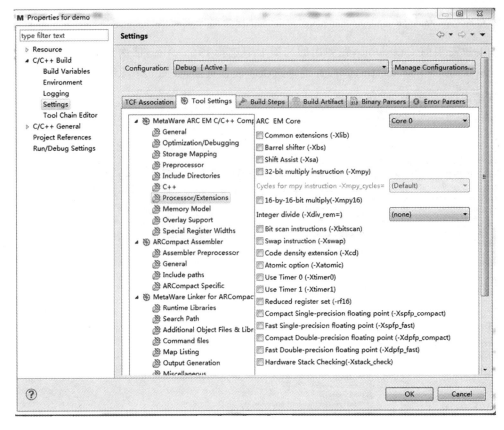

图 6-10　设置处理器功能扩展

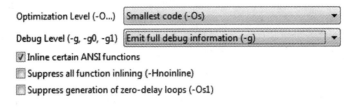

图 6-11　较小代码尺寸优化设置

图 6-11 中，Optimization Level 中-Os 为较小代码尺寸优化选项，用户可以根据需要选择不同的优化等级，而 Debug Level 此时对编译器的优化选项是没有影响的。较快速度代码优化设置如图 6-12 所示。

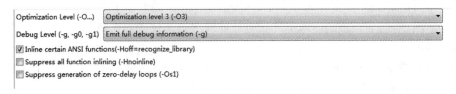

图 6-12　较快速度代码优化设置

图 6-12 中，Optimization Level 中-O3 为较快速度代码优化选项，用户可以根据需要选择不同的优化等级，而 Debug Level 此时对编译器的优化选项是没有影响的。

6.2.3 编译工程

编译程序:在 MetaWare IDE 主菜单的 Project 下拉菜单中选择 Build Project 或单击图标💊▾,在 MetaWare IDE 主界面的中下部选择 Console 选项卡查看编译过程中的日志。当出现"Finished building target:demo.elf"的消息时,说明编译成功,并且在 MetaWare IDE 主界面左侧 Project Explorer 中可以看到编译生成的可执行文件 demo.elf,如图 6-13 所示。

图 6-13 编译程序

6.2.4 调试工程

1. 设置调试选项

在 MetaWare IDE 主菜单中的 Run 下拉菜单中选择 Debug Configurations。然后双击 C/C++ Application 或右键选择 New,得到图 6-14 及图 6-15 所示的对话框。

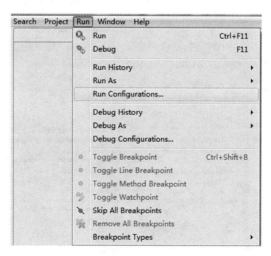

图 6-14 调试配置对话框 1

若需要选择调试选项卡,用户可以通过单击调试选项区域,来设置调试器选项。当前所选选项的命令行会显示在调试器选项的文本框中,如图 6-16 所示。

在调试选项区域单击一些行,然后查看用户可以选择的选项。

保持默认设置,然后单击 Debug 按钮,则返回调试视图,如图 6-17 所示,程序执行停止在一个默认的断点 main()函数入口处。

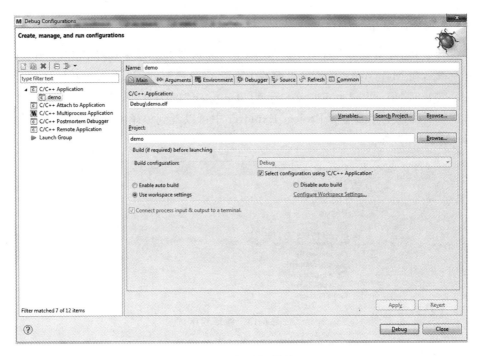

图 6-15　调试配置对话框 2

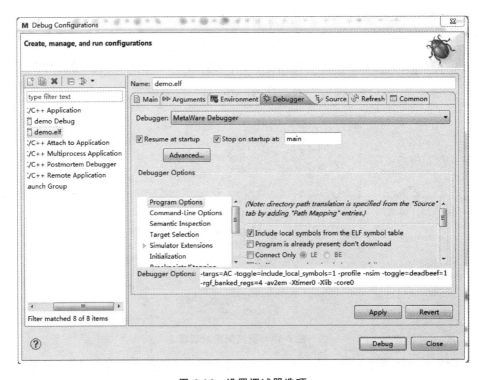

图 6-16　设置调试器选项

2. 调试 demo 工程

（1）通过选择项目浏览器中的对应目录，确保 demo 项目被选中，如图 6-18 所示。

（2）单击 Debug 按钮开始调试项目，如图 6-19 所示。

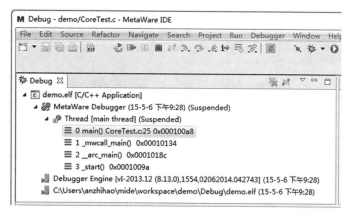

图 6-17　调试对话框 3

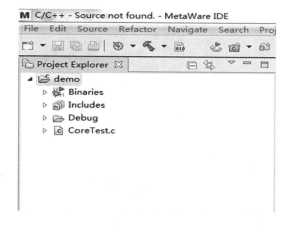

图 6-18　选中 demo 项目

图 6-19　调试项目

　　对于调试,MetaWare IDE 有不同的调试窗口。这时会出现图 6-20 所示的对话框,确认是否想转换为调试窗口:如果愿意转换为调试窗口,可以检查这个窗口并记住此决定。

　　(3) 单击 Yes 按钮,打开 demo. elf 调试窗口,准备调试程序。

　　首先在调试界面主菜单的下拉菜单 Debugger 中选择需要的调试窗口,如源代码窗口、汇编代码窗口、寄存器窗口、全局变量窗口、断点窗口、函数窗口等。

　　如图 6-21 所示,左下为源代码窗口,右下为汇编代码窗口,右上为寄存器窗口、全局变量窗口、断点窗口等。

　　在源代码窗口中,右键选择窗口左侧的代码行号,在弹出的菜单中选择 Toggle Breakpoints 或者直接双击行号即可在当前行设置一个断点。在汇编代码窗口中,双击某行代码即可在当前行设置一个断点。

　　设置完断点后,单击图标 即可运行程序。之后程序将直接运行至最近的断点

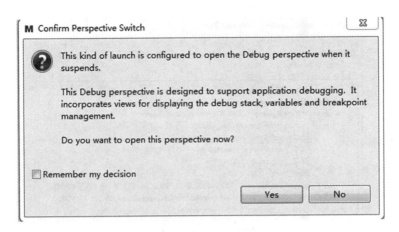

图 6-20　调试对话框 4

图 6-21　调试对话框 5

处,此时便可通过之前步骤中调出的各个窗口来观察当前程序的执行情况和处理器的相关状态信息。如果想进一步了解程序执行的细节和处理器的指令行为,可以使用三种执行命令 来进行单步调试。图标 可以选择单步执行一条 C 语言语句或一条汇编指令,配合各个窗口的状态信息变化,可以很方便地调试程序。当想结束当前调试进程时,单击图标 即可。当想返回 MetaWare IDE 主页面时,单击右上角图标 中的 C/C++即可。

6.3　使用 MetaWare 调试器进行性能分析

性能分析,是以收集程序运行时的信息为手段研究程序行为的分析方法,是一种动态程序分析的方法。性能分析测量项包括程序的空间或时间复杂度、特定指令的使用情形、函数调用的频率及运行时间等。性能分析的目的在于分析程序的哪个部分应该被优化,从而提高程序的运行速度或内存使用效率。

性能分析可以由程序的源代码或是可执行文件进行。一般会使用所谓性能分析器(Profiler)之类的工具进行性能分析。性能分析工具采用许多不同的技术,如基于事件的、基于统计的、基于指令导向的及基于仿真的方法等。性能分析工具常在工程调试过程中使用。

MetaWare 调试器具备性能分析功能。用户通过性能分析窗口可以看见和执行程序相关的性能信息。该信息是由 MetaWare C/C++运行时间和应用程序分析结果提供的。性能分析采用间隔定时器以固定周期中断可执行程序的方式。当程序中断时,性能分析工具自动统计中断次数,统计的结果近似地反应了程序所消耗的时间。分析窗口可以总结出程序中函数的指令数、循环次数和缓存未命中数。

以 6.2.1 节中程序 demo.c 为示例。首先,打开编译选项对话框,在 Optimization/Debugging 一栏中将 Opimization Level 设为－O0。然后,单击图标 以重新编译工程,编译完毕后,单击图标 进入调试界面。再选择调试界面主菜单中的 Debugger,在弹出的下拉菜单中选择 Disassembly,打开反汇编代码窗口,可以看到此时程序暂停在 main()函数的入口处。以同样的方式在 Debugger 下拉菜单中选择 Profiling,打开 Profiling 窗口,并单击窗口中的图标 ,如图 6-22 所示。

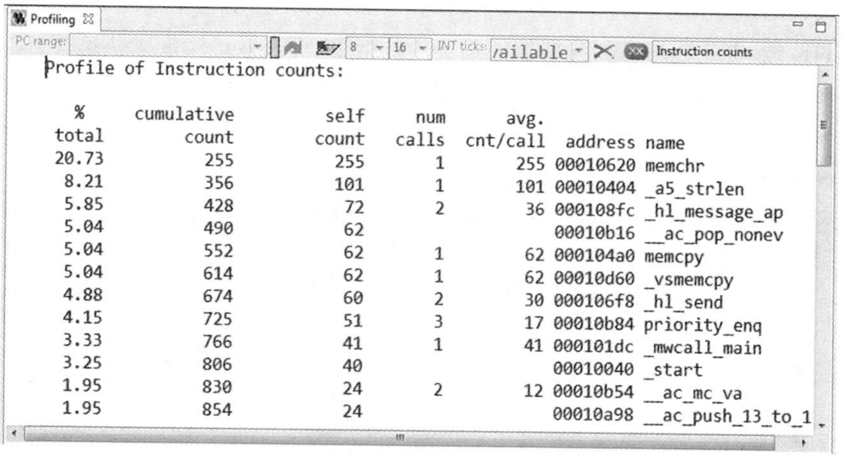

图 6-22 Profiling 窗口 1

Profiling 窗口显示了当前调试窗口下程序已执行指令数目与各个函数的对应关系。从左到右依次为函数指令执行总数占整个程序指令执行总数的百分比、累计指令执行总数、函数包含指令执行总数、函数被调用次数、函数包含指令数目、函数地址及函数名。通过 Profiling 窗口的指令信息与函数关系,可以十分方便地分析程序效率,找到程序性能的瓶颈。

下面以 demo.c 工程为例继续具体介绍 Profiling 窗口的使用,此时程序暂停在 main()函数入口处,打开 Profiling 窗口,如图 6-22 所示。一般 main()函数是性能分析优化的主要对象,此时 Profiling 窗口中所显示的内容实际上是 main()函数执行之前处理器进行初始化的一些函数信息。单击 Profiling 窗口中的图标 以清除当前信息,此时若再单击图标 ,则不会有任何内容显示,说明成功清除信息。然后,在 main()函数最后一条语句(C 语句或汇编语句皆可)处设置一个断点,单击调试界面上方工具

栏中的图标 ![ ]，让程序执行至断点。接着，再次单击 Profiling 窗口中的图标 ![ ]，此时显示的就是仅仅与 main()函数有关的信息了，如图 6-23 所示。因此，灵活设置断点，配合清除功能，就能对最为关心的程序段进行性能分析了。

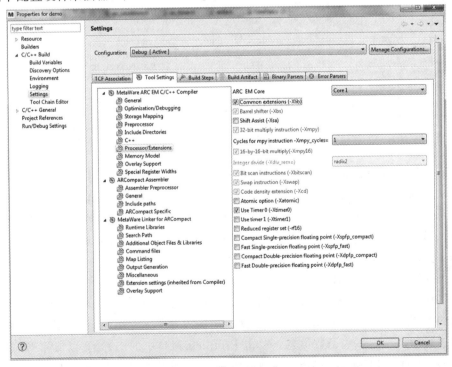

图 6-23 改进后的代码性能分析 1

从图 6-23 可以看到，main()函数中的乘法库函数_mw_mpy_32x32y32()被调用了 20 次，共执行了 2064 条指令(main()函数本身仅仅执行了 326 条指令，memcpy()函数执行了 86 条指令)。由此可见，程序的乘法功能的实现消耗了大量的指令数目，这意味着处理器将花费大量的运算周期去做乘法运算。因此，乘法运算是当前程序性能的瓶颈，如果要提升程序的性能，首先应考虑如何能够使用更少的指令、更高效地实现乘法运算。

因此，考虑添加一个硬件乘法单元，然后程序的乘法运算由硬件单元而不是乘法库函数来实现，这就节省了大量的运算周期，因而性能大幅提升。如图 6-24 所示，在编译选项中配置硬件乘法器，即 32-bit multiply instruction -Xmpy_cycles=1。

图 6-24 编译选项添加硬件乘法器

按照上述步骤重新编译、调试、运行程序，打开 Profiling 窗口并单击窗口中的图标 ，如图 6-25 所示。

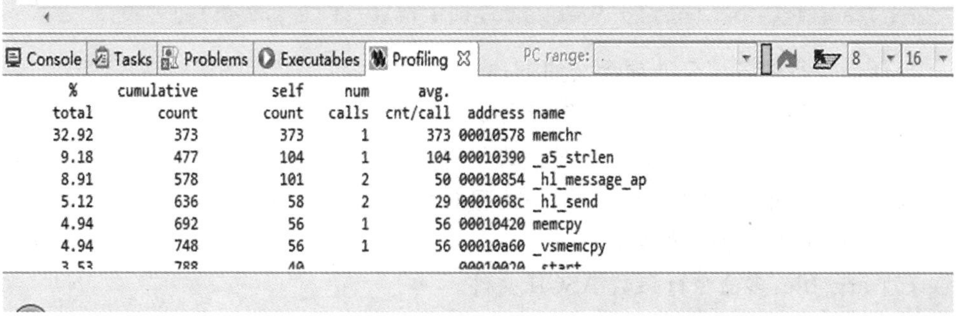

图 **6-25** Profiling 窗口 2

再一次单击 Profiling 窗口中的图标 以清除当前信息，此时若再单击图标 ，则不会有任何内容显示，说明成功清除信息。在 main( )函数最后一条语句（C 语句或汇编语句皆可）处设置一个断点，单击调试界面上方工具栏中的图标 ，让程序执行至断点。接着，再次单击 Profiling 窗口中的图标 ，此时显示的就仅仅与 main( )函数有关的信息了。配置完乘法器优化后的代码如图 6-26 所示。

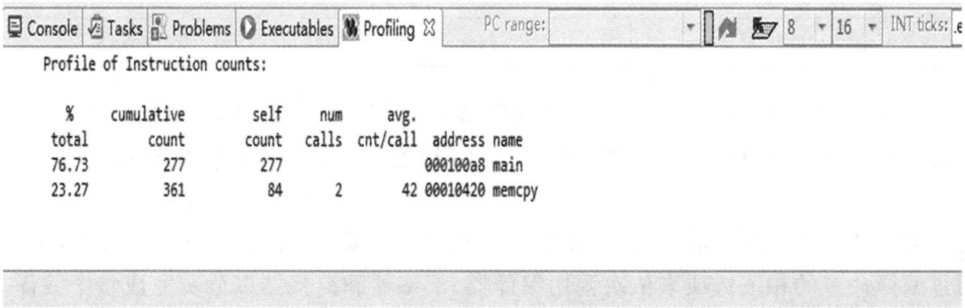

图 **6-26** 改进后的性能分析 2

由图 6-26 可以看出，改进后的代码指令明显减少，使用硬件乘法单元取代乘法库函数_mw_mpy_32x32y32，减少了将近 2000 条指令。同时，main( )函数和 memcpy( )函数执行的指令也相应减少。代码执行更快，效率更高。

6.4 MetaWare 命令行模式

MetaWare 开发套件除了支持图形界面开发以外，还支持命令行模式开发。在命令行模式下，开发者在只有命令行交互的条件下，可以非常高效地使用脚本以完成批量的编译和调试工作。ccac 调用 C/C++工具链进行编译，mdb 调用调试器来仿真调试。

6.4.1 MetaWare C/C++编译命令

MetaWare C/C++编译命令为 ccac/mcc，其中 ccac 用于编译适用于 ARC HS 系列和 ARC EM 系列的可执行文件，mcc 用于编译适用于 ARC 600 系列、ARC700 系列及 ARC AS200 系列的可执行文件。下面重点介绍 ccac 命令。

编译命令行通用格式如下:

```
ccac[-tcf=arc.tcf][driver_opts] src_file(s)[@ arg_file]
```

编译命令行的各部分选项含义如下。

(1) ccac:MetaWare C/C++编译命令。

(2) -tcf=arc.tcf:目标处理器对应的 TCF 文件。

(3) driver_opts:编译选项,特别是处理器系列和版本。

(4) src_file(s):源文件名。

(5) arg_file:多命令行参数 ASCII 文件。

以上介绍的编译选项的类型为内核类型、内核扩展、汇编器/链接器选项和编译特性选项,如表 6-2 所示。

表 6-2 编译选项的类型

类　　型	语　　法
内核类型	-arc600,-arc700,-av2em,-av2hs
内核扩展	-Xmpy,-Xmul32,-Xlib,-Xdsp
汇编器/链接器选项	-Hasopt=xxx,-Hldopt=xxx
编译特性选项	-Hpragma=xxx,-Hon=xxx,-Hoff=xxx

处理器硬件相关编译选项可以手动配置,也可通过读取 TCF 文件获取。TCF 文件是 ARChitect 生成的处理器硬件配置文件,其包含了处理器硬件配置信息和对应的编译选项。在命令行模式下调用 MetaWare C/C++编译命令进行编译时,既可以通过一条编译命令一步完成编译、汇编和链接这三个步骤,然后生成可执行文件,也可以通过编译命令的相关选项来依次调用编译器、汇编器和链接器以分步完成整个编译。

下面举例说明各种 MetaWare C/C++ 编译命令的不同用法,分步使用编译命令。

(1) 预处理:替换宏和扩展包含。

```
ccac -P my_prog.c -o my_prog.i
```

(2) 编译:转换 C/C++ 代码到汇编代码。

```
ccac -S my_prog.c -o my_prog.s
```

(3) 编译:转换汇编代码到目标代码。

```
ccac -c my_prog.s -o my_prog.o
```

(4) 链接:链接目标文件和库到 ELF 可执行文件。

```
ccac my_prog.o -o my_prog.out -lm
```

(5) 调试、测试。

```
ccac -g my_prog.c -o my_prog.out -lm
elf2dump -z my_prog.out >  my_prog.dump; elf2hex -q my_prog.out
```

6.4.2 MetaWare 调试器调试命令

MetaWare 调试器调试命令为 mdb。该命令可以以命令行或图形界面的形式单独调用调试器,对可执行程序进行调试。

MetaWare 调试器调试命令行通用格式如下:

```
mdb [-cl/-OK][target options][command options] a.out
```

调试命令行的各部分选项含义如下。

(1) -cl/-OK:选择以命令行或者图形界面形式单独调用调试器。

(2) command options:调试器的具体调试命令。

(3) target options:调试目标(仿真器或硬件)。

(4) a.out:待调试的可执行文件。

下面举例说明 MetaWare 调试器调试命令的几种常见用法。

(1) 以命令行形式调用调试器,设定目标为 nSIM 仿真器,仿真模型为带有乘法器的 EM 处理器,调试器在下载完可执行文件 a.out 之后便会自动运行程序,程序结束后自动退出。

```
mdb -cl -nsim -av2em -Xmpy -cmd=run -cmd=exit a.out
```

(2) 通过 mdb 命令来调用调试器在图形界面下调试。

```
mdb -OK -nsim -av2em -Xmpy a.out
```

(3) 以命令行形式调用调试器,设定目标为通过 digilent jtag 链接器链接的硬件,调试器在下载完可执行文件 a.out 之后立即执行程序,程序结束后退出,将不会输出除了程序本身之外的任何下载调试信息。

```
mdb -cl -jtag -hard -digilent -run a.out
```

6.5 ARC GNU 简介

针对 Linux 操作系统和裸机操作系统开发者,Synopsys ARC 提供了一套 GNU 工具。GNU 是 GNU's Not Unix 首字母的组合,是一种常用于开发基于 Linux 操作系统的嵌入式软件的工具套件的简称。该工具套件是由 Richard Stallman 提出的 GNU 计划中的几个开源工具组成的,包括编译器、链接器、文本编辑器、语法纠错器等工具。

GNU 开发项目使用一个开放的开发环境,支持很多平台,包括 DesignWare ARC 处理器核。基于 GNU 的工具链在嵌入式应用软件开发中的质量、性能及能在多个目标处理器上应用的特点,全球各地的许多开发者都开始使用该工具链。DesignWare ARC 的 GNU 工具链可以从 GitHub 上获得。同时在 GitHub 上还可以获得最新版的预构建 GNU 工具链和一个以 Eclipse IDE 为基础的版本。

考虑到开源工具链的重要性,Synopsys ARC 投资了开源项目,如 GNU 适用于 ARC 处理器核的 Linux 内核。确保 GitHub 上有不断更新的、支持 ARC 处理器的开源 GNU 工具链,并且不断优化 ARC GNU 工具链。

ARC GNU 工具链提供所有的开源工具和完整的源代码,包括 GCC 编译器、GDB

调试器及许多应用程序和库,从而构成了一个完整的软件工具链。此工具链是一个源码包而非运行在用户主机上的平台。另外,ARC GNU 工具链具备高度的可配置性和可扩展性,用户可以很方便地按照自己特定的需求进行个性化订制。

6.6 小结

本章主要介绍了 ARC EM 处理器的开发及调试环境。本章详细介绍了 MetaWare 开发套件中的各种组件的概念和功能,主要包括适用于各种处理器的 MetaWare C/C++工具链、调试器、仿真器等。本章重点介绍了如何使用 MetaWare 开发套件去创建、配置、编译及调试一个工程,即开发 ARC EM 处理器的一般流程。此外,本章还介绍了如何使用 MetaWare 调试器对一段应用程序进行性能分析,以及 MetaWare 命令行模式。最后,本章简要介绍了 ARC GNU 的相关知识。

7

MQX 实时操作系统

本章深入介绍 MQX 的微内核结构组成和各组件的功能,重点讲述 MQX 的内核的时间管理功能、存储管理功能、中断管理功能,另外,从信号量、事件、互斥、消息和任务队列等方面介绍 MQX 的任务同步和通信机制的实现,使读者能够掌握 MQX 的内核应用设计。

7.1 实时操作系统介绍

实时系统是指能在确定的时间内执行其功能,并对外部的异步事件做出实时响应的计算机系统。实时操作系统(Real-Time Operation System,RTOS)是指当外界事件或数据产生时,能够接受并以足够快的速度予以处理,其处理的结果又能在规定的时间之内来控制生产过程或对处理系统做出快速响应,并控制所有实时任务协调一致运行的操作系统。实时环境允许一个实时应用作为一系列独立任务来运行,每个任务有各自的线程和系统资源。

实时操作系统有硬实时和软实时之分,硬实时要求在规定的时间内必须完成操作,这是在操作系统设计时就必须保证的;软实时则只要按照任务的优先级,尽可能快地完成操作即可。通常使用的操作系统在经过一定改变之后就可以变成实时操作系统。

RTOS 是一个标准内核,包括了各种片上外设初始化和数据结构的格式化,用户不必(也不推荐用户)再对硬件设备和资源进行直接操作,所有的硬件设置和资源访问都要通过 RTOS 内核。内核将应用系统和底层硬件结合成一个完整的实时操作系统。移植的时候内核是不变的。开发者根据自己应用系统的需要来选择实时操作系统内核,开发者不能对内核随意访问,只能使用内核提供的功能服务来开发自己的应用系统。

RTOS 是一个经过测试的内核,与一般用户自行编写的主程序内核相比,RTOS 更规范,效率和可靠性更高。另外,高效率地进行多任务支持是 RTOS 设计由始至终的一条主线,采用 RTOS 可以统一协调各个任务,优化 CPU 时间和系统资源分配,使之不空闲、不拥塞。针对某种具体应用,精细推敲的应用程序不采用 RTOS 可能比采用 RTOS 能达到更高的效率;但是对于大多数一般用户和新手而言,采用 RTOS 是可以提高资源利用率的,尤其是在片上资源不断增长、产品可靠性和上市时间更重要的今天。

本章所介绍的 MQX 是 Precise Software Technologies 公司于 1989 年开发的一款嵌入式实时操作系统。在 2000 年 3 月被 ARC 公司收购,并在新的处理器体系中(主要包含 Freescale 的 ColdFire 系列、IBM®/Freescale 的 PowerPC、ARM、ARC 和 i. MX 等)继续开发。

MQX 是面向应用的、专用订制的嵌入式实时操作系统。它除了具有处理多任务、文件、设备驱动等基本的操作系统功能之外,还具有如下特性。

(1) 开放源码,成本低,软件资源丰富。

MQX 的内核源码可免费下载,并由专业人员提供技术支持。开放源码可以使用户不必从头做起,节省时间,降低费用。同时,在 MQX 安装目录下,还提供了大量的应用实例,软件资源丰富,以便加快项目开发速度。

(2) 采用微内核结构,系统体系结构具有可伸缩性、可裁减性。

MQX 采用微内核结构,使用最小内核处理集,系统开销小,运行效率高,可以根据需要添加可订制组件,比较容易适用于各种嵌入式系统应用。

(3) 高实时响应,内核实时效率高。

MQX 采用基于优先级的抢占式调度策略。带有最优化上下文切换和中断处理,用于实现快速、高效的预测响应时间,具有高实时性。

(4) 具有直接应用编程接口(API)、高度模块化架构、MS-DOS 文件系统(MFS),能够很好地满足各种不同应用的需求。

(5) 快速网络功能。

使用 RTCS 协议支持统一的 MAC 访问层接口,提供 TCP/IP 协议栈、FTP、Tel-net、DHCP、SNMP、DNS、HTTP 等服务。

7.2 MQX 内核组件

MQX 内核组件由核心组件(必选)和可选组件构成,其结构示意图如图 7-1 所示,

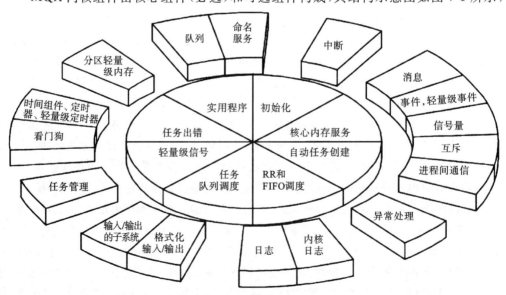

图 7-1 MQX 内核组件结构示意图

图 7-1 所示中心为 MQX 的核心组件,外围环绕的是可选组件。为了满足应用需求,应用程序可通过加入可选组件来扩展和配置核心组件。

表 7-1 总结了 MQX 内核组件的核心组件和可选组件,将在后续章节中对它们进行详尽介绍。

表 7-1　MQX 内核组件的核心组件和可选组件列表

组　　件	内　　容	类　　型
初始化	初始化和自动任务创建	核心
任务管理	动态任务管理	核心
调度	RR(循环)和 FIFO(先进先出)调度	核心
	任务队列调度	核心
任务同步和通信	轻量级信号量	核心
	信号量	可选
	轻量级事件	可选
	事件	可选
	互斥	可选
	消息	可选
	任务队列	可选
处理器间通信		可选
定时	时间组件	可选(板级支持包)
	轻量级定时器	可选
	定时器	可选
	看门狗	可选
存储管理	可变大小的存储块	核心
	固定大小的存储块(区块)	可选
	存储器管理单元,高边缓存和虚拟存储	可选
	轻量级存储	可选
中断		可选(板级支持包)
输入/输出驱动	输入/输出子系统	可选(板级支持包)
	格式化输入/输出	可选(板级支持包)
检测工具	栈的运用	核心
	内核日志	可选
	日志	可选
	轻量级日志	可选
任务出错	任务错误代码,异常处理,运行测试	核心
队列操纵		核心
命名组件		可选
嵌入式调试	EDS(Embedded Device Server)	可选

7.3 MQX 任务管理

任务是 RTOS 中最重要的操作对象,是用户的一个具体应用程序。在一个较为复杂的应用程序中,通常将一个大任务分解成多个小任务,在某一时刻只有一个处于激活状态的任务被 CPU 执行。任务是一个无限循环体,RTOS 依靠任务管理机制在程序运行时,根据具体情况在不同任务之间进行切换。

任务管理是 MQX 内核组件的核心组件,MQX 通过任务模板列表定义一组初始化模板,基于该模板可以在处理器上创建任务。应用程序运行时能够创建、管理和终止任务。它能为同一个任务创建多个实例,并且在一个应用程序中不限制任务的总个数。应用程序可动态改变任意任务的属性。当一个任务终止时,MQX 释放任务资源。

MQX 中的任务共有四种状态,分别为阻塞态、激活态、就绪态和终止态。在任意时刻,任务一旦被创建,其状态一定是这四种状态之一,任务状态转换如图 7-2 所示。

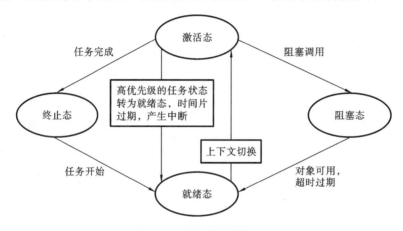

图 7-2 任务状态转换图

当任务处于不同的状态时,其活动程度不同。下面按照活动程度由低到高的顺序介绍 MQX 的任务状态。

(1) 终止态:任务已被完成或任务被中断,不再需要使用 CPU。

(2) 阻塞态:任务由于某种原因等待一个事件的发生,如等待其他任务放弃共享资源,自身延迟一段时间等都会将任务变为该状态,直到事件发生或是等待的时间超过用户指定的时间为止。当条件具备时,任务状态就变为就绪态。

(3) 就绪态:任务已经就绪,但没有运行,因为不是最高优先级的就绪任务。处于这种状态的任务可以被调度成为激活态。

(4) 激活态:任务已经就绪,并正在运行。在单 CPU 中,在某一时刻有且只有一个任务处于激活态,而且就绪态中优先级最高的任务才能进入激活态。

此外,激活态的任务可以被抢占。当一个更高优先级的任务状态变为就绪态并因而变成活动任务时,抢占将会发生。

若激活态的任务变为阻塞态或被抢占,则 MQX 将执行切换操作,此时将从就绪队列中选择并激活合适的任务。MQX 将选择优先级最高的任务进入激活态。若多个具有相同优先级的任务进入就绪态,则就绪队列中的首要任务先被激活。也就是说,每个就绪队列执行先来先服务原则。

7.3.1　任务调度

任务调度主要是协调任务对计算机系统资源的合理使用。对于系统资源匮乏的嵌入式系统而言,任务调度策略尤为重要,这直接影响到系统实时性。MQX 系统提供了三种任务调度策略:基于优先级抢占机制的 FIFO 调度(系统默认)、RR 调度及显式调度(使用任务队列)。可以分别把每个任务和处理器设置成 FIFO 或 RR 调度方式。对于一个任务而言,可以使用 MQX 系统默认调度策略对任务进行调度;同时,也可以通过在任务模板列表中指定任务属性来改变任务调度策略。

调度遵从 POSIX.4 标准(实时扩展)并且支持如下策略。

1. FIFO 调度(核心组件)

MQX 的 FIFO 调度是基于优先级抢占机制的调度方式。FIFO 是默认的调度策略,定义在<MQX_install>\mqx\source\kernel\mqxiinit.h 中,代码如下:

```
#  if MQX_HAS_TIME_SLICE
//设置创建任务的默认的调度策略
kernel_data->SCHED_POLICY=MQX_SCHED_FIFO;
#  endif
```

使用 FIFO 调度策略,接下来就是运行拥有最高优先级且等待时间最长的那个任务,如图 7-3 所示。一旦发生以下任意一种情况时,活动任务就停止运行:

(1) 由于调用了 MQX 阻塞功能函数,活动任务主动放弃处理器;

(2) 产生了一个比活动任务优先级更高的中断;

(3) 更高优先级的任务已经处于就绪态。

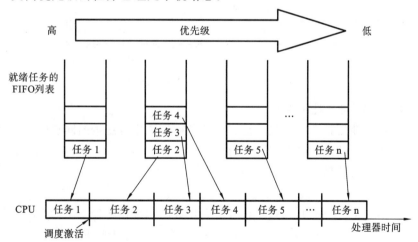

图 7-3　基于优先级的 FIFO 调度

2. RR 调度(核心组件)

RR 调度即时间片循环调度方式,它将调度优先级最高、等待时间最长且未消耗自身时间片的任务。RR 调度的特点在于每个循环任务有最长时间限制(时间片),在此时间内该任务可以被激活。

只有在任务模板结构中已设定 MQX_TIME_SLICE_TASK 属性的任务才使用

RR 调度。

也就是说，首先，要在<MQX_install>\lib\<board>.cw\mqx\mqx_cnfg.h 中定义：

```
#define MQX_HAS_TIME_SLICE 1;
```

其次，在任务模板中设置任务的属性为 MQX_TIME_SLICE_TASK。

任务的时间片是由任务模板结构中的 DEFAULT_TIME_SLICE 的值来确定的。如果该值为 0，那么任务的时间片即为处理器默认的时间片。开始时，处理器默认的时间片是定时器所设定的时间间隔的 10 倍。例如，如果大部分的 BSP 定时器时间间隔是 5 ms，那么处理器默认的时间片通常就是 50 ms。可通过调用_sched_get_rr_interval()和_sched_get_rr_interval_ticks()（系统时钟）函数以获取时间片，调用_sched_set_rr_interval() 和_sched_set_rr_interval_ticks()函数以设置时间片。当一个活动循环任务的时间片用完时，MQX 将会保存该任务的现场参数，执行切换操作，并检查就绪队列以选择优先级最高的任务进入激活态。MQX 将已过期的任务放到任务就绪队列的末尾，这样就可以开始控制就绪队列中的下一个任务。如果在就绪队列中没有其他任务，那么到期的任务将继续运行。

在 RR 调度策略中，相同优先级的任务将以时间均等的方式共享处理器时间。如果多个具有相同优先级的任务进入就绪态，则就绪队列中最前面的任务将被激活，即每个就绪队列都是按照 FIFO 顺序排列的。具有相同优先级的循环调度如图 7-4 所示。

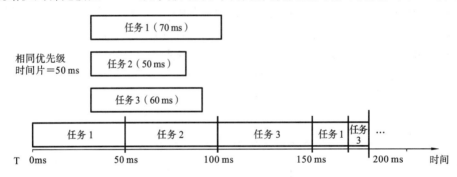

图 7-4　具有相同优先级的循环调度

3. 显式调度（可选性组件）

显式调度是使用任务队列显式地调度任务或创建相对复杂的同步机制。因为任务队列提供尽可能少的功能，因此效率很高。

显式调度主要使用如下函数。

（1）_taskq_create()：创建队列。

（2）_taskq_suspend()：通过将任务放到任务队列来挂起处于激活态的任务。

（3）_taskq_resume()：将队列中的第一个任务或所有任务重新启动。

获取与设置调度信息操作函数如表 7-2 所示，任务调度操作函数如表 7-3 所示。

表 7-2　获取与设置调度信息操作函数表

操 作 函 数	功　　能
_sched_get_max_priority()	获取允许设置的最高优先级，返回值为 0
_sched_get_min_priority()	获取允许设置的最低优先级

续表

操 作 函 数	功　　能
_sched_get_policy()	获取调度策略
_sched_get_rr_interval()	获取时间片,单位为 ms
_sched_get_rr_interval_ticks()	获取时间片,单位为时钟节拍
_sched_set_policy()	设置调度策略
_sched_set_rr_interval()	设置时间片,单位为 ms
_sched_set_rr_interval_ticks()	设置时间片,单位为时钟节拍

表 7-3　任务调度操作函数表

操 作 函 数	功　　能
_sched_yield()	移动活动任务至就绪队列的末尾,并将处理器指向就绪队列中具有相同优先级的下一个任务
_task_block()	阻塞任务
_task_get_priority()	获取任务的优先级
_task_ready()	激活一个任务为就绪态
_task_set_priority()	设置任务的优先级
_task_start_preemption()	允许任务抢占
_task_stop_preemption()	禁止任务抢占

7.3.2　任务同步与通信

任务同步是使并发执行的各进程之间能有效地共享资源和相互合作。任务通信是指任务之间的信息交换,其所交换的信息量可以是一个状态或数值,也可以是成千上万个字节。在 RTOS 中,任务之间一般是依靠信号量机制、消息队列、事件等进行同步和通信的。

任务间通信机制是多任务间相互同步和通信以协调各自活动的主要手段。MQX 提供的任务间同步机制有事件、信号量和互斥。同时,为了节省存储空间,提高运行速度,MQX 还提供了轻量级事件、轻量级信号量以实现任务间的同步。MQX 提供的任务通信机制有事件、信号量、互斥、消息和任务队列。下面分别介绍这些任务通信机制。

1. 事件

事件能用于同步多个任务或实现任务与中断服务程序(Interrupt Service Routine,ISR)之间的同步,通过改变位状态的形式来传送信息。当其他任务或 ISR 出现了一个预先定义的事件就会产生一个事件标志。事件机制提供了复杂同步的功能。

1) 事件的特点

(1) 不提供数据传输功能;

(2) 事件之间是相互独立的;

(3) 任务可以同时等待多个事件;

（4）对事件的等待方式有"与"、"或"两种逻辑操作；

（5）事件没有队列，即在事件标志未被接受处理之前，多次向任务发送同一事件，只相当于发送一次。

MQX 提供了事件和轻量级事件。事件组件包括事件组，事件组是事件位的集合。任务可以等待事件组中的事件位。若事件位没有被置位，则任务将被阻塞。任何其他任务或 ISR 均可以置位事件位。当事件位被置位时，MQX 将从等待的任务中选择满足条件的任务进入就绪队列。当事件组含有自动清除的事件位时，只要该事件位被置位，MQX 将立即清除事件位，并将该任务置入就绪队列。

2）MQX 对事件进行的操作

（1）生成事件组件。

调用_event_create_component()函数以显式地生成事件组件。若不显式地生成，则 MQX 将在应用程序首次生成事件组时自动使用默认值生成事件组件。

（2）创建事件组。

在任务使用事件组之前，必须创建一个事件组，其函数调用如表 7-4 所示。

表 7-4　创建事件组调用函数说明

创建的事件组类型	调 用 函 数	参　　　数
快速事件组 （包含自动清除事件位）	_event_create_fast() _event_create_fast_auto_clear()	索引（事件组件被创建时必须符合指定限制条件）
命名事件组 （包含自动清除事件位）	_event_create() _event_create_auto_clear()	字符串名称

（3）打开与事件组的连接。

在任务能够使用事件组件之前，必须打开与事件组的连接，这可以通过_event_open_fast()及_event_open()函数实现。这两个函数均为事件组返回唯一的句柄。

（4）等待事件位。

任务通过_event_wait_all()或_event_wait_any()函数等待事件组中一定模式的事件位。当事件位被置位时，MQX 将等待该位的任务设为就绪态。若事件组在创建时带有自动清除事件位，则 MQX 清除该位，以便等待的任务不必清除它。

（5）设置事件位。

任务通过_event_set()函数设置事件组中一定模式的事件位。事件组可以在本地或远程处理器上。当一个事件位被置位时，等待它的任务状态即变为就绪态。若事件组创建时带有自动清除事件位，则这些事件位一旦被置位，MQX 就会清除它们。

（6）清除事件位。

任务通过_event_clear()函数清除事件组中一定模式的事件位。若事件组创建时带有自动清除事件位，则这些事件位一旦被置位，MQX 就会清除它们。

（7）关闭与事件组的连接。

当任务不再使用事件组时，可以通过_event_close()函数关闭与它的连接。

（8）撤销事件组。

当任务被阻塞，且在等待即将被撤销的事件组中的事件位时，MQX 会将它们移至就绪队列。

2. 信号量

信号量是用于多任务内核中任务之间、任务与 ISR 之间的同步及任务间的互斥。

1）信号量的功能

（1）控制共享资源的使用权，使其满足互斥条件；

（2）标志某事件的发生；

（3）同步任务之间、任务与中断之间的行为。

可以将信号量看成一把钥匙，与之相关的任务要运行下去，必须先得到这把钥匙。如果信号量已被别的用户占用，该任务只得被挂起，直到信号量被当前使用者释放为止。

内核一般可以提供三种类型的信号量以用于解决不同的问题，这三种类型的信号量为解决互斥问题的互斥信号量、解决同步问题的二值信号量、解决资源计数问题的计数型信号量。内核调度决定内核将信号量给当前等待任务中的那个任务。

MQX 提供了信号量和轻量级信号量。在 MQX 中，任务要创建信号量，同时要指定信号量的初始值、优先级队列、优先级继承等。

2）MQX 对信号量的处理过程

任务等待信号量，若信号量为 0，则 MQX 阻塞该任务；否则，MQX 降低信号量，并给该任务一个信号量，使得该任务继续运行。若带有该信号量的任务结束运行，则它会传递信号量并保持就绪态。若任务正在等待信号量，则 MQX 将该任务置入就绪队列，同时增加信号量。当任务使用信号量获取共享资源时，会发生优先级倒置的现象。

MQX 中的信号量使用优先级继承和优先级保护以防止优先级倒置。优先级继承是指拥有互斥量的任务被提升到与下一个等待该互斥的最高优先级任务相同的优先级。优先级保护是指获得互斥量的任务将其优先级提升到一个事先规定的值。

3）MQX 对信号量进行的操作

（1）生成信号量组件。

调用_sem_create_component()函数显式地生成信号量组件。若不显式地生成，则 MQX 在应用程序首次创建信号量时使用默认的参数创建组件。

（2）生成信号量。

在使用信号量之前，任务需要创建信号量。调用函数如表 7-5 所示。

表 7-5　创建信号量函数说明

创建该类型信号量	调 用 函 数	参　　　　　数
Fast	_sem_create_fast()	索引，它必须在信号量组件被创建时所指定的范围内
Named	_sem_create()	字符串名称

（3）打开与信号量的连接。

在任务使用信号量之前，必须打开与信号量的连接，可以通过_sem_open_fast()及_sem_open()函数实现。这两个函数均为事件组返回唯一的句柄。

（4）等待信号量与传递信号量。

任务调用_sem_wait_系列函数之一以等待信号量。若信号量计数为 0，则 MQX 阻塞该任务直到其他任务传递该信号量（_sem_post()函数）或特定任务的定时时间已到。

若计数不为 0,则 MQX 将计数减量,继续运行任务。

当任务传递信号量并且有多个任务正在等待信号量时,MQX 将它们置入就绪队列。若没有任务等待,则 MQX 增加信号量计数。在这两种情况下,传递信号量的任务保持为就绪态。

（5）关闭信号量的连接。

当任务不再需要使用信号量时,它可以调用_sem_close()函数来关闭与该信号量的连接。

（6）撤销信号量。

当信号量不再被需要时,可以调用_sem_destroy_fast()或_sem_destroy()函数来撤销它。

同样,任务可以确认是否采用强制销毁方式。若采用强制销毁方式,则 MQX 将等待该信号量的任务置为就绪态,并在所有任务传递信号量之后撤销该信号量。

若不采用强制销毁方式,则 MQX 在最后一个等待任务获得并传递信号量之后撤销该信号量。

3. 互斥

任务通过使用互斥保证某一时刻仅有一个任务访问共享数据。为了访问共享数据,任务可对互斥量加锁,若该互斥量已经被加锁,则等待。当任务完成对共享数据的访问时,解锁该互斥量。互斥通过优先级继承和优先级保护防止优先级倒置。

MQX 对互斥的操作包含创建互斥组件、创建与初始化互斥、锁定互斥、解锁互斥和撤销互斥等。

4. 消息

消息队列机制提供任务之间、任务与 ISR 之间的通信功能。消息队列一般有两种实现方案:

（1）队列中存放消息指针,这样就可以发送多个字节的消息;

（2）队列中存放字节变量。

一个消息就是一个可变长度的缓存,在这个缓存中存放信息以完成通信。消息的长度及其存放的内容是由用户定义的,可以是数据、指针、空(为空时,消息的发送和接收是用于同步的,而不是用于数据传输的)。

MQX 的任务之间可以通过交换消息实现相互通信。任务发送消息到消息队列,并从消息队列接收消息。

MQX 的任务从消息池分配消息。MQX 的消息池分为两种:系统消息池和私有消息池。系统消息池不是任何任务的资源,任何任务都可以从中分配消息。任何任务可以根据消息池 ID 从私有消息池分配消息。

MQX 的任务使用消息队列交换消息。消息队列可以是私有的也可以是系统的。当任务根据特定的值打开消息队列时,MQX 返回一个唯一的应用程序消息队列 ID,之后任务将据此访问消息队列。任务可以发送消息到任何私有消息队列,但只有打开私有消息队列的任务才可以接收消息。系统消息队列不属于任何一个任务,而且任务在接收消息时不会被阻塞,因此,ISR 能够使用系统消息队列。

MQX 对消息的操作包含创建消息组件、创建消息池、分配与释放消息、发送消息、使用消息队列以接收消息等。

5. 任务队列

除了提供调度机制外,任务队列还提供简单、有效的方法以实现任务同步。用户可以将任务队列中的任务挂起或移除。

7.4　MQX 存储管理

7.4.1　可变大小内存块管理

为了分配和释放可变大小的存储片(称为内存块),MQX 提供了类似于 C 运行函数数库提供的 malloc()和 free()函数功能的核心服务,可以从默认内存池的内部区或外部区分配内存块给任务或系统。分配给任务的内存块是该任务的资源,当任务终止时,MQX 将释放内存块,收回所分配的资源。

当 MQX 分配内存块时,将至少分配所要求大小的内存块,即分配的内存块可能更大。此外,任务可以调用_mem_transfer()函数以将内存块的所有权转换给其他任务。表 7-6 给出了采用可变大小的内存块管理内存的一些函数。

表 7-6　可变大小内存块管理内存函数

操 作 函 数	功 能 说 明
_mem_alloc()	从默认的内存池中分配私有内存块
_mem_alloc_from()	从指定的内存池中分配私有内存块
_mem_alloc_zero()	从默认的内存池中分配以 0 填充的私有内存块
_mem_alloc_zero_from()	从指定的内存池中分配以 0 填充的私有内存块
_mem_alloc_system()	从默认的内存池中分配系统内存块
_mem_alloc_system_from()	从指定的内存池中分配系统内存块
_mem_alloc_system_zero()	从默认的内存池中分配以 0 填充的系统内存块
_mem_alloc_system_zero_from()	从指定的内存池中分配以 0 填充的系统内存块
_mem_copy()	拷贝某位置的内存数据到其他位置
_mem_create_pool()	在默认的内存池之外生成内存池
_mem_extend()	追加额外的内存给默认的内存池;附加的内存必须在当前默认的内存池之外,但不必与其邻接
_mem_extend_pool()	追加额外的内存给某非默认的内存池;额外的内存必须在该内存池之外,但不必与其邻接
_mem_free()	释放默认的内存池内、外的内存块
_mem_free_part()	释放部分内存块(如内存块比申请的大,或者比需求的大)
_mem_get_error()	获取使用_mem_test()函数产生错误时指向内存位置的指针
_mem_get_error_pool()	获取使用_mem_test_pool()函数产生错误时指向内存位置的指针

续表

操 作 函 数	功 能 说 明
_mem_get_highwater()	获取默认的内存池分配的内存块的高位地址(尽管可能已经被释放)
_mem_get_highwater_pool()	获取已分配的内存池的高位地址(尽管可能已经被释放)
_mem_get_size()	获取内存块的大小,其大小可能大于申请值的大小
_mem_swap_endian()	转换为其他端格式
_mem_test()	测试默认的内存池,即检查内部校验码以确定内存完整性是否被破坏(通常被破坏是由于应用程序写内存块而出界)
_mem_test_and_set()	测试并设置内存位置
_mem_test_pool()	测试内存池的错误,参见_mem_test()函数
_mem_transfer()	转交内存块所有权给另一任务
_mem_zero()	设置全部/部分内存块为全 0

7.4.2 固定大小内存块管理

区块组件是可选组件,是用户可以分配和管理固定大小的存储片(称为区块)。区块组件支持快速、固定大小的存储分配,减少了存储碎片,节约了存储资源。区块可位于默认内存池的内部(动态区块)和外部(静态区块)。可将区块分配给任务或系统。分配给任务的内存块是该任务的资源,当任务终止时,MQX 将释放内存块,收回所分配的资源。

在使用区块组件时,用户可以管理固定大小内存块的分区,区块的大小是在任务创建分区时指定的。在默认的内存池中有可增长的动态区块,而在默认内存池之外又有不可增长的静态区块,图 7-5 所示的是内存中的一个静态区块和一个动态区块。

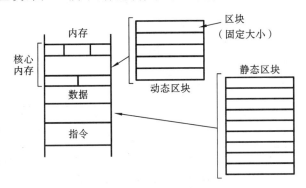

图 7-5 动态区块与静态区块示意图

区块组件包含如下操作。

1. 为动态区块生成区块组件

用户可以使用_partition_create_component()函数显式地生成区块组件。否则,MQX 将在应用程序第一次生成分区时创建它,并且没有其他参数。

2. 生成区块

有两种类型的区块可供选择,如表 7-7 所示。

表 7-7 区块生成函数说明

区 块 类 型	创 建 者	调 用 函 数
动态	默认的内存池	_partition_create()
静态	非默认的内存池	_partition_create_at()

如果要生成静态区块,那么必须保证该内存不会覆盖应用程序所使用的代码或数据空间。

3. 分配和释放区块

应用程序能够分配动态区块和静态区块两种类型区块,分配区块调用函数如表 7-8 所示。

表 7-8 分配区块函数说明

区块类型	分配函数	资源归属	调 用 者
私有	_partition_alloc()	申请它的任务	仅被自己调用
系统	_partition_alloc_system()	不属于任何任务	任何任务都可调用

当任务被终止时,它的私有区块也就被释放了。

4. 撤销动态区块

如果一个动态区块中的所有分区块都被释放了,那么任何任务均可调用_partition _destroy()函数以撤销动态区块。此外,静态区块无法被撤销。

更多的区块操作函数,请参考《MQX 实时操作系统用户手册》。

7.4.3 高速缓存控制

MQX 函数能够控制某些 CPU 的指令缓存和数据缓存。为了让用户能够写一个适用于所有 CPU(有或没有缓存系统)的应用程序,MQX 将这些函数封装成了宏。

对于那些没有缓存的 CPU 来说,宏不映射到任何函数;对于一些有缓存的 CPU 来说,使用了统一的缓冲寄存器(该缓冲寄存器既用于数据也用于代码),_DCACHE_和_ICACHE_宏块映射到了相同的函数。

在缓存的操作上,MQX 使用关键字 flush 以表示清除数据缓存中的所有数据。而缓存中那些已经写入的数据则被重新写入物理存储器中。使用关键字 invalidate 表示使所有缓存实体失效。如果缓存中遗留的数据或指令没有被写入存储器,那么将丢失。后续的访问会重新加载缓存,其数据或指令来自物理内存。更多的操作函数请参考《MQX 实时操作系统用户手册》。

7.5 中断处理

MQX 使用 ISR 来处理硬件中断和异常。ISR 并不是一个任务,而是一个能快速响应硬件中断和异常事件的高边的短例程。ISR 通常是用 C 语言编写的。ISR 的任务包括维护设备、清除错误环境、调度一个任务。

当 MQX 调用一个 ISR 时,MQX 将传递一个由应用程序定义的参数,然后应用程序安装 ISR。例如,该参数可能是指向一个具体设备配置结构的指针。

注意:该参数不能是指向任务堆栈的数据,因为这部分内存对 ISR 可能是不可访问的。

由于中断服务优先级的不同,ISR 可能会禁用中断。因此,ISR 执行一个最小数量的函数是十分重要的。ISR 通常会使任务处于就绪态,任务的优先级决定了对来自中断设备信息的处理边度。ISR 有多种方法使得任务处于就绪态:事件、轻量级信号量、信号量、消息或任务队列。

MQX 提供了一个用汇编语言编写的 ISR 内核,这个内核会在其他任何 ISR 运行之前运行,并完成如下任务:

(1) 保护活动任务的现场;

(2) 切换到中断堆栈;

(3) 调用合适的 ISR;

(4) 在 ISR 返回后,恢复具有最高优先级的、处于就绪态的任务现场。

在 MQX 启动后,会为所有可能的中断装载默认的 ISR 内核(_int_kernel_isr()函数)。在 ISR 返回到 ISR 内核后,如果此时 ISR 有一个处于就绪态的、优先级更高的中断任务,ISR 内核就会进行任务调度。这将意味着前一个活动任务的现场将被存储起来,而更高优先级的任务则成为当前的活动任务。图 7-6 所示的是 MQX 处理中断过程。

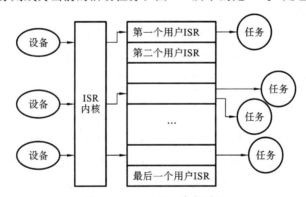

图 7-6 MQX 处理中断过程

7.5.1 中断处理初始化

在 MQX 启动后,首先将初始化其 ISR 表,此表中包含了每个中断的入口,入口包括指向 ISR 的指针、用于 ISR 参数传递的数据、用于 ISR 异常处理的指针。

最初,每个入口的 ISR 都是默认的 ISR(_int_default_isr())函数,调用此函数可以阻塞当前的活动任务。

7.5.2 装载应用程序定义的 ISR

当中断产生时,MQX 将调用_int_install_isr()函数,使用应用程序定义的、面向特定中断的 ISR 代替默认 ISR。应用程序必须在初始化设备之前完成该替换。

_int_install_isr()函数的参数如下。

（1）中断号。

（2）指向 ISR 函数的指针。

（3）ISR 数据。

（4）应用程序定义的 ISR 通常会指向一个任务，指定方法如下：

_event_set()函数设置一个事件位；

_lwsem_post()函数传递一个轻量级信号量；

_sem_post()函数传递一个非严谨的信号量；

_msgq_send family 函数向消息队列发送一个消息。ISR 也可以从系统消息队列中接收消息。

提示：从 ISR 分配消息的最有效的方法是使用_msg_alloc()函数。

（5）_taskq_resume()函数从任务队列中撤销一个任务，放入就绪任务队列中。

7.5.3　针对 ISR 的限制

表 7-9 包含了针对 ISR 的限制信息，如果 ISR 调用表 7-9 中任何一个函数，MQX 都将返回错误。

表 7-9　ISR 不能调用的函数

组　件	函　数
Events	_event_close() _event_create() _event_create_auto_clear() _event_create_component() _event_create_fast() _event_create_fast_auto_clear() _event_destroy() _event_destroy_fast() _event_wait_all family _event_wait_any family
Lightweight events	_lwevent_destroy() _lwevent_test() _lwevent_wait family
Lightweight logs	_lwlog_create_component()
Lightweight semaphores	_lwsem_test() _lwsem_wait()
Logs	_log_create_component()
Messages	_msg_create_component() _msgq_receive family
Mutexes	_mutex_create_component() _mutex_lock()
Names	_name_add() _name_create_component() _name_delete()

组　件	函　数
Partitions	_partition_create_component( )
Semaphores	_sem_close( ) _sem_create( ) _sem_create_component( ) _sem_creat_fast( ) _sem_destroy( ) _sem_destroy_fast( ) _sem_post( ) _sem_wait family
Task queues	_taskq_create( ) _taskq_destroy( ) _taskq_suspend( ) _taskq_suspend_task( ) _taskq_test( )
Timers	_timer_create_component( )
Watchdogs	_watchdog_create_component( )

ISR 不应该调用如下函数,否则 MQX 可能阻塞或长时间运行:

```
_event_wait family
_int_default_isr()
_int_unexpected_isr()
_klog_display()
_klog_show_stack_usage()
_lwevent_wait family
_lwsem_wait family
_msgq_receive family
_mutatr_set_wait_protocol()
_mutex_lock()
_partition_create_component()
_task_block()
_task_create() and _task_create_blocked()
_task_destroy()
_time_delay family
```

7.5.4　修改默认 ISR

当 MQX 处理中断时,它将调用_int_kernel_isr( )函数,如果以下条件都成立,那么该函数也称为默认 ISR:

(1) 应用程序没有为中断装载一个应用程序定义的 ISR;

(2) 该中断在 ISR 表范围之外。

利用_int_get_default_isr( )函数,应用程序可以获得指向默认 ISR 的指针。应用程序可以调用表 7-10 的函数来修改 ISR。

表 7-10　修改 ISR

默认 ISR	描　　述	移除或装载
_int_default_isr()	在 MQX 启动后,装载默认 ISR	移除_int_install_default_isr()函数
_int_exception_isr()	实现 MQX 异常处理	装载_int_install_exception_isr()函数
_int_unexpected_isr()	与_int_default_isr()函数类似,但是向控制台发送消息,确认未处理中断	装载 _int_install_unexpected_isr() 函数

7.5.5　异常处理

为了进行异常处理,应用程序必须调用_int_install_exception_isr()函数,该函数将会装载_int_exception_isr()函数以作为默认的 ISR。因此,当有异常或未处理的中断产生时,MQX 就会调用_int_exception_isr()函数。

当异常发生时,_int_exception_isr()函数执行情况如下:

(1) 当一个任务正在运行而且任务异常且 ISR 存在时,若异常发生,则 MQX 将运行 ISR;若任务异常且 ISR 不存在,则 MQX 将通过调用_task_abort()函数终止该任务。

(2) 当一个 ISR 正在运行,并且该 ISR 的异常处理 ISR 存在时,MQX 将终止这个正在运行的 ISR 并启动其异常处理 ISR。

(3) 这个函数将沿着中断堆栈寻找在异常发生前运行的 ISR 或任务。

注意:如果 MQX 的异常 ISR 确定中断堆栈包含错误信息,它将用错误代码 MQX_CORRUPT_INTERRUPT_STACK 来调用_mqx_fatal_error()函数。

7.5.6　ISR 异常处理

应用程序可以为每一个 ISR 装载 ISR 异常处理程序。当正在运行的 ISR 发生异常时,MQX 将调用异常处理程序并中止 ISR。若应用程序没有装载异常处理程序,则 MQX 将简单终止 ISR。表 7-11 提供了 ISR 异常处理函数。

表 7-11　ISR 异常处理函数

操 作 函 数	功 能 说 明
_int_get_exception_handler()	为 ISR 获取当前异常处理程序指针
_int_set_exception_handler()	为中断设置当前异常处理程序地址

当 MQX 调用异常处理器时,首先验证当前 ISR 号、ISR 的数据指针、异常号、异常框架堆栈的地址。

7.5.7　任务异常处理

当任务出现异常时,MQX 将装载任务异常处理程序,表 7-12 给出了任务异常处理函数。

表 7-12　任务异常处理

操 作 函 数	功 能 说 明
_task_get_exception_handler()	获取任务异常处理程序
_task_set_exception_handler()	设置任务异常处理程序

7.5.8　ISR 装载实例

为了捕获内核定时器中断，需要装载一个 ISR，并连接 ISR 到上一个 ISR，即由 BSP 提供的周期定时器 ISR。ISR 装载实例如下。

```
/* isr.c * /
#include <mqx.h>
#include <bsp.h>
#define MAIN_TASK 10
extern void main_task(uint_32);
extern void new_tick_isr(pointer);
TASK_TEMPLATE_STRUCT MQX_template_list[]=
{
{ MAIN_TASK, main_task, 2000, 8, "Main",
MQX_AUTO_START_TASK, 0L, 0 },
{ 0, 0, 0, 0, 0,0, 0L, 0 }
};
typedef struct
{
pointer OLD_ISR_DATA;
void (_CODE_PTR_ OLD_ISR)(pointer);
_mqx_uint TICK_COUNT;
}MY_ISR_STRUCT_PTR;
/* ISR* ------------------------------------------------------
*
*  ISR 名称 : new_tick_isr
*  注释 :
*  该 ISR 替换了已存在的定时器 ISR,然后调用了之前的定时器 ISR
*  结束* ---------------------------------------------------* /
void new_tick_isr (pointer user_isr_ptr)
{
   MY_ISR_STRUCT_PTR isr_ptr;
   isr_ptr=(MY_ISR_STRUCT_PTR)user_isr_ptr;
   isr_ptr->TICK_COUNT++;

   /*  通知先前的程序链* /
   (* isr_ptr->OLD_ISR)(isr_ptr->OLD_ISR_DATA);
}

/* 任务* -------------------------------------------------------
*
*  任务名称 : main_task
```

```
*   注释:
*   该任务装载了一个新的 ISR 用于替换定时计数器 ISR
*   等待一段时间之后,最终打印出 ISR 运行次数
* 结束 * ------------------------------------------------------ * /

void main_task (uint_32 initial_data)
{
    MY_ISR_STRUCT_PTR isr_ptr;
    isr_ptr=_mem_alloc_zero(sizeof(MY_ISR_STRUCT));
    isr_ptr->TICK_COUNT=0;
    isr_ptr->OLD_ISR_DATA=int_get_isr_data(BSP_TIMER_INTERRUPT_VECTOR);
    isr_ptr->OLD_ISR=int_get_isr(BSP_TIMER_INTERRUPT_VECTOR);
    _int_install_isr(BSP_TIMER_INTERRUPT_VECTOR, new_tick_isr, isr_ptr);
    _time_delay_ticks(200);
    printf("\nTick count=%d\n", isr_ptr->TICK_COUNT);
    _mqx_exit(0);
}
```

7.6   MQX 配置

MQX 可以同某些功能一起编译,可以通过改变实时编译配置选项值来包含或移除这些功能。如果改变了某些配置的值,那么必须重新编译 MQX 并将它与目标应用程序链接。由于 BSP 库文件也可能依赖于一些 MQX 配置选项,因此它必须被重新编译。与 BSP 相类似,也有其他的代码组件使用 MQX 操作系统服务,如 RTCS、MFS、USB,因此在 MQX 和 BSP 之后也要对这些组件重新进行编译。

7.6.1   配置选项

本节将提供部分配置时的选项清单,详细的配置选项说明请参考《MQX 实时操作系统用户手册》。

所有这些选项的默认值都会被 config\board\user_config.h 文件内相应的值覆盖。这些默认值定义在 mqx\source\include\mqx_cnfg.h 文件中,表 7-13 给出了一些常用选项的说明。

表 7-13   配置选项

选 项 名 称	默认值	说　　明
MQX_CHECK_ERRORS	1	MQX 组件执行所有的参数错误检查
MQX _ CHECK _ MEMORY _ ALLOCATION_ERRORS	1	MQX 组件检查所有的内存分配错误,并验证所有的分配都是正确的
MQX_CHECK_VALIDITY	1	当需要访问时,MQX 检查所有结构的 VALID 字段
MQX_COMPONENT_ DESTRUCTION	1	使 MQX 具有这样的功能:将 MQX 组件如信号量组件或事件组件销毁;MQX 收回分配给这些组件的所有资源

续表

选 项 名 称	默认值	说　　明
MQX_DEFAULT_TIME _SLICE_IN_TICKS	1	1 表示在任务模板结构中默认的时间片单位是 tick；0 表示在任务模板结构中默认的时间片单位是 ms；这个值也影响任务模板中的 time_slice 字段，因为这个值用于设定任务的默认时间片
MQX_EXIT_ENABLED	1	MQX 包括代码允许应用程序从_mqx()函数中返回
QX_HAS_TIME_SLICE	1	MQX 包括代码允许时间片调度
MQX_INCLUDE_FLOATING _POINT_IO	0	_io_printf()和_io_scanf()函数包括浮点 I/O 代码
MQX_ IS_ MULTI_ PROCES-SOR	1	MQX 允许代码支持多处理器 MQX 应用

注意：不要试图直接更改 mqx_cnfg. h 文件。请使用在配置目录中特定项目或特定平台的 user_config. h 文件。

有些实时编译配置选项的设置取决于用户应用程序的需求。在 MQX 构建和编译过程时配置具体目标板（在目录 congfig/＜board＞/ user_config. h 下）。用户可能想创建自己的配置，就采用订制版或具体的应用。表 7-14 列出了一些常见的设置，可能在开发应用程序时有更多的使用。

表 7-14　推荐配置选项

选　　　项	默认值	调试值	速　　度	大　　小
MQX_CHECK_ERRORS	1	1	0	0
MQX_CHECK_MEMORY	1	1	0	0
_ALLOCATION_ERRORS	1	1	0	0
MOX_CHECK_VALIDITY	1	1	0	0
MQX_COMPONENT_DESTRUCTION	1	0,1	0	0
MQX_DEFAULT_TIME_SLICE_IN_TICKS	0	0,1	1	1
MQX_EXIT_ENABLED	1	0,1	0	0
MQX_HAS_TIME_SLICE	1	0,1	0	0
MQX_INCLUDE_FLOATING_ROINT_IO	0	0,1	0	0
MQX_IS_MULTI_PROCESSOR	1	0,1	0	0
MQX_KERNEL_LOGGING	1	1	0	0
MQX_LWLOG_TIME_STAMP_IN_TICKS	1	0	1	1
MQX_MEMORY_FREE_LIST_SORTED	1	1	0	0
MQX_MONITOR_STACK	1	1	0	0
MQX_MUTEX_HAS_POLLING	1	0,1	0	0
MQX_PROFILING_ENABLE	0	1	0	0

续表

选　　项	默 认 值	调 试 值	速　度	大　小
MQX_RUN_TIME_ERR _CHECKING_ENABLE	0	1	0	0
MQX_TASK_CREATION _BLOCKS	1	1	0	0,1
MQX_TASK_DESTRUCTION	1	0,1	0	0
MQX_TIMER_USES_TICKS_ONLY	0	0,1	1	1
MQX_USE_32BIT_MESSAGE_QIDS	1	1	1	1
MQX_USE_32BIT_TYPES	0	0	0	0
MQX_USE_IDLE_TASK	1	0,1	0,1	0
MQX_USE_INLINE_MACROS	1	0,1	1	0
MQX_USE_LWMEM_ALLOCATOR	0	0,1	1	1

7.6.2　MQX 创建任务实例

本节介绍 MQX 创建任务实例,带领读者通过实践案例来学习采用 MQX 进行系统应用及开发。

任务模板列表(TASK_TEMPLATE_STRUCT)定义了一组初始化模板,基于该模板可以在处理器上生成任务。

```
typedef struct task_template_struct {
_mqx_uint TASK_TEMPLATE_INDEX;                //任务模板索引
void _CODE_PTR_ TASK_ADDRESS)(uint_32);       //任务的入口地址
_mem_size TASK_STACKSIZE;                      //任务的堆栈大小
_mqx_uint TASK_PRIORITY;                       //任务的优先级
char _PTR_ TASK_NAME;                          //任务的名称
_mqx_uint TASK_ATTRIBUTES;                     //任务属性标识
uint_32 CREATION_PARAMETER;                    //任务创建参数
_mqx_uint DEFAULT_TIME_SLICE;                  //默认的时间片选择
}TASK_TEMPLATE_STRUCT , _PTR_ TASK_TEMPLATE_STRUCT_PTR;
```

初始化时,MQX 生成每个任务的一个实例,任务模板将其定义为一个自启动任务。同样,当应用程序运行时,它能按任务模板生成其他任务,该模板由任务模板定义或应用程序动态定义。任务模板队列的结尾是一个填入全 0 的任务模板。

下面给出一个任务模板列表实例。用户可以初始化自己的任务模板列表,也可以使用默认的列表 MQX_template_list。

```
TASK_TEMPLATE_STRUCT MQX_template_list[]={
{ MAIN_TASK, world_task, 0x2000, 5, "world_task",MQX_AUTO_START_TASK, 0L, 0},
{ HELLO, hello_task, 0x2000, 5, "hello_task",MQX_TIME_SLICE_TASK, 0L, 100},
{ FLOAT, float_task, 0x2000, 5, "float_task", MQX_AUTO_START_TASK | MQX_
```

```
FLOATING_POINT_TASK, 0L, 0},
{ 0, 0, 0, 0, 0, 0, 0L, 0 }
};
```

在以上例子中，world_task 是一个自启动任务，因此在初始化时 MQX 生成一个参数为 0 的任务实例。应用程序定义任务模板索引（MAIN_TASK），该任务优先级为 5，world_task() 函数是任务的入口，堆栈的大小是 0x2000 个寻址单元。任务 hello_task 是一个时间片任务，如果使用默认的实时编译配置选项，其时间片数值为 100 ms。float_task 任务既是一个浮点任务，也是一个自启动任务。

下面来创建一个自启动任务。

```
# include <mqx.h>
# include <fio.h>
# define HELLO_TASK 5
extern void hello_task(uint_32);
TASK_TEMPLATE_STRUCT MQX_template_list[]=
{
    { HELLO_TASK, hello_task, 500, 5, "hello",MQX_AUTO_START_TASK, 0L, 0},
    { 0, 0, 0, 0, 0,0, 0L, 0};
};

void hello_task(uint_32 initial_data){
printf("\n Hello World \n");
_mqx_exit(0);
}
```

基于上面的例子增加第二个任务（world_task）。首先确认例子中的任务模板列表包括 world_task 的信息，并修改 hello_task 以使它不是一个自启动任务，而让 world_task 任务成为一个自启动任务。

当 MQX 启动时，它创建了 world_task。world_task 通过以 world_task 为参数调用_task_create() 函数去创建 hello_task 任务。MQX 使用 hello_task 模板生成 hello_task 的一个实例。如果调用_task_create() 函数成功，那么将返回新的子任务的 ID；否则，将返回 MQX_NULL_TASK_ID。

新的 hello_task 任务将被置入任务优先级的就绪队列。因为它拥有比 world_task 更高的优先级，它将变为活动态。活动的任务打印并输出 Hello，之后 world_task 任务将变为活动态并检查 hello_task 任务是否创建成功。若创建成功，则 world_task 将输出 World；否则，world_task 将输出一个错误信息，最后 MQX 退出。该实例执行过程如图 7-7 所示。

若更改 world_task 的优先级，使它的优先级和 hello_task 的相同，则只输出 World。因为 world_task 和 hello_task 具有相同的优先级并且不会放弃控制权，所以 world_task 在 hello_task 之前运行。既然 hello_task 没有机会再次被运行，则 world_task 在输出 World 之后调用_mqx_exit() 函数，就不会再有任何输出。

示例代码如下。

```
# include <mqx.h>
```

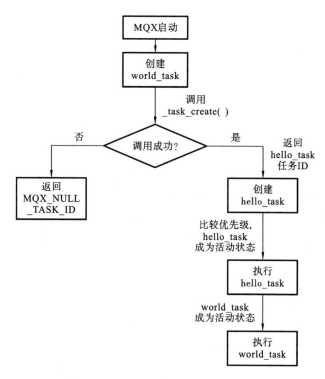

图 7-7 任务执行流程图

```
#include <fio.h>
#define HELLO_TASK 5
#define WORLD_TASK 6
extern void hello_task(uint_32);
extern void world_task(uint_32);
TASK_TEMPLATE_STRUCT MQX_template_list[]={
{WORLD_TASK, world_task, 500, 5, "world", MQX_AUTO_START_TASK, 0L, 0},
{HELLO_TASK, hello_task, 500, 4, "hello",0, 0L, 0},
{0, 0, 0, 0, 0,0, 0L, 0}
};

void world_task(uint_32 initial_data) {
  _task_id hello_task_id;
  //定义一个 uint_32 类型的_task_id,其中 uint_32 是一个无符号的长立即数
  //MQX 使用 hello_task 模板生成 hello_task 的一个实例
  hello_task_id= _task_create(0, HELLO_TASK, 0);
  if (hello_task_id==MQX_NULL_TASK_ID) {
  printf("\n Could not create hello_task\n");
}
else {
  printf(" World \n");
}
  _mqx_exit(0);
}
```

```
void hello_task(uint_32 initial_data)
{
  printf(" Hello \n");
  _task_block();
}
```

7.7　小　结

　　本章深入分析了微内核结构的组成和优缺点，从核心组件和可选组件两方面展示 MQX 的微内核结构组成和各组件的功能，总结了 MQX 的任务模板列表、任务状态转换、任务切换过程和任务管理的相关函数，并详细介绍了 MQX 内核的存储管理功能、中断管理功能，从信号量、事件、互斥、消息和任务队列等方面讲解了 MQX 的任务同步和通信机制的实现。

8

ARC EM Starter Kit FPGA 开发板

本章主要介绍 ARC EM Starter Kit FPGA 开发板,它为用户提供了一个低成本、多用途的解决方案,用户可以使用开发板进行快速的软件开发、代码移植和软件调试,并可以对 ARC EM4 和 ARC EM6 处理器内核硬件进行评估与分析。

8.1 概述

ARC EM Starter Kit FPGA 开发板如图 8-1 所示,其开发套件包括硬件平台和软件包。硬件平台中预安装了不同配置 ARC EM 处理器的 FPGA 映像,软件包包括二进制格式的 MQX 实时操作系统、外设驱动程序和应用程序的代码示例。

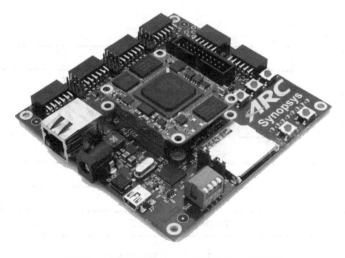

图 8-1 ARC EM Starter Kit FPGA 开发板

ARC EM 开发板主要包含赛灵思 Spartan-6 的 FPGA 核心子板,拓展连接器及外设的底板。

板上包含诸多板载外设:10/100/1000 Gbit 以太网收发器(PHY),2×16 bit 位宽 1Gbit(128MB)的 DDR3 SDRAM,128Mbit(16MB)SPI Flash 存储,SD 读卡器,按钮,LED 指示灯,DIP 拨码开关,可供设备扩展的 Pmod 连接器,通过 USB 线缆连接的调试 JTAG 和串口,标准 20 引脚的 JTAG 连接器(支持 4 线 JTAG)。

8.2 ARC EM FPGA 系统设计

8.2.1 FPGA 系统概述

ARC EM 开发板 FPGA 核心子板实现了一个基于 ARC EM 处理器的 SoC 系统,FPGA 系统结构如图 8-2 所示。ARC EM4/EM6 内核通过 AHB 总线连接到 DDR3 内存控制器(只有 EM6 内核才配有该内存控制器)进行取指和数据访问,外设 GPIO(通用输入/输出)、UART(串口)、I^2C、SPI 主机和 SPI 从机控制器则通过高性能的外围总线(APB)和 ARC EM 内核相连,所有外设控制器的 52 个 I/O 接口通过 Pin Mux 控制器进行引脚复用后连接到板上 Flash、SD 卡接口、Pmod 接口等。另外开发板还提供了 JTAG/UART-to-USB 转换接口,用户仅用一根 USB 线将开发板与调试上位机 PC 相连,便可以进行 ARC JTAG 连接和串口打印调试。

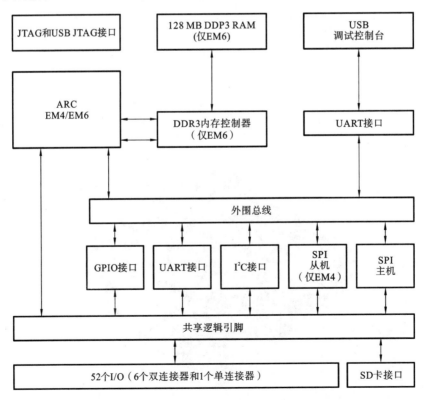

图 8-2 FPGA 系统结构图

8.2.2　EM 内核配置

FPGA 开发板的 SPI Flash 预装了 4 个 FPGA 映像,这 4 个映像对应着 4 个不同配置的 ARC EM 处理器内核,分别是 ARC_EM4、ARC_EM4_16CR、ARC_EM6 和 ARC_EM6_GP,FPGA 映像的选择是通过板上拨码开关 PINS1 和 PINS2 来设置,如图 8-3 所示。

表 8-1 列出了不同 EM 内核配置的关键特性与差异。

图 8-3　PINS 设置实物图

表 8-1　EM 内核配置特性与差异

参　　数	配　　置			
	ARC_EM4	ARC_EM4_16CR	ARC_EM6	ARC_EM6_GP
ICCM	128KB	128KB	32KB	32KB
DCCM	64KB	64KB	—	—
ICache	—	—	32KB,4 路,行长 128	16KB,2 路,行长 32
DCache	—	—	32KB,4 路,行长 128	16KB,2 路,行长 32
定时器	2	1	2	1
通用寄存器个数	32	16	32	32
地址位宽	32	24	32	32

1. ARC_EM4 内核配置

ARC_EM4 内核具有 32 位地址空间,128KB 的程序存储空间 ICCM 和 64KB 的数据存储空间 DCCM。图 8-4 所示的是 ARC_EM4 内核配置的内存映射图,在该配置下相应的 MetaWare 编译器选项是:

```
-arcv2em -core1 -Xswap -Xcode_density -Xshift_assist -Xbarrel_shifter -Xnorm
-Xdiv_rem -Xmpy -Xmpy16 -Xmpy_cycles=5 -Xtimer0 -Xtimer1
```

2. ARC_EM4_16CR 内核配置

ARC_EM4_16CR 内核具有 24 位地址空间,128KB 的程序存储空间 ICCM 和 64KB 的数据存储空间 DCCM。这种配置采用精简的寄存器组,只有寄存器 r0~r3、r10~r15、r26~r31 是可用的。图 8-5 所示的是 ARC_EM4_16CR 内核配置的内存映射图,在这种配置下相应的 MetaWare 编译器选项是:

```
-arcv2em -core1 -rf16 -Hpc_width=24 -Xswap -Xcode_density -Xshift_assist
-Xbarrel_shifter -Xnorm -Xdiv_rem -Xmpy -Xmpy16 -Xmpy_cycles=5 -Xtimer0
```

3. ARC_EM6_GP 和 ARC_EM6 内核配置

ARC_EM6_GP 和 ARC_EM6 两种内核配置的内存映射是相同的,区别仅仅在于缓存控制器的配置,这两种配置以同样的方式编程。图 8-6 所示的是 ARC_EM6_GP 和 ARC_EM6 内核配置的内存映射图,在这种配置下相应的 MetaWare 编译器选项是:

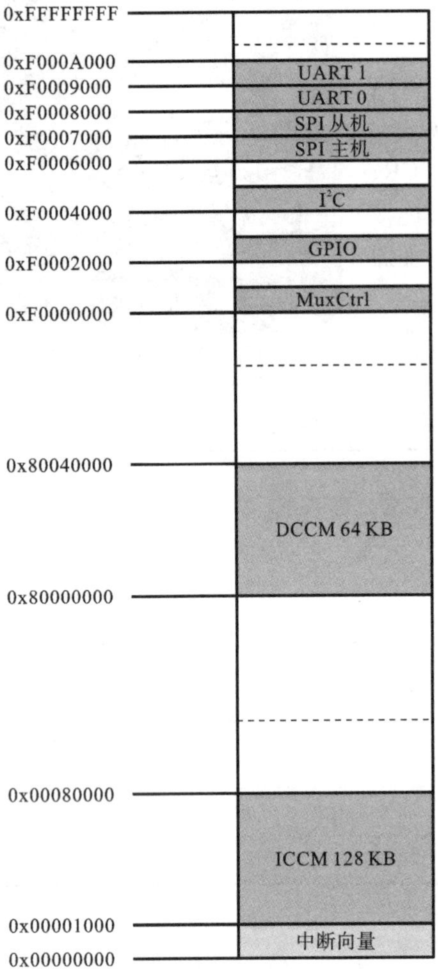

图 8-4　ARC_EM4 内核配置内存映射 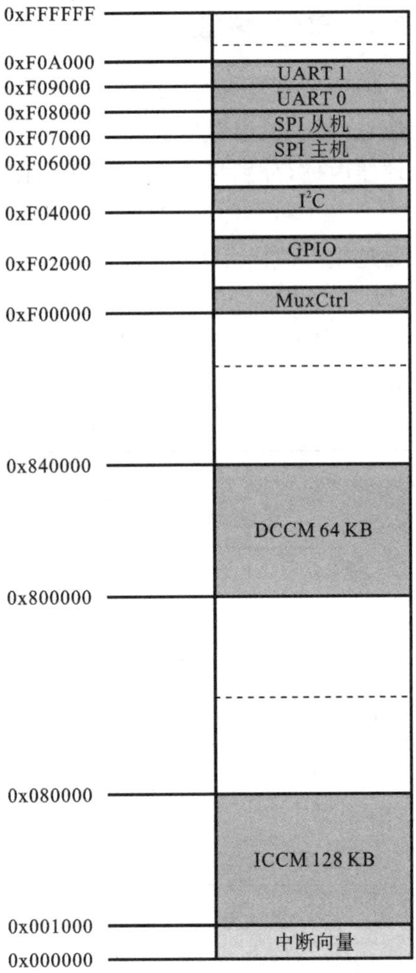　　图 8-5　ARC_EM4_16CR 内核配置内存映射

```
-arcv2em -core1 -Xswap -Xcode_density -Xshift_assist -Xbarrel_shift-
er -Xnorm -Xdiv_rem -Xmpy -Xmpy16 -Xmpy_cycles=5 -Xtimer0
```

以上简要介绍了不同内核配置的内存映射，表 8-2 和表 8-3 列出了不同内核配置的详细信息。

表 8-2　ARC_EM4 和 ARC_EM4_16CR 内核配置

配 置 选 项	描　　述	ARC_EM4	ARC_EM4_16CR
addr_size	地址宽度	32	24
pc_size	PC 宽度	32	24
lpc_size	循环计数器宽度	32	32
code_density_option	代码密度指令集拓展	具备	具备
bitscan_option	位扫描指令集拓展	具备	具备
number_of_interrupt	最大有效中断数量	9	8
external_interrupt	外部中断引脚数量	7	7

续表

配 置 选 项	描　　述	ARC_EM4	ARC_EM4_16CR
intvbase_preset	中断向量基地址	0	0
rgf_num_regs	内核寄存器数量	32	16
rgf_wr_ports	"写"端口数量	1	1
byte_order	存储器格式	小端	小端
shift_option	转换选项	3	3
swap_option	SWAP 指令	具备	具备
div_rem_option	DIV/REM 选项	radix2	radix2
mpy_option	乘法指令集选项	wlh5	wlh5
timer_0_int_level	定时器 0 中断级别	1	1
timer_1_int_level	定时器 1 中断级别	0	—
dccm_size	数据存储空间	65536Byte	65536Byte
stack_checking	验证堆栈访问逻辑	不验证	不验证
code_protection	代码保护	无	无
dccm_dmi	DCCM 是否有 DMI 端口	无	无
iccm0_size	ICCM0 大小	131072Byte	131072Byte
iccm0_base	实际内存地址	0	0
iccm0_dmi	ICCM0 是否有 DMI 端口	无	无
rgf_num_banks	在 IRQ 中断下需要两个寄存器组	1	1
rgf_banked_regs	Bank 寄存器数量	32	32
number_of_levels	中断级别数量	2	2
firq_option	是否允许 IRQ 中断	否	是
num_actionpoints	触发事件可用数量	2	2
aps_feature	选择 Actionpoint 功能级	min	min
smart_stack_entries	跟踪缓冲区指定条目数量	8	8

表 8-3　ARC_EM6_GP 和 ARC_EM6 内核配置

配 置 选 项	描　　述	ARC_EM6	ARC_EM6_GP
addr_size	地址宽度	32	32
pc_size	PC 宽度	32	32
lpc_size	循环计数器宽度	32	32
code_density_option	代码密度指令集拓展	具备	具备
bitscan_option	位扫描指令集拓展	具备	具备
number_of_interrupt	最大有效中断数量	10	10

配 置 选 项	描 述	ARC_EM6	ARC_EM6_GP
external_interrupt	外部中断引脚数量	7	9
intvbase_preset	中断向量基地址	0	0
rgf_num_regs	内核寄存器数量	32	32
rgf_wr_ports	"写"端口数量	1	1
byte_order	存储器格式	小端	小端
shift_option	转换选项	3	3
swap_option	SWAP 指令	具备	具备
div_rem_option	DIV/REM 选项	radix2	radix2
mpy_option	乘法指令集选项	wlh5	wlh5
timer_0_int_level	定时器 0 中断级别	1	1
timer_1_int_level	定时器 1 中断级别	0	—
dc_size	数据缓存区大小	32768Byte	16384Byte
stack_checking	验证堆栈访问逻辑	不验证	不验证
code_protection	代码保护	无	无
overload_vectors	指定中断是否可以占用小于 16 的向量,并与异常向量混合	无	无
iccm0_size	ICCM0 大小	32768Byte	32768Byte
iccm0_base	实际内存地址	0	0
iccm0_dmi	ICCM0 是否有 DMI 端口	无	无
rgf_num_banks	在 IRQ 中断下需要两个寄存器组	1	1
rgf_banked_regs	Bank 寄存器数量	32	32
number_of_levels	中断级别数量	2	2
firq_option	是否允许 IRQ 中断	否	否
num_actionpoints	触发事件可用数量	2	2
aps_feature	选择 Actionpoint 功能级	min	min
smart_stack_entries	跟踪缓冲区指定条目数量	8	8
dc_ways	数据缓存方式	4	2
dc_bsize	数据缓存行长度	128	32
dc_feature_level	数据缓存功能级别	2	2
dc_uncached_region	数据缓存不使用缓存区	无	无
ic_size	指令缓存大小	32768Byte	16384Byte
ic_ways	指令缓存方式	4	2
ic_bsize	指令缓存行长度	128	32

续表

配 置 选 项	描　　述	ARC_EM6	ARC_EM6_GP
ic_pwr_opt_level	指令缓存动态优化	1	1
ic_feature_level	指令缓存功能级别	2	2
ic_disable_on_reset	禁用指令缓存复位功能	否	否

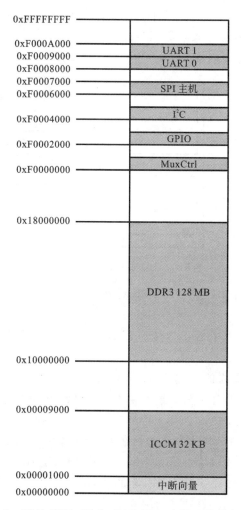

图 8-6 ARC_EM6_GP 和 ARC_EM6 内核配置内存映射

8.2.3　外设控制器

除了 ARC EM 内核外,每个 FPGA 映像包含了一系列 DesignWare 外设控制器,这些外设控制器是通过引脚共享逻辑连接到板上器件和外部接口的。本小节将着重介绍如下几种外设:GPIO 控制器、UART 控制器、SPI 主机控制器、SPI 从机控制器、I²C控制器和 Pin Mux 控制器。

1. GPIO 控制器

GPIO 控制器具有 4 个端口,分别是 Port A (32 位)、Port B (9 位)、Port C (32

位)、Port D（12 位）。

Port A 包括 47.7 kHz 时钟反馈的去抖逻辑,并且支持中断处理,它产生与 ARC EM 中断控制器端 irq_8 相连的中断。

2. UART 控制器

UART 控制器是使用 Synopsys DesignWare UART 控制器(DW_apb_uart)实现的,UART 控制器使用系统总线时钟和外设时钟作为工作时钟,在 ARC_EM4 和 ARC_EM4_16CR 中系统时钟频率为 35 MHz,在 ARC_EM6 和 ARC_EM6_GP 中系统时钟频率为 30 MHz,外设时钟频率都为 50 MHz。

FPGA 的设计包含两个独立的端口,如图 8-7 所示。

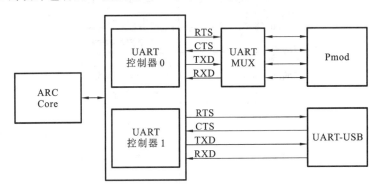

图 8-7 UART 控制器连接示意图

（1）UART 控制器 0 通过引脚共享逻辑和外部接口连接,可以通过配置连接到 Pmod 连接器；

（2）UART 控制器 1 在板上连接到 UART-USB 转换器,默认用于调试串口。

3. SPI 主机控制器

SPI 主机有 6 个片选信号输出,最多可控制 6 个 SPI 从设备,分别是板载 SPI flash、板载 SD 卡、内部 SPI 从机及最多 3 个 SPI 外设可以连接到 Pmod 连接器。

SPI 主机是采用 Synopsys DesignWare IP(DW_apb_ssi)实现的,而在 EM6 和 EM6_GP 内核的配置中,内部的 SPI 从机不包括在内。SPI 主机使用系统总线时钟和外设时钟作为工作时钟,在 ARC_EM4 和 ARC_EM4_16CR 中系统时钟频率为 35MHz,在 ARC_EM6 和 ARC_EM6_GP 中系统时钟频率为 30 MHz,外设时钟频率为 50 MHz。

SPI 主机控制器使用各自独立的深度为 32 字的发送和接收 FIFO 缓冲器。发送和接收 FIFO 缓冲器的宽度固定为 16 位,而一个串行传输的数据帧位宽可以为 4～16 位。若数据帧位宽小于 16 位,则写入发送 FIFO 缓冲器后必须右对齐。在接收 FIFO 缓冲器中,转换控制逻辑自动在接收数据时将数据右对齐,该设备支持所有的 SPI 模式,可以在运行时被编程。可实现的最高 SPI 时钟频率为 25MHz,SPI 主机的芯片选择分配和 SPI 主机连接分别如表 8-4 和图 8-8 所示。

表 8-4 SPI 主机信号使用

片选信号名	设　　备
CS0	Pmod6 引脚 1(连接器 J6)
CS1	Pmod5 引脚 1(连接器 J5)或者 Pmod6 引脚 7(连接器 J6)

续表

片选信号名	设　　备
CS2	Pmod5 引脚 7（连接器 J5）或者 Pmod6 引脚 8（连接器 J6）
CS3	板载 SD 卡
CS4	内部 SPI 从机（当寄存器 SPI_MAP_CTRL[0]＝1 时）
CS5	板载 SPI Flash

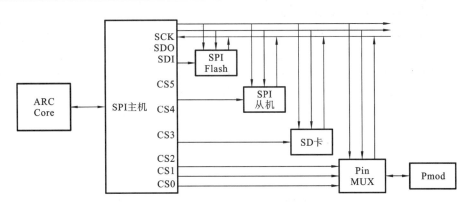

图 8-8　SPI 主机连接示意图

Pmod 多路复用器允许通过两种不同的方式来使用 SPI 主机：多 Pmod SPI 模式和 Pin-Count 优化模式。

1）多 Pmod SPI 模式

每一个 SPI 从机都有各自的 Pmod SPI 兼容的接口，这些接口有着独立的时钟信号、数据信号和片选信号。SPI 主机产生一个单独的时钟信号和数据输出信号，这些信号被分配到多个 Pmod 连接器，从 SPI 从机输入的数据信号被复用为单一信号。该模式由 SPI 主机的片选输出信号控制。

如果想要通过一种简便的方式去连接到一个或多个 Pmod 兼容的 SPI 模块，就需要使用该模式。在开发板上，可以直接把 Pmod SPI 模块连接到 Pmod 连接器。选择该模式，需要使用 Pmod_MUX_CTRL 寄存器，将该寄存器中的 PM6[0]置 1，PM5[0]置 1（或者 PM5[2]置 1，这取决于所需数目和 SPI 接口位置）。

2）Pin-Count 优化模式

所有的 SPI 从机都共享时钟信号和数据信号。然而，它们有独立的片选信号。所有的 SPI 信号都被定位于一个单独的 Pmod 连接器上，即连接器 J6 的 Pmod6。

如果想要选择该模式，那么需要使用 Pmod_MUX_CTRL 寄存器，将该寄存器中的 PM6[0]置 1，PM6[2]置 1。

4. SPI 从机控制器

SPI 从机使用系统总线时钟和外设时钟作为工作时钟，系统时钟频率为 35 MHz，外设时钟频率为 50 MHz。

控制器采用分离的方式发送和接收 FIFO 缓冲器，FIFO 缓冲器的深度为 32 字。发送和接收 FIFO 缓冲器的宽度固定为 16 位，一次串行数据传输（数据帧）的宽度可以是 4～16 位。

若数据帧长度小于 16 位,则在写进发送 FIFO 缓冲器时必须右对齐。在接收 FIFO 缓冲器中,转换控制逻辑自动在接收数据时将数据右对齐,该设备支持所有的 SPI 模式,可以在运行时被编程。

如果 SPI 从机只是工作于发送模式,那么可实现的最高 SPI 时钟频率是 6.25 MHz; 如果 SPI 从机工作于发送和接收模式,那么可实现的最高 SPI 时钟频率是 5 MHz。

5. I²C 控制器

I²C 总线的外设示例是可用的,它可以作为主机或从机设备在运行时编程。它支持 I²C 标准和快速模式(频率最高到达 400 kHz)。

主机模式允许多个 I²C 从机被连接。三个 Pmod 连接器(Pmod2、Pmod3、Pmod4)最多可以使得三个 I²C 从机和 I²C 主机连接。如果有必要,额外的 I²C 从接口可以通过支持线连接的外部电路板扩展,以实现单 Pmod 接口连接多个 I²C 从接口。在 dw_apb_i2c 和 Pmod 连接器之间的互联示意如图 8-9 所示。所有的 I²C 设备都是通过"线与"连接的,如果某些 Pmod 连接器没有被 Pin Mux 控制器选中,那么相应的信号被置位为高电平。

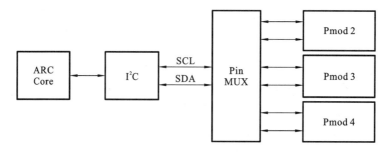

图 8-9 dw_apb_i2c 和 Pmod 连接器之间的互联

6. Pin Mux 控制器

Pin Mux 控制器是用于连接 FPGA 系统外设控制器到板上外部硬件接口和设备的。Pin Mux 控制器及相关功能描述如表 8-5 所示。

表 8-5 Pin Mux 控制器及相关功能描述

偏移量	寄存器名	默认值	描述
0x0	Pmod_MUX_CTRL	0x0	该寄存器控制在 Pmod 连接器上的外设信号的映射
0x4	I2C_MAP_CTRL	0x0	保留
0x8	SPI_MAP_CTRL	0x0	第 0 位决定了 SPI 从机的操作模式: 第 0 位置 0 为普通操作模式,SPI 从机被连接到连接器 J1 的 Pmod1 上; 第 0 位置 1 则为回环模式,SPI 从机利用 CS4 连接到 FPGA 内部的 SPI 主机(该模式仅仅用作测试),这个寄存器在 EM6 和 EM6_GP 配置中被忽视
0xc	UART_MAP_CTRL	0xe4	该寄存器控制在 Pmod1 连接器上的 UART 控制器信号的映射

外设存储器的映射依赖于系统 AHB 总线宽度,ARC_EM4_16CR 使用的地址总线宽度是 24 位,其他三种内核配置使用的地址总线宽度为 32 位。

8.2.4　FPGA 系统时钟

外设控制器使用系统总线时钟和外设时钟。表 8-6 列出了不同 FPGA 映像中的系统总线时钟和外设时钟。

表 8-6　外设所需时钟

组　　件	系统时钟 EM4/EM6	外 设 时 钟
CPU/Timer	35MHz/30MHz	—
GPIO	35MHz/30MHz	—
UART	35MHz/30MHz	50MHz
SPI 主机	35MHz/30MHz	50MHz
SPI 从机	35MHz/30MHz	50MHz
I²C	35MHz/30MHz	50MHz

8.2.5　FPGA 系统中断分配

具体的中断过程在本书第 4 章有详细介绍,这里只列出每一个中断所对应的外设,如表 8-7 所示。

表 8-7　中断端口与对应组件关系

中　　断	组　　件
irq_18	GPIO 控制器
irq_19	I²C 控制器
irq_20	保留
irq_21	SPI 主机控制器
irq_22	SPI 主机控制器
irq_23	UART 控制器 0
irq_24	UART 控制器 1

8.3　开发板的使用

8.3.1　开发板上接口介绍

1. JTAG 连接器

开发调试时建议使用 USB 接口来进行 ARC EM 内核 JTAG 的连接,或者也可以使用行业标准的 20 引脚的 JTAG 连接器 J15 进行连接、调试。本开发板仅支持标准 4 线 JTAG 接口,不支持 2 线的 IEEE 1149.7C JTAG 接口。

2. USB

Mini-USB 端口可以用于以下几个目的:ARC JTAG 调试接口,UART 调试串口,

FPGA bit 文件编程。

当进行 FPGA 编程时,把跳线 J8 置位;当 USB 端口被用于 ARC JTAG 调试或作为 UART 调试控制台时,需要移除跳线。

3. SD 卡

SD 卡接口工作在 SPI 模式下,它和 SPI 主机控制器连接,开发板软件包包含 SD 卡原始工作模式的 MQX 应用。

4. 人机交互接口

该开发板包含的人机接口有按键、DIP 开关、LED 灯和电源接口。

1) 按键

表 8-8 列出了按键相关的信息,A、L、R 按键可以被用户使用。

表 8-8 按键位置及功能描述

按键名称	位 置	描 述
A	在 ARC 标志的"A"上方	用户按键。当处理器停止工作时,该按钮用于启动。此外,这个按键连接到 DW GPIO 的 A[2]端口,去抖功能在 GPIO IP 内实现。 注意:当处理器停止工作(如正在调试)时,按下该按键会继续执行,在调试模式下,需要格外注意该按键。在普通模式下,该按键用于应用程序,功能和"L"、"R"按键类似
Reset	在 ARC 标志的"R"上方	ARC 复位按键
C	在 ARC 标志的"C"上方	配置按键。该按键和开关按键有着同样的功能,并且会触发 FPGA 从闪存中重新载入 bit 文件
L	标志了"L"	用户按键。该按键和 GPIO 端口 A[0]连接。在 GPIO IP 内部实现了去抖功能
R	标志了"R"	用户按键。该按键和 GPIO 端口 A[1]连接。在 GPIO IP 内部实现了去抖功能

2) DIP 开关

4 位的 DIP 开关 SW1 被用于如下目的。

(1) 针对用户 GPIO 来控制输入端口:① Switch1 连接到 GPIO 端口的 C[0];② Switch2 连接到 GPIO 端口的 C[1];③ Switch3 连接到 GPIO 端口的 C[2];④ Switch4 连接到 GPIO 端口的 C[3]。

(2) 在上电后,选择要加载的预定义的 FPGA 映像。

(3) 允许运行自测试应用程序(Switch3)。

(4) 从 SPI Flash(Switch4)运行用户应用程序。

3) LED

一共有 9 个 LED 可以被用于当作输出端口,LED0 到 LED8 在开发板上位于 ARC 标志的正下方,LED8 位于 DIP 开关 SW1 的旁边。

LED 与 GPIO 映射:GPIO Port B[0]控制 LED0,GPIO Port B[1]控制 LED1,…,GPIO Port B[8]控制 LED8。

如果某个 LED 呈现点亮状态,那么相应的控制位被置低电平。在重启之后,LED

显示的是当前被选择的 ARC EM 核配置及显示自测试的结果。

4）电源

该开发板使用的是位于开发包中的通用电源适配器（110～240V 交流转 5V 直流），把交流插头连接到合适的交流插座上，然后将直流插头连接到板上的 J13"5V DC"连接器上，最后把直流插头连接到直流插座上即可。

8.3.2　Pmod 的使用

1. 外部硬件接口

本小节主要介绍外设连接到该开发板上的方法，可以使用 Pmod 连接器来进行连接，Pmod 连接器和外设的连接如表 8-9 所示。

表 8-9　Pmod 连接器和外设的连接

Pmod	Pmod 连接器的名称	外　　设	
		MUX 选项 0	MUX 选项 1
Pmod1	J1	GPIO	外部 SPI 主机和 UART 控制器
Pmod2	J2	GPIO	ARC EM 控制/状态信号和 I^2C
Pmod3	J3	GPIO	GPIO 和 I^2C
Pmod4	J4	GPIO	DPIO 和 I^2C
Pmod5	J5	GPIO	外部 SPI 从机 1 和从机 2
Pmod6	J6	GPIO	外部 SPI 从机 0 和所有其他的 SPI 从机的 CS 输出，ARC EM 控制/状态信号
Pmod7	J7	GPIO	ARC EM 控制/状态信号

Pmod 连接器的功能是可编程的，图 8-10 所示的是 Pmod 引脚编号，对应所有的 Pmod 连接器，Pmod 的第 5 位和第 11 位连接到 GND 上，第 6 位和第 12 位连接 3.3V 电平。每个连接器都可以操作 GPIO 或作为一种专用的外设，部分连接器还提供到 ARC EM 状态和控制引脚的访问。GPIO 端口可以通过 GPIO 驱动被配置成输入/输出端口。

图 8-10　Pmod 引脚编号

12 根信号线含义说明如下：

（1）第 5 位和第 11 位为电源地；

（2）第 6 位和第 12 位为 3.3V 电源；

（3）其他位作为相应功能引脚使用。

在开发板工具包中还有一块 PmodAD2 模块，是一个带 Pmod I^2C 接口的 4 通道 12 位的模/数转换器。它可以连接到任何一个连接器上（J2、J3 或 J4）。外设之间的连接情况如表 8-10 所示。

表 8-10 外设在开发板上的连接

外 设	在板上的连接
GPIO 端口 A[2:0]	按钮 A、L、R
GPIO 端口 A[31:8]	Pmod(J1,J2,J3,J4,J5,J6)引脚[10:7]
GPIO 端口 B[8:0]	LED[8:0] 端口 B[0]控制 LED0 端口 B[1]控制 LED1 … 端口 B[8]控制 LED8 （相应的位置 0 点亮 LED）
GPIO 端口 C[3:0]	SW1 开关 1 和 Port C[0]连接 SW1 开关 2 和 Port C[1]连接 SW1 开关 3 和 Port C[2]连接 SW1 开关 4 和 Port C[3]连接
GPIO 端口 C[31:8]	Pmod(J1,J2,J3,J4,J5,J6)引脚[4:1]
GPIO 端口 D[11:0]	Pmod(J3、J4、J20)
I^2C	Pmod(J2、J3、J4)
SPI 主机 CS0	Pmod J6 引脚[4:1]
SPI 主机 CS1	Pmod J5 引脚[4:1]
SPI 主机 CS2	Pmod J5 引脚[10:7]
SPI 主机 CS3	SD 卡
SPI 主机 CS4	内部回环到 SPI 从机（当寄存器 SPI_MAP_CTRL[0]＝1 时，仅供测试用）
SPI 从机	PmodJ1[10:7]（SPI_MAP_CTRL[0]＝0） 内部回环到 SPI 主机（当寄存器 SPI_MAP_CTRL[0]＝1 时，仅供测试用）
UART 控制器 0	Pmod J1 引脚[4:1]
UART 控制器 1	USB串口（调试串口）

2. Pmod 配置

Pmod 功能选择是通过 Pin Mux 控制器的 Pmod_MUX_CTRL 寄存器来配置的。图 8-11 所示的是 Pmod_MUX_CTRL 寄存器及其配置。

1）Pmod1 的配置

利用 Pmod1 作为 GPIO 端口：设置 PM1[0]＝0，Pmod1[4:1]连接到 GPIO 端口

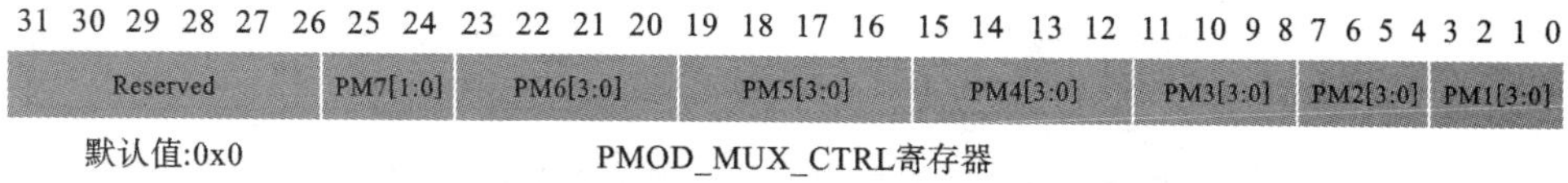

31 30 29 28 27 26 25 24	23 22 21 20 19 18 17 16	15 14 13 12	11 10 9 8 7 6 5 4 3 2 1 0

(PMOD_MUX_CTRL 寄存器位域图：Reserved | PM7[1:0] | PM6[3:0] | PM5[3:0] | PM4[3:0] | PM3[3:0] | PM2[3:0] | PM1[3:0])

默认值:0x0   PMOD_MUX_CTRL寄存器

图 8-11　Pmod_MUX_CTRL 寄存器及其配置

C[11:8]；设置 PM1[2]=0,Pmod1[10:7]连接到 GPIO 端口 A[11:8]。

　　利用 Pmod1 作为串口:设置 PM1[0]=0,Pmod1[4:1]连接到 UART 控制器 0 信号,映射到 Pmod1[4:1]的串口信号是通过寄存器 UART_MAP_CTRL 来控制的。详情见表 8-11 和表 8-12。

表 8-11　在不同 PM1[0]电平值下的 Pmod1 引脚分配

Pmod1 引脚(J1)	PM1[0]=0	PM1[0]=1
	GPIO 信号	UART(串口)信号
4	端口 C[11]	UM4="11":RTS_N(默认) UM4="10":RXD UM4="01":TXD UM4="00":CTS_N
3	端口 C[10]	UM3="11":RTS_N UM3="10":RXD(默认) UM3="01":TXD UM3="00":CTS_N
2	端口 C[9]	UM2="11":RTS_N UM2="10":RXD UM2="01":TXD(默认) UM2="00":CTS_N
1	端口 C[8]	UM1="11":RTS_N UM1="10":RXD UM1="01":TXD UM1="00":CTS_N(默认)

表 8-12　在不同 PM1[2]电平值下的 Pmod1 引脚分配

Pmod1 引脚(J1)	PM1[2]=0	PM1[2]=1
	GPIO 信号	SPI 信号
10	端口 A[11]	SCLK_S
9	端口 A[10]	MISO_S
8	端口 A[9]	MOSI_S
7	端口 A[8]	CS_S_N

　　图 8-12 分别列出了 UART_MAP_CTRL 寄存器的相关信息和该寄存器位信息。

　　利用 Pmod1 作为 SPI 从机接口:该模式对 ARC_EM6 和 ARC_EM6_GP 的配置不适用;设置 PM1[2]=1,Pmod1[10:7]连接到 DW 的 SPI 从机信号。

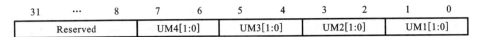

31	...	8	7	6	5	4	3	2	1	0
Reserved			UM4[1:0]		UM3[1:0]		UM2[1:0]		UM1[1:0]	

图 8-12　UART_MAP_CTRL 寄存器及其位信息

2）Pmod2 的配置

如表 8-13 所示,该表列出了在不同 PM2[0]电平值下的 Pmod1 引脚分配。

表 8-13　在不同 PM2[0]电平值下的 Pmod1 引脚分配

Pmod2 引脚(J2)	PM2[0]=0	PM2[0]=1
	GPIO 信号	信号
10	端口 A[15]	N/C
9	端口 A[14]	N/C
8	端口 A[13]	halt_ack
7	端口 A[12]	halt_req
4	端口 C[15]	SDA
3	端口 C[14]	SCL
2	端口 C[13]	run_ack
1	端口 C[12]	run_req

利用 Pmod2 作为 GPIO 端口:设置 PM2[0]=0,Pmod2[4:1]被连接到 GPIO 端口 C[15:12],Pmod2[10:7]被连接到 GPIO 端口 A[15:12]。

利用 Pmod2 作为 I^2C 接口并且可以访问 ARC EM 的 halt/run 接口:设置 PM2[0]= 1,Pmod2[4:3]被连接到 I^2C 信号,Pmod2[2:1]和 Pmod2[8:7]被连接到 ARC EM 的 halt/run 接口。

3）Pmod3 的配置

PM3[3:0]是选择连接到 Pmod3 的信号,无论如何设置 PM3[0],引脚 1~引脚 6 都被上拉,其中 PM3[3:1]是保留位。

利用 Pmod3 作为 GPIO 端口:设置 PM3[0]=0,Pmod3[4:1]被连接到 GPIO 端口 C[19:16],Pmod3[10:7]被连接到 GPIO 端口 A[19:16]。

利用 Pmod3 作为 I^2C 接口:设置 PM3[0]=1,Pmod3[4:3]被连接到 I^2C 信号,Pmod3[2:1]被连接到 GPIO 端口 D[1:0],Pmod3[8:7]被连接到 GPIO 端口 D[3:2]。

如表 8-14 所示,该表列出了在不同的 PM3[0]电平值下的 Pmod3 引脚分配。

表 8-14　在不同的 PM3[0]电平值下的 Pmod3 引脚分配

Pmod3 引脚(J3)	PM3[0]=0	PM3[0]=1
	GPIO 信号	信号
10	端口 A[19]	N/C
9	端口 A[18]	N/C
8	端口 A[17]	端口 D[3]
7	端口 A[16]	端口 D[2]

续表

Pmod3 引脚(J3)	PM3[0]=0	PM3[0]=1
	GPIO 信号	信号
4	端口 C[19]	SDA
3	端口 C[18]	SCL
2	端口 C[17]	端口 D[1]
1	端口 C[16]	端口 D[0]

4) Pmod4 的配置

PM4[3:0]是选择连接到 Pmod4 的信号,无论如何设置 PM4[0],引脚 1~引脚 6 都被上拉,其中 PM4[3:1]是保留位。

利用 Pmod4 作为 GPIO 端口:设置 PM4[0]=0,Pmod4[4:1]被连接到 GPIO 端口 C[23:20],Pmod4[10:7]被连接到 GPIO 端口 A[23:20]。

利用 Pmod4 作为 I^2C 接口:设置 PM4[0]=1,Pmod4[4:3]被连接到 I^2C 信号,Pmod4[2:1]被连接到 GPIO 端口 D[5:4],Pmod4[8:7]被连接到 GPIO 端口 D[7:6]。如表 8-15 所示,该表列出了在不同的 PM4[0]电平值下的 Pmod4 引脚分配。

表 8-15 在不同的 PM4[0]电平值下的 Pmod4 引脚分配

Pmod4 引脚(J4)	PM4[0]=0	PM4[0]=1
	GPIO 信号	信号
10	端口 A[23]	N/C
9	端口 A[22]	N/C
8	端口 A[21]	端口 D[7]
7	端口 A[20]	端口 D[6]
4	端口 C[23]	SDA
3	端口 C[22]	SCL
2	端口 C[21]	端口 D[5]
1	端口 C[20]	端口 D[4]

5) Pmod5 的配置

PM5[3:0]是选择连接到 Pmod5 的信号,无论如何设置 PM5,引脚 3 和引脚 9 都被上拉,其中 PM5[1]和 PM5[3]是保留位。

利用 Pmod5 作为 GPIO 端口:设置 PM5[0]=0,Pmod5[4:1]被连接到 GPIO 端口 C[27:24],设置 PM5[2]=0,Pmod5[10:7]被连接到 GPIO 端口 A[27:24]。

利用 Pmod5 作为 SPI 主机:设置 PM5[0]=1,Pmod5[4:1]被连接到 SPI 主机信号(使用 CS1_N 片选信号),设置 PM5[2]=1,Pmod5[10:7]被连接到 SPI 主机信号(使用 CS2_N 片选信号),使用不同的片选信号,可以至多把两个 SPI 从机连接到同样的 SPI 主机上,第三个 SPI 从机可以通过 Pmod6 连接到 SPI 主机上。

如表 8-16 和表 8-17 所示,这两个表分别列出了不同 PM5[0]电平值下的 Pmod5 引脚分配和不同 PM5[2]电平值下的 Pmod5 引脚分配。

表 8-16 不同 PM5[0] 电平值下的 Pmod5 引脚分配

Pmod5 引脚(J5)	PM5[0]=0	PM5[0]=1
	GPIO 信号	SPI 信号
4	端口 C[27]	SCLK_S
3	端口 C[26]	MISO
2	端口 C[25]	MOSI
1	端口 C[24]	CS1_N

表 8-17 不同 PM5[2] 电平值下的 Pmod5 引脚分配

Pmod5 引脚(J5)	PM5[2]=0	PM5[2]=1
	GPIO 信号	SPI 信号
10	端口 A[27]	SCLK
9	端口 A[26]	MISO
8	端口 A[25]	MOSI
7	端口 A[24]	CS2_N

6) Pmod6 的配置

PM6[3:0] 是选择连接到 Pmod6 的信号,无论如何设置 PM6,引脚 3 被上拉,其中 PM6[1] 和 PM6[3] 是保留位。

利用 Pmod6 作为 GPIO 端口:设置 PM6[0]=0,Pmod6[4:1] 被连接到 GPIO 端口 C[31:28],设置 PM6[2]=0,Pmod6[10:7] 被连接到 GPIO 端口 A[31:28]。

利用 Pmod6 作为 SPI 主机:设置 PM6[0]=1,Pmod6[4:1] 被连接到 SPI 主机信号(使用 CS0_N 片选信号),这使得开发者可以将 SPI 从机连接到 SPI 主机上,额外的从机可以通过 Pmod5 连接到同样的 SPI 主机上,Pmod5 提供了至多两个 4 引脚的 SPI 接口。

此外,两个额外的片选信号可以在 Pmod6 上被使用。利用 Pmod6 作为 SPI 主机(有着三个片选信号的 7 引脚接口):设置 PM6[0]=1,Pmod6[4:1] 被连接到 SPI 主机信号(使用 CS0_N 片选信号),设置 PM6[2]=1,Pmod6[8:7] 被连接到 SPI 主机(使用 CS1_N 和 CS2_N 片选信号),PM6[6:5] 被连接到 ARC EM 的停止信号和休眠信号。

利用 Pmod6 去监控 ARC EM 的停止信号和休眠状态信号:设置 PM6[2]=1,Pmod6[8:7] 连接到 SPI 主机 CS1_N 和 CS2_N 片选信号,Pmod6[6:5] 连接到 ARC EM 的停止和睡眠状态信号。

如表 8-18 和表 8-19 所示,这两个表分别列出了不同 PM6[0] 电平值下的 Pmod6 引脚分配和不同 PM6[2] 电平值下的 Pmod6 引脚分配。

表 8-18 不同 PM6[0] 电平值下的 Pmod6 引脚分配

Pmod6 引脚(J6)	PM6[0]=0	PM6[0]=1
	GPIO 信号	SPI 信号
4	端口 C[31]	SCLK
3	端口 C[30]	MISO
2	端口 C[29]	MOSI
1	端口 C[28]	CS0_N

表 8-19　不同 PM6[2]电平值下的 Pmod6 引脚分配

Pmod6 引脚(J6)	PM6[2]=0	PM6[2]=1
	GPIO 信号	信号
10	端口 A[31]	sleep
9	端口 A[30]	halt
8	端口 A[29]	CS2_N(SPI)
7	端口 A[28]	CS1_N

7）Pmod7 的配置

PM7[1:0]是选择连接到 Pmod7 的信号,其中 PM7[1]是保留位。利用 Pmod7 作为 GPIO 端口:设置 PM7[0]=0,Pmod7[4:1]被连接到 GPIO 端口 D[11:8]。利用 Pmod7 去监控 ARC EM 的休眠状态信号:设置 PM7[0]=1,Pmod7[4:1]连接到 ARC EM 的睡眠状态信号。

如表 8-20 所示,该表列出了不同 PM7[0]电平值下的 Pmod7 引脚分配。

表 8-20　不同 PM7[0]电平值下的 Pmod7 引脚分配

Pmod7 引脚(J20)	PM7[0]=0	PM7[0]=1
	GPIO 信号	信号
4	端口 D[11]	sleep
3	端口 D[10]	Sleep_mode[2]
2	端口 D[9]	Sleep_mode[1]
1	端口 D[8]	Sleep_mode[0]

8.3.3　操作模式

1. MetaWare 模式

MetaWare 模式主要用于开发调试阶段,使用 MetaWare 调试器和 hostlink 接口,用户应用程序可以通过 JTAG 接口进行加载和调试,用户可以使用 MetaWare 调试器所提供的所有调试功能:单步运行、使用断点、程序中变量查看和内存读/写。

MetaWare 调试器下载和运行应用程序命令如下:

```
mdb-run-hard-digilent <your-application>.elf
```

2. Flash 自启动模式

Flash 自启动模式用于产品的启动模式,在自启动模式下运行应用程序。一旦 FP-GA 映像被加载,Bootloader 程序就被加载到 ICCM 中并开始自动运行。Bootloader 的行为由 DIP 开关 SW1 的第三位(Bit3)和第四位(Bit4)决定。

Bit3:跳过 self-test 程序。当这一位被置于"ON"时,self-test 程序将不会执行任何自检,并且也不会发送信息到控制台。

1）自检应用程序执行的操作

（1）运行启动代码(启动代码用于初始化程序计数器和堆栈指针);

（2）检查 ARC 核的 IDENTITY 寄存器；

（3）初始化并且测试外设控制器（如 LED 等），测试 SPI Flash；

（4）打印一些信息到控制台（如自检程序的版本信息，ARC 核的配置信息，ARC 处理器的 ID、SPI Flash 种类等）。

Bit4：从 SPI Flash 中加载可执行映像。若这一位被置于"ON"，则启动代码会检测存储在 SPI Flash 中的应用程序，并且会将此应用程序映像复制到 RAM 中。接下来便会校验检验码，从应用程序的起始地址开始执行该应用程序。

如图 8-13 所示，SPI Flash 存储空间分为两个部分，从 0x00ff_ffff 地址开始的起始部分用于存储 4 个 EM 核的 FPGA 映像，从 0x0078_0000 地址开始的部分用于存储用户应用程序。

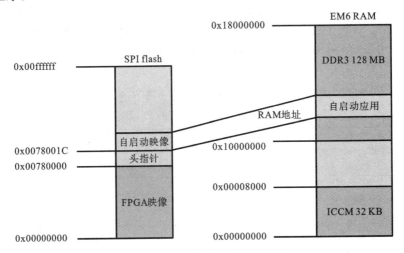

图 8-13 SPI Flash **存储空间分配**

2）参数信息

用户应用程序空间包含自启动程序映像和 header。header 部分包含自启动程序映像参数信息如下：

（1）自启动程序映像在 Flash 中的地址及大小；

（2）加载到 RAM 的目标地址；

（3）应用程序加载到 RAM 后 CPU 执行起始地址的程序；

（4）checksum 校验值。

3）启动过程

单板上电后，FPGA 映像完成自动加载，同时自检程序和 Bootloader 也加载到了 ICCM 中（地址为 0x00000000～0x00004000），并开始自动运行，启动过程如下：

（1）自检程序进行自检，并检测板上拨码开关 SW1 的 Bit4 的状态，如果该位为"ON"，启动并运行 Bootloader；

（2）Bootloader 在 SPI Flash 0x780000 地址处寻找 header 标示符 0x68656164，如果找到标示符，读取 header 以获取自启动映像信息；

（3）根据 header 中 start 和 size 信息将映像从 Flash 中拷贝至除 0x00000000～0x00004000（保留给 Bootloader 使用）以外的目标 RAM 地址 ram_addr，计算 RAM 中映像的 checksum 值并和 header 中的 checksum 值对比；

（4）若两个 checksum 值相等，则 CPU PC 指针跳转至 header 指定的 ram_start 处开始执行用户应用程序。

ARC EM Starter Kit FPGA 提供了 spi_rw 应用程序用于烧写和读取板上 Flash。其从调试 PC 中读取自启动应用程序映像，通过 JTAG 下载到单板并烧写到 Flash 中，或从 Flash 中读取文件通过 JTAG 上传至调试 PC。spi_rw 运行基本命令：

```
gmake run CMD_LINE="-w <file> <ram_address> <start_address>"
```

其中，-w 标识从 Flash 读取或写入；<file>表示自启动映像路径及文件名，例如，C：\EMSK\baremetal\leds_spi.img；<ram_address> 表示加载到 RAM 中的地址；<start_address>表示 RAM 执行地址。

spi_rw 应用程序将自启动映像烧写到 SPI Flash 0x0078001C 地址开始的空间，然后创建 header 信息并写入 SPI Flash 0x00780000 地址。

8.3.4 软件包介绍

1. 裸机程序软件包

裸机示例应用程序包含的例子用于告诉用户如何去构建一个简单的应用程序并且如何和板上的外设进行通信。以下的这些应用都被包含在裸机程序包中，可以到该网址下载：http://www.synopsys.com/dw/ipdir.php? ds＝arc_em_starter_kit。

1）Hello

该应用程序通过 hostlink 在 MetaWare 调试界面或命令行打印出"Hello world"（注意：该应用程序只能在 MetaWare 开发工具下运行）。

2）Hello_uart

该应用程序在 UART 调试串口打印出"Hello world"。

3）Leds

该应用程序演示了配置和使用连接到 GPIO 控制器上的 LED 的方法。

4）Leds_spi

该应用程序演示了构建一个运行在自启动模式下的应用程序的方法。它包含了应用程序所必需的启动和运行文件，此应用程序的功能是和 LED 例子一样的。

5）Fibonacci

该应用程序是一个简单的数学例子，它计算了斐波那契序列，如果结果正确，返回 0；否则，返回 1。

6）api_rw

该应用程序实现了板载 SPI Flash 中二进制映像文件的读/写操作。

7）adc

该应用程序实现了从外部 ADC 模块 PmodAD2 读取数据，该模块连接 Pmod2。

8）temp_sensor

该应用程序实现了从外部温度传感器 PmodTMP2（连接在 Pmod2 上）读取温度数据，并且在 LCD 显示屏（连接到 Pmod6 和 Pmod7）上显示当前温度。

所有的应用程序都是通过 LED 来显示当前状态的，通过串口打印信息，通过 Pmod 连接器读取外设数据。裸机程序软件包中提供了一个 I/O 库来支持所有外设，I/O 库包含了各外设控制器（I²C、SPI、UART 和 GPIO）及外围模块（Flash、LCD 等）的底层驱动。如表 8-21 所示,该表列出了所有裸机程序示例的目录结构。

表 8-21　裸机程序示例的目录结构

目　　录	目录所含内容
boot/	Bootloader 源码和 makefile
common/	C 语言源码、汇编源码及所有应用程序源码的头文件
demo/	子文件中的示例(包含源码、配置和 makefile)
/hello	"Hello world"源码和 makefile
/hello_uart	"Hello world"串口程序源码和 makefile
/leds	LED 程序源码和 makefile
/adc	从 ADC 中读取数据源码和 makefile
/leds_spi	LED 自启动版本源码和 makefile
/spi_falsh	读/写 SPI Flash 示例源码及 makefile
io/	外设控制器函数库源文件和 makefile
/flash	SPI Flash 控制模块源文件
/gpio	GPIO 控制模块源文件
/i2c	I^2C 控制模块源文件
/lcd	基于 LCD 字符控制源文件
/mux	Pmod 多路复用源文件
/spi	SPI 控制器源文件
/uart	串口控制模块源文件
options/	构建示例应用程序的源文件
project_arcgnu/	ARC GNU 工具链的 IDE 项目
project_arcmw/	MWDT 的 IDE 项目

2. MQX 操作系统软件包

1) MQX 操作系统示例软件包的内容

(1) MQX 操作系统的二进制文件(不包含源码);

(2) 附带源码的 MQX 操作系统应用程序示例,这些示例演示了构建一个基于操作系统的应用程序的方法,同时也告诉读者在操作系统环境下外设驱动的工作原理。

读者可以到该网址下载包含 MQX 示例的软件包:http://www.synopsys.com/dw/ipdir.php? ds=arc_em_starter_kit。

在下载完成该软件包后,解压该软件包,打开 MQX 文件夹,按照里面的 README.tex 文件的步骤来安装和配置 MQX。

可以复制 MQX 实时操作系统评估套件到任何路径下,如果想要在 MetaWare IDE 上使用 MQX 实时操作系统,MetaWare IDE 会默认在路径 C:\ARC\software\ mqx2.59c 下去加载操作系统。

如果将操作系统安装到另一个路径,那么需要在 MetaWare IDE 中进行设置来更改环境变量,依次选择 Window→Preferences→C/C++→Build→Environment,然后编辑环境变量,在表 8-22 中列出了 MQX 操作系统的环境变量。

表 8-22 MQX 操作系统环境变量

环 境 变 量	默 认 值
MQX_COMPILER_ROOT	C:\ARC\MetaWare\arc
MQX_ROOT	C:\ARC\software\mqx2.59c
MQX_CONFIG	%MQX_ROOT%\build\config.mk
MQX_PSP_LIB_DIR	%MQX_ROOT%\build\mqx.a config dir mqx.a config dir 可以是下面任何一种选择： arcv2em_0.met:对应于 config0 arcv2em_1.met:对应于 config1 arcv2em_2.met:对应于 config2 arcv2em_3.met:对应于 config3

2）MQX 操作系统示例软件包的应用程序

如表 8-23 所示,该表列出了 MQX 操作系统示例软件包的目录结构。

（1）dw_apb_led:演示了配置和使用 LED 的方法。

（2）dw_apb_button_led:演示了利用按钮去控制 LED 的方法。

（3）dw_apb_switch_led:演示了利用开关去控制 LED 的方法。

（4）dw_apb_uart:演示了使用不同的参数（例如波特率、开始位和停止位等）配置串口的方法。

（5）dw_spi_sd_card:设置了 SD 卡在 SPI 模式下,检查 SD 卡的电压范围,开始和结束初始化进程,确定 SD 卡容量,从 SD 卡中获取 CID 和 CSD,执行 512 字节的扇区写操作,执行 512 字节的扇区读操作。

（6）i2c_adc:演示了利用 I^2C 接口从 PmodAD2 拓展模块中读取 ADC 数据,PmodAD2 设置 I^2C 从机模式的方法。

表 8-23 MQX 操作系统示例软件包的目录结构

目 录	目录所包含的内容
examples\starterkit\	示例程序子文件夹
examples\starterkit\dw_apb_led	适用于 LED 的 GPIO 示例源文件和 makefile
examples\starterkit\dw_apb_button_led	按钮控制 LED 的 GPIO 示例源文件和 makefile
examples\starterkit\dw_apb_switch_led	DIP 开关控制 LED 的 GPIO 示例源文件和 makefile
examples\starterkit\dw_apb_uart	UART 示例源文件和 makefile
examples\starterkit\dw_spi_sd_card	SD 卡示例源文件和 makefile
examples\starterkit\i2c_adc	I^2C、ADC 示例源文件和 makefile
build\starterkit	为了构建应用程序的配置文件,这些配置文件适用于不同的包含在 ARC EM Starter Kit 中的 ARC 核配置
library\	MQX 库
doc\	外设驱动的用户手册

8.4 实例

在本节中,演示一个基于 Bare Metal 的 ARC EM Starter Kit FPGA 点亮 LED 的示例。在未配置操作系统的 ARC EM Starter Kit FPGA 开发板上配置 EM 处理器的 Timer0 定时器,通过中断进行精确定时。主程序根据定时情况控制板载 LED0～LED7 的点亮和关闭,实现跑马灯功能(LED0～LED7 循环点亮)。本实例的运行流程图如图 8-14 所示。

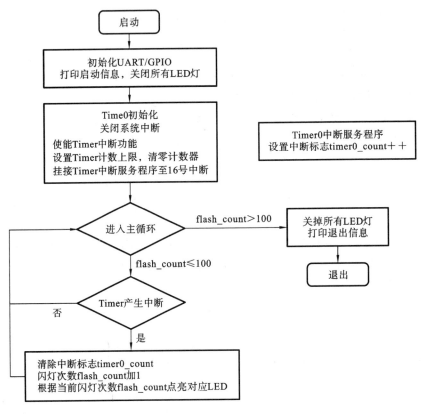

图 8-14 程序流程图

Timer0 用于定时产生中断,由 0 开始计数,在计数达到设定值后产生 Timer0 中断,设定标志位 timer0_count 以通知 main() 函数中的主循环来点亮相应的 LED。在 EM4 中 Timer0 的工作频率为 35 MHz,在 EM6 中 Timer0 的工作频率为 30 MHz。

实现上述操作的主程序代码如下(flashing_leds.c):

```
//* * * * * * * * * * * * * * * * * * * * * * * * * * * * * * * * * * *
* * * * * * * * * * * * * * * * * * * * * * * * * * * * /
//主函数
//* * * * * * * * * * * * * * * * * * * * * * * * * * * * * * * * * * *
* * * * * * * * * * * * * * * * * * * * * * * * * * /
int main(int argc, char *argv[]) {
    int unsigned flash_count=0;
    //1.获取硬件资源地址
```

```
    DWCREG_PTR pctr=(DWCREG_PTR)(DWC_GPIO_0 | PERIPHERAL_BASE);
    DWCREG_PTR uart=(DWCREG_PTR)(DWC_UART_CONSOLE | PERIPHERAL_BASE);

  //2.初始化 gpio/uart
  gpio_init(pctr);
  uart_initDevice(uart, UART_CFG_BAUDRATE_115200, UART_CFG_DATA_8BITS,
UART_CFG_1STOP, UART_CFG_PARITY_NONE);
  // 3.打印暂时信息
  uart_print(uart, "\n\r* * * * * * * * * * * * * * * * * * * * * * *
                    * * * * * * \n\r");
  uart_print(uart,      "*      ARC EM Starter kit v1.1   * \n\r");
  uart_print(uart,      "*      Flashing leds demo        * \n\r");
  uart_print(uart,      "* * * * * * * * * * * * * * * * * * * * * * *
                    * * * * * * \n\r");
  // 4.熄灭所有 LED
  leds=0x1ff;
  gpio_set_leds(pctr, leds);
  // 5. 设置定时计数器周期为 0.2s
  timer0_init(0x5b8d7f);
  // 6.循环点亮 LED
   while(1)
   {
   if (timer0_count> 0)
   {
      timer0_count=0;
      flash_count++;
      leds=0x1ff & (~(0x01<<(flash_count & 0x07)));
      gpio_set_leds(pctr, leds);//打开或者熄灭相应的 LED
   }
   if (flash_count>100) break;
   }
   leds=0x1ff;
   gpio_set_leds(pctr, leds);
   uart_print(uart, "***Exit 0 *** \n\r");

   return 0;
}
void timer0_init(unsigned int max_count)
{
  _clri();                          //关闭中断
  _sr(IE | NH, TIMER0_CONTROL);     //定时计数器中断使能
  _sr(max_count, TIMER0_LIMIT);     //停止前的最大计数
  _sr(0, TIMER0_COUNT);             //复位定时器

  //载入 vector
  _setvecti(TIMER0_VECTOR, TIMER0_ISR);
```

```
//使能 ints 及优先级别 2、1、0
_seti(INT_CTRL_IE | PRIORITY2);
}
```

在 Timer0 计数达到限定值（LIMIT0）后，进入中断向量号为 16 的中断服务子程序，具体如下。

```
#pragma Code("timer_int")
_Interrupt void TIMER0_ISR(void)
{
    timer0_count++;
    _sr(IE | NH,TIMER0_CONTROL);        //清除中断处理
}
#pragma Code()
```

此中断服务子程序对变量 timer0_count 进行了递增操作，并对 Timer0 的控制寄存器 IE 域进行了清除中断处理。

最后简要阐述使用软件包中的 gmake 命令来编译、运行和调试应用实例。

（1）启动 cmd 命令行并进入 I/O 库目录，编译所有外设驱动：

```
gmake all
```

（2）进入 LED 实例目录，编译源文件。

```
gmake clean all
```

（3）编译生成 ELF 可执行文件后，使用 mdb 命令行模式运行程序。

```
gmake run
```

（4）使用 mdb 图形界面 GUI 模式运行程序。

```
gmake gui
```

8.5 小结

本章在硬件方面介绍了 ARC EM Starter Kit FPGA 开发板套件中所包含的内容（底板、传感器等），在软件方面介绍了该套件中所含的软件包（裸机程序和带操作系统的应用程序）。另外，对开发板进行了细致的阐述，包括开发板所包含的外设、外设控制器等，同时也阐述了 Pmod 的配置和连接，各类外设在底板上的连接情况，不同 EM 核的不同配置情况。再次，介绍了开发板（开发板的连接、不同的操作模式下的使用）的使用方法，并且使用了裸机和带操作系统的应用程序示例以巩固对开发板的掌握。最后，用一个综合实例让读者熟悉利用 ARC EM Starter Kit FPGA 开发板开发应用程序的完整流程，使读者掌握对开发板上不同外设的使用（LED 点亮和中断的使用）方法。

9

开发实例：温度监测与显示

第 8 章详细地介绍了 ARC EM Starter Kit FPGA 开发板的相关内容，本章将通过一个综合开发实例，系统介绍如何基于 Synopsys ARC EM 处理器进行嵌入式开发。

本章将重点系统介绍基于 ARC EM Starter Kit FPGA 开发板来设计一款温度自动监测模块的方法。该模块采用了两个外设模块（Pmod）来进行温度数据的采集和显示，ARC EM 处理器进行系统采集数据的综合处理。同时本章附有开发板软件包，包含该实例源码。

9.1 系统简介

众所周知，科学合理的温度环境在工业生产、运输、存储等环节的质量安全方面已处于一个十分重要地位。为此基于 ARC EM 处理器开发一款温度自动监测终端模块以实时监测环境温度，并且对采集的数据进行综合管理。ARC EM 处理器具有最优的性能功耗比，且面积开销小，满足传感器网络无线传输、低功耗、低成本、分布式和自组织等特点，适用于温度监测终端系统。

基于 ARC EM Starter Kit FPGA 开发板的实时温度自动监测模块结构如图 9-1 所示。

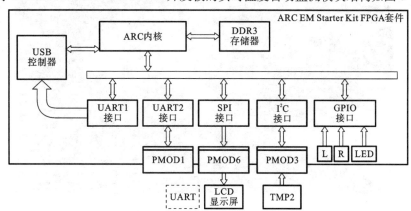

图 9-1 基于 ARC EM Starter Kit FPGA 开发板的实时温度自动监测模块框图

本实例要实现的功能如下：

(1) 实时监测外界温度,并能提供华氏度和摄氏度两种显示方式;

(2) 在标准输出设备(上位机串口终端)上分别输出两种显示方式的实时温度;

(3) 在 LCD 显示屏上分别输出两种计量方式的实时温度;

(4) 可通过板上按钮或上位机进行人机交互。

9.2 系统硬件设计

为了实现上述功能,本实例采用一个高精度的温度传感器模块 PmodTMP2 来获取环境温度,通过 I^2C 串行总线把原始数据传递给 ARC EM 处理器。

温度传感器采集而得的原始数据有两个用途,一方面是在温度自动监测模块上的实时显示,另一方面是通过串口传递给上位机,便于综合管理和保存。

基于 ARC EM Starter Kit FPGA 开发板自带多个 Pmod 扩展口,可以方便扩展功能,选用 LCD 显示屏模块 PmodCLS 负责在温度自动监测模块上显示当前温度。

另外,ARC EM Starter Kit FPGA 开发板上两个按键和上位机的键盘,可以实现与温度自动监测模块的人机交互。

9.2.1 EM 内核设置

首先要让 ARC EM Starter Kit FPGA 开发板装载 ARC EM 处理器的内核。

ARC EM Starter Kit FPGA 开发板上的 SPI Flash 中预先存储了 4 个 EM 处理器内核的 FPGA 映像文件,分别对应四个不同配置的 EM 处理器内核,即 ARC_EM4、ARC_EM4_16CR、ARC EM6 和 ARC EM6 GP。

FPGA 映像选择开关 SW1 的 Pin1 和 Pin2 两种不同选择表示不同的 ARC 内核,图 9-2 所示的开发板上拨码开关 SW1 的 Pin1 和 Pin2 用于 FPGA 映像的选择,其配置选择如表 9-1 所示。

图 9-2　开发板上的拨码开关 SW1

表 9-1 FPGA 映像选择

Pin1	Pin2	配 置
OFF	OFF	ARC_EM4
ON	OFF	ARC_EM4_16CR
OFF	ON	ARC_EM6
ON	ON	ARC_EM6_GP

设置好拨码开关后,按下开发板右下方 ARC logo"C"字母上的按键,ARC EM Starter Kit FPGA 开发板将根据设置重新加载 FPGA 映像,加载过程中 FPGA 开发板上的 LED 会保持常亮,加载完成后熄灭。

9.2.2 Pmod 外设介绍

1. 温度传感器模块(PmodTMP2 模块)

PmodTMP2 模块如图 9-3 所示,是一个以 ADT7420 温度传感器芯片为核心的温度传感器和控制板,对外通过 8 引脚的接口提供 I^2C 接口通信,这便于将 PmodTMP2 模块通过 I^2C 总线连接到其他的 I^2C 设备。PmodTMP2 提供 2 引脚来选择 I^2C 芯片的地址,另外提供 2 引脚便于用户控制基于软件自定义温度阈值的外设。

注意:ADT7420 是一款高精度数字温度传感器,采用 LFCSP 封装。它内置一带隙温度基准和一个 13 位 ADC。ADC 分辨率位数默认设置为 13 位,转换精度达 $0.0625\,^\circ C$,可通过将配置寄存器(寄存器地址 0x03)中的位 7 置 1 而使其分辨率的位数更改为 16 位,转换精度达 $0.0078\,℃$。ADT7420 的正常工作电压范围为 2.7 V~5.5 V。额定工作温度范围为$-40\,℃ \sim 150\,℃$。引脚 A0 和引脚 A1 用于地址选择,可为 ADT7420 提供 4 个 I^2C 地址。

在本实例中,PmodTMP2 模块所有的跳线帽都是开启状态。

2. LCD 显示屏模块(PmodCLS 模块)

如图 9-4 所示,PmodCLS 模块集成了一个 2×16 字符液晶显示屏,并提供 UART/SPI/TWI(兼容 I^2C)通信接口。本实验使用 SPI 接口。

图 9-3 PmodTMP2 模块

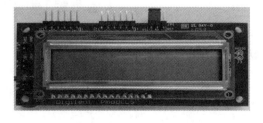

图 9-4 PmodCLS 模块

在本实例中,各个跳线帽需要做如下设置:

(1) MD0 短接,表示该模块使用 SPI 协议通信;

(2) MD1、MD2 悬空;

（3）JP1 连接 Pin1 和 Pin2，表示选择 SS line。

注意：MD0、MD1、MD2 是处于模块左下角的 3 个跳线接口；JP1 则位于上方靠右，有 3 个排针并列。

表 9-2　LCD 跳线说明

跳　　线	设　　置	说　　明
MD0	0（短接）	SPI 协议
MD1	1（悬空）	
MD2	1（悬空）	
JP1	1～2	选中 SSI

9.2.3　Pmod 与开发板的硬件连接

找到 ARC EM Starter Kit FPGA 开发板上的 Pmod3 和 Pmod6 接口，其中 Pmod3 用于连接 PmodTMP2 温度传感器，Pmod6 用于连接 PmodCLS LCD 显示屏。

PmodTMP2 连接 Pmod3 时靠 Pmod6 所在的方向对齐。

LCD 与 Pmod5 和 Pmod6 连接，但 Pmod5 仅用于物理连接以固定 LCD，LCD 与 Pmod6 的上排针孔连接，如图 9-5 所示。

图 9-5　硬件单板连接示意图

9.3　系统软件实现

9.3.1　软件设计

软件开发可分为底层驱动开发和应用层程序开发。底层驱动开发主要是针对 UART 驱动、I^2C 驱动、SPI 驱动、GPIO 驱动及 LCD 驱动开展底层级驱动层和 IO 级驱动层的开发工作；应用层程序开发主要是实现预期的功能，涉及 UART、GPIO 和定时器中断子程序，使得整个系统能支持多个 Pmod 模块。

1. 底层驱动开发

系统底层驱动主要包含以下内容:

(1) I²C 驱动,采集 TMP2 Pmod 板数据;

(2) GPIO 终端子程序和驱动,控制系统开关及显示模式;

(3) LCD 驱动和 SPI 驱动,显示温度信息至 LCD 上;

(4) UART 终端子程序和驱动,上位机显示温度信息。

有了这些驱动,主程序就可以方便地调用对应的函数来实现这些功能。比如,有了 I²C 驱动,在主程序中调用 i2c_init(i2c, I2C_STANDARD_SPEED, I2C_SLAVE_ADDRESS) 函数对 I²C 进行初始化,然后调用 i2c_read(i2c, buf, 2, TIMEOUT)函数就可以将 TMP2 Pmod 采集的原始温度数据传入 buf 数组内,接下来的代码就能对获取到的温度数据进行下一步的处理。

同理,为了实现 SPI 通信、LCD 显示、UART 通信等功能,就必须有对应的驱动程序支持。

2. 应用层程序开发

应用层程序开发是与本实例的具体功能紧密结合在一起的。比如,为了监测温度自动监测模块是否正常运行,需要用定时器的中断子程序控制一个 LED 的闪烁。在实际应用场景中,应用层程序开发需要温度自动监测模块实现如下功能:

(1) 心跳功能,用一个 LED 的闪烁来标识系统是否正常运行;

(2) 获取温度功能,处理传感器读取的数据,计算摄氏/华氏温度;

(3) 开发板按键功能,在 LCD 屏、上位机中切换摄氏/华氏温度显示;

(4) 键盘控制功能,上位机对温度自动监测模块的直接控制。

实时温度监测系统软件的层次结构图如图 9-6 所示。

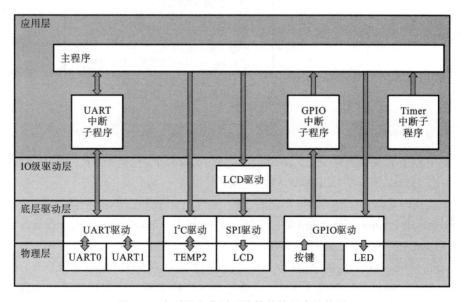

图 9-6　实时温度监测系统软件的层次结构图

实时温度监测系统软件开发自顶向下的流程图如图 9-7 所示。系统上电对所有控制器和外设初始化,包括 LCD 显示屏、Timer、UART 和 GPIO 中断子程序。实时监测到温度传感信息之后将相应摄氏/华氏温度输出在 LCD 显示屏和终端中。

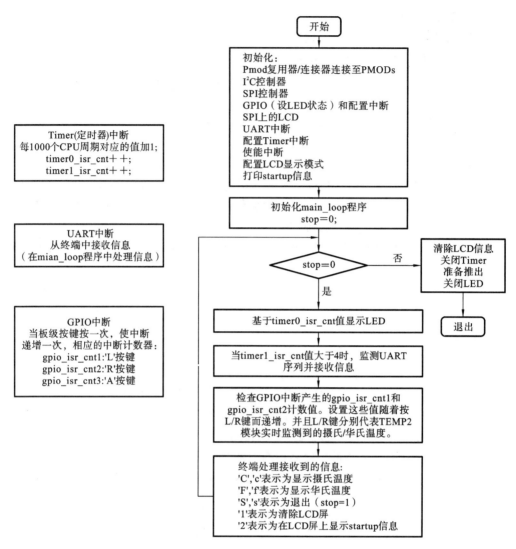

图 9-7　实时温度监测系统软件的流程图

9.3.2　代码实现

底层驱动的文件放在 software\baremetal\io 目录下，包括 UART 驱动、I²C 驱动、SPI 驱动、GPIO 驱动及 LCD 驱动的相关代码。

本实例的软件包存放的是应用层的代码，一共包含 8 个文件，分别是 temp_sensor. c、temp_sensor. h、gpio_interrupt. c、gpio_interrupt. h、timer_interrupt. c、timer_interrupt. h、uart_interrupt. c、uart_interrupt. h。

temp_sensor. c 是主程序，其他三个 c 文件分别是 GPIO、Timer 和 UART 的中断函数。系统编程实现工作包含 while 主循环与各模块中断配合实现的系统功能。该部分代码摘自 temp_sensor. c，在该文件中有如下 3 个函数。

（1）main()：主程序入口，是本实例代码的主要部分。

（2）Read_Temp()：读取温度函数，获取摄氏/华氏温度；

（3）Show_LifeBeat()：实现心跳功能。

示例主程序（temp_sensor.c）如下。

```c
int main (void)
{
  int stop=0;
  while (! stop)
   {
     if (timer0_isr_cnt>300)                          //心跳标志位
     {
         timer0_isr_cnt=0;
         Show_LifeBeat(console, gpio);
     }
     // uart 用 1ms 计数器
     if (timer1_isr_cnt>4)
     {
       timer1_isr_cnt=0;
       uart_poller(uart_port_pmod);
       uart_poller(uart_port_console);
     }
     if (gpio_isr_cnt1>0)                             //按下 L 按键
     {
       gpio_isr_cnt1=0;
       Read_Temp(CELSIUS, console, uart, i2c);
     }
     if (gpio_isr_cnt2>0)                             //按下 R 按键

     {
       gpio_isr_cnt2=0;
       Read_Temp(FAHRENHEIT, console, uart, i2c);
     }
     //从串口中读取信息
     for(i=0; i<NUM_OF_MESSAGE_SOURCES; i++) {
       uint8_t msg_length=uart_readMessage(MessageSource[i], Message-
     Buffer, MESSAGE_BUF_LENGTH);
       if (msg_length !=0)
       {
         switch (MessageBuffer[0])
         {                //读温度
           case 'T':
           case 't':
           case 'C':
           case 'c':
               Read_Temp(CELSIUS, console, uart, i2c);
               break;
           case 'F':
           case 'f':
               Read_Temp(FAHRENHEIT, console, uart, i2c);
```

```
                                break;
                        case 'S':
                        case 's':
                        {
                            const char msgExit[]="\nExiting at user request\n\r";
                            uart_print(console, msgExit);
                            uart_print(uart, msgExit);
                            #if USE_STD_CONSOLE
                            printf(msgExit);
                            fflush(stdout);
                            #endif
                            stop=1;
                        }
                            break;
                        case '1':
                            #if USE_LCD
                            Lcd_ClearScreen();
                            #endif
                            break;
                        case '2':
                            #if USE_LCD
                            Lcd_DisplayString (0,0, STARTUP_TEXT0);
                            Lcd_DisplayString (1,0, STARTUP_TEXT1);
                            #endif
                            break;
                        default:
                            sprintf(strng, "WARNING - Command unknown: %c\n", Message-
                        Buffer[0]);
                            uart_print(console, (strng));
                            uart_print(console, "\r");
                            break;
                    }
                }
            }


}
#if USE_LCD
    Lcd_ClearScreen();                              // 清屏
#endif
Timer0_disable();
_disable();
fflush(stdout);
gpio_set_leds(gpio, 0x01ff);                        //熄灭所有 LED
return 0;
}
```

```c
int Read_Temp (int tmp_units, DWCREG_PTR console, DWCREG_PTR uart, DWCREG_
PTR i2c)
{
    char buf[4];    long t;
    if (i2c_read(i2c, buf, 2, TIMEOUT)==0)              //从传感器读入
    {
        t=((long)buf[0]<<8)+((long)buf[1] & 0xF8);
        t>>=3;
        if (tmp_units==CELSIUS)
        {                                               //转成摄氏度显示

            t *=6250;
            sprintf(strng,"Temp: %3.2d.%2.2d C\n", (int)(t/100000), (int)
        (((t-(t/100000)*100000))/1000) );               // 在 COM 端口显示
        }
        else
        {
            t*=6250*18;                                 //转成华氏温度显示
            t+=32000000;
            sprintf(strng, "Temp: %3.2d.%2.2d F\n", (int)(t/1000000),
        (int)(((t-(t/1000000)*1000000))/10000));        // 在 COM 端口显示
        }
        uart_print(console, (strng));
        uart_print(console, "\r");
        //在 UART 端口显示
        uart_print(uart, (strng));
        uart_print(uart, "\r");
        //在 LCD 上显示
        #if USE_LCD
        Lcd_DisplayString (1,0, strng);
        #endif
        #if USE_STD_CONSOLE
            printf("%s",strng);
            printf("\r");
            fflush(stdout);
        #endif
        return (0);     //OK
    }
    return (1);     //NOK
}
void Show_LifeBeat(DWCREG_PTR console, DWCREG_PTR gpio)
{
    char buf[3]={' ', '\n','\0'};
    unsigned int leds;
    leds=gpio_get_leds(gpio);                           //LED[0]电平反转
    leds ^=0x001;
```

```
gpio_set_leds(gpio, leds);
if (lifebeat==0)
{
    buf[0]='*';
    //在控制台上显示
    uart_print(console, "*\r");
    lifebeat=1;
}
else
{
    lifebeat=0;
    uart_print(console, " \r");
}
}
```

9.3.3 系统代码详解

1. 实现系统心跳功能

1）功能描述

系统运行正常时,板载 LED0 一直在闪烁,调试串口终端的行首出现“＊”并一直闪烁。

2）功能实现(temp_sensor.c)

用 Timer 中断实现定时器功能,当定时器 timer0_isr_cnt 计数到一定数值时,改变驱动 LED0 的 GPIO 电平输出状态并闪烁 LED,改变串口输出字符达到“＊”符号闪烁效果。

3）参考代码

在 timer_interrupt.c 中,代码如下。

```
_Fast_Interrupt void Timer0_ISR()
{
    timer0_isr_cnt++;
    timer1_isr_cnt++;
    _sr(3,0x22);                         //清除中断
}
```

在 temp_sensor.c 中,代码如下。

```
//心跳标志位
if (timer0_isr_cnt>300)
{
    timer0_isr_cnt=0;                    //计数器归 0
    Show_LifeBeat(console, gpio);        //调用心跳函数
}
void Show_LifeBeat(DWCREG_PTR console, DWCREG_PTR gpio)
{                                        //心跳函数
    char buf[3]={' ', '\n','\0'};
    unsigned int leds;
```

```
    leds=gpio_get_leds(gpio);
    leds ^=0x001;
    gpio_set_leds(gpio, leds);                  //LED0 闪烁效果
    if (lifebeat==0)
    {
        buf[0]='*';
        //在控制台显示
        uart_print(console, "*\r");             //串口输出显示*
        lifebeat=1;                             //lifebeat 仅用于标识心跳状态
    }
    else
    {
        lifebeat=0;
        uart_print(console, " \r");             //串口输出以消除*
    }
}
```

2. 实现开发板按键功能

1）功能描述

L 按键:系统从温度传感器读取数据,串口控制台和 LCD 显示摄氏温度。

R 按键:系统从温度传感器读取数据,串口控制台和 LCD 显示华氏温度。

2）功能实现(temp_sensor.c,gpio_interrupt.c)

GPIO 中断服务程序 Gpio_ISR 中读取中断状态,判断中断源来自 L 按键还是 R 按键,并在 main()函数中设置两个标识变量。其中,中断状态寄存器 gpioBaseAddress [INTSTATUS],第 0 比特位为 1 表示 L 按键有中断上报,第 1 比特位为 1 表示 R 按键有中断上报,第 2 比特位为 1 表示 A 按键有中断上报。

在主程序 main()的循环函数中,根据中断中设置的标识变量(L 和 R)实现相应的功能。

3）参考代码

在 gpio_interrupt.c 中,代码如下。

```
_Fast_Interrupt void Gpio_ISR ()
{
    unsigned int reg;
    //读取状态
    reg=gpioBaseAddress[INTSTATUS];
    //清除中断
    gpioBaseAddress[PORTA_EOI]=reg;
    if (reg & 0x01)
    {
        gpio_isr_cnt1++;                        //若按下左键,则 gpio_isr_cnt1 自加 1
    }
    if ( reg & 0x02 )
    {
        gpio_isr_cnt2++;                        //若按下右键,则 gpio_isr_cnt2 自加 1
```

```
    }
  }
```

在 temp_sensor.c 中,代码如下。

```
//检查按下的左键/右键
if (gpio_isr_cnt1>0)
//按下左键,gpio_isr_cnt1 自加 1,所以大于 0
{
//按下左键
gpio_isr_cnt1=0;                              //把 gpio_isr_cnt1 归 0
Read_Temp(CELSIUS, console, uart, i2c);
//执行相应的操作,读取摄氏温度
}
if (gpio_isr_cnt2>0)                          //按下右键,gpio_isr_cnt2 自加 1
{
  //按下右键
  gpio_isr_cnt2=0;
  Read_Temp(FAHRENHEIT, console, uart, i2c);
  //执行相应的操作,读取华氏温度
}
```

3. 实现 LCD 显示功能

1) 功能描述

在读取温度传感器测量数据后,根据要求显示摄氏/华氏温度信息。

2) 功能实现(temp_sensor.c)

根据单板按键或键盘输入,调用 Lcd_DisplayString()函数在 LCD 上显示相应信息。

3) 参考代码

参考代码如下。

```
if (tmp_units==CELSIUS)                      //如果选择摄氏温度
{
  t*=6250;                                   //t 存储的是温度传感器的原始数据
  sprintf(strng,"Temp: %3.2d.%2.2d C\n",  //将 t 转换为摄氏温度
  (int)(t/100000), (int)(((t-(t/100000)*100000))/1000) );   }
else                                         //如果选择华氏温度
{
  t*=6250*18;                                //将 t 转换为华氏温度值
  t+=32000000;
  sprintf(strng, "Temp: %3.2d.%2.2d F\n",
  (int)(t/1000000), (int)(((t-(t/1000000)* 1000000))/10000) );
}
Lcd_DisplayString (1,0, strng);              //LCD 标准库函数,显示温度
```

4. 实现键盘控制功能

1) 功能描述

T/t/C/c:系统从温度传感器读取数据,串口控制台和 LCD 显示摄氏温度。

F/f:系统从温度传感器读取数据,串口控制台和 LCD 显示华氏温度。

1:LCD 清屏。

2:LCD 显示单板信息。

S/s:程序退出并在 Console 输出提示信息,清理现场,关闭 LED,清屏 LCD。

其他:自行扩展。

2) 功能实现(temp_sensor.c)

判断串口输入的不同控制字符,调用不同的函数以实现相应的功能。

3) 参考代码

在 switch 结构中,读取 UART 中的键盘控制信号,用 case 语句对其进行分别处理。

```c
switch (MessageBuffer[0])
{
//读温度
//若读取到 T、t、C、c,则执行显示摄氏温度的函数
    case 'T':
    case 't':
    case 'C':
    case 'c':
        Read_Temp(CELSIUS, console, uart, i2c);
    break;
//若读取到 F、f,则执行显示华氏温度的函数
    case 'F':
    case 'f':
        Read_Temp(FAHRENHEIT, console, uart, i2c);
    break;
    //若读取到 S、s,stop 置 1,则退出整个程序
    case 'S':
    case 's':
    {
        const char msgExit[]="\nExiting at user request\n\r";
        uart_print(console, msgExit);      //打印退出信息
        uart_print(uart,msgExit);
        stop=1;
    }
        break;
    //若读取到 1,则 LCD 清屏
    case '1':
        Lcd_ClearScreen();
                break;
    //若读取到 2,则 LCD 显示单板信息
    case '2':
        Lcd_DisplayString (0,0, STARTUP_TEXT0);
        Lcd_DisplayString (1,0, STARTUP_TEXT1);
        break;
    default:
        sprintf(strng,"WARNING-Command unknown:%c\n",MessageBuffer[0]);
        uart_print(console, (strng));
```

```
        uart_print(console, "\r");
        break;
    }
```

9.4 调试与运行

9.4.1 选择 FPGA 映像

ARC EM Starter Kit FPGA 开发板上拨码开关 SW1 的 Pin1 和 Pin2 用于 FPGA 映像的选择。在本实例中,选择的内核为 ARC_EM4 ,即 Pin1 和 Pin2 都处于关闭状态。

9.4.2 编译和运行代码

打开 cmd 命令行窗口,将本章所配套的 temp_sensor 软件包存放在 software\baremetal\demo 目录下,进行编译和运行。

```
gmake clean all
gmake run
```

若在 cmd 窗口得到如图 9-8 所示输出,则 cmd 表示运行成功。

图 9-8 cmd 运行结果

9.4.3 运行结果

(1) 首先打开串口调试软件 putty.exe ,可以看到有 * 号在闪烁,如图 9-9 所示。

图 9-9 putty 初始化界面

并分别在键盘上单击 3 次 F 和 C 这两个按键,得到如图 9-10 所示结果。

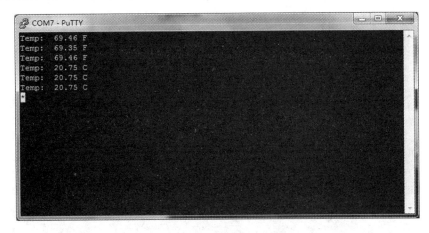

图 9-10　putty 显示温度界面

(2) 如图 9-11 所示,开发板上的左下角的 LED0 会不停闪烁,表示程序正在运行,即实现了心跳功能。找到开发板左下方的两个按键,L 和 R 按键,按下 L 按键后,LCD 上显示摄氏温度,按下 R 按键后,LCD 上显示华氏温度,如图 9-12 所示。

图 9-11　LCD 显示摄氏温度

图 9-12　LCD 显示华氏温度

若单击 s 按键,则程序关闭,并且串口打印 Exiting at user request,如图 9-13 所示。

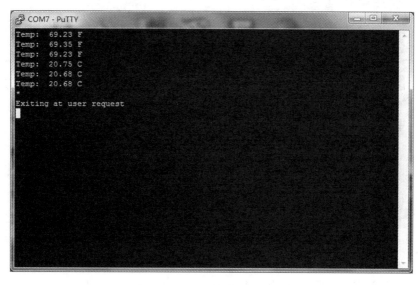

图 9-13　putty 退出程序界面

9.5　小结

本章通过一个综合实例来介绍 ARC EM Start Kit FPGA 开发板的使用,实例中用到了 GPIO、UART、Timer 和 LCD 等模块。

本章首先对温度检测系统进行了概述,然后介绍了实现整个系统所需的硬件,以及其配置和连接方式。接下来分析了软件结构,包括软件层次结构图和软件流程图,并给出了样例代码,实现了各模块的相应功能,并对其中的关键部分进行了详细的注解。最后简要讲解了调试、运行步骤和运行结果。

希望通过本章的设计实例,能让读者在实际操作中熟悉 ARC EM Start Kit FPGA 的开发流程,了解 ARC EM 处理器的基本使用方法。

10

ARC EM 可配置性

我们实际的需求往往不能被非常准确地满足,市场上提供的东西总会引入额外的成本,多一点花费,或者多一点时间,诸如此类。你或许会想如果所有的货物都可以被订制为刚好符合自己需要的模样,而不用有其他浪费,那就堪称完美了。ARC EM 处理器就刚好具有这样的订制特性,称之为可配置性。

本章将会讨论 ARC EM 处理器可配置性属性,以及如何在处理器设计中利用这种可配置性实现优化设计。以 Cache 及硬件乘法器为例,说明可配置的程度及软硬件协同工作的原理,同时会比较可配置处理器与固定配置处理器在具体设计时所具有的相对优势。

10.1 可配置性优点

ARC EM 处理器的可配置性具有两个基本含义:首先,处理器提供各种不同的基准模板,这些模板以 ARC EM4 或 EM6 处理器为中心,或者使用其他类型 ARC 处理器,包含一系列具有多种可配置性的模块;其次,可以根据最终应用需求增加需要的硬件加速模块,或删除模板中不需要的模块,这样来构造一个适用于特定应用的、具有独一无二结构的而且模块属性也是针对最终应用而优化的处理器。

这种可配置性给设计带来了很大的灵活性,其优势主要体现在以下两个方面:

(1) 处理器是针对特定应用而进行优化的,删除无用的硬件资源以减少最终芯片面积,降低功耗,在不影响性能的条件下降低了成本;

(2) 在软件实现某些应用时如果不能满足应用要求,可以使用相关的硬件资源对其进行加速。

已经经过产业化验证的芯片结构在后续升级时只需经过很小的改动即可投入使用,重用率的提高减少了再次开发的难度,加快了产品上市时间。由于核心结构不变,可以通过增加功能模块的方式来提高处理器处理能力,处理器也不会由于无法适应应用的改变而过快被淘汰。对于深嵌入式应用(如物联网),由于仅仅需要一些最基本的接口,可以使用这种可配置性来极大地降低功耗。

但是,无论使用何种结构,在面积、功耗和性能之间的综合考量始终会是处理器结构设计时不能规避的问题。

10.2 基准模板

配置 ARC EM 处理器的软件是 ARChitect,该软件是由 Synopsys 公司开发的 ARC IP 提取工具。该工具可以接收包含处理器信息的 IP 库和包含参考设计信息的 IP 库(RDF IP Library)作为输入,根据使用者要求配置后输出相关处理器的 RTL 和基本功能测试代码。

首先需要设置 ARChitect 的输入 IP 库,步骤如下。

(1) 启动 ARChitect 软件 (GUI):在 cmd 命令行中输入 ARChitect2。

(2) 单击 Project->Default Properties->Libraries->Add 按钮。

(3) 找到库所在的位置,选中它们并完成添加步骤。

如图 10-1 所示,所有的库中都有一个 Master 库,它是整个处理器的核心库文件,另外还有若干扩展库文件,属性为 extension。

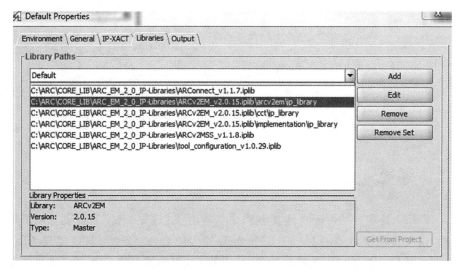

图 10-1 ARC EM IP 库

添加完成后,会在 GUI 界面的左侧看到很多不同的处理器模块,图 10-2 所示的是 ARChitect Explorer 栏的内容,其中 Processor element 列出一系列可以加入处理器的资源,其他栏中的模块也可以添加到处理器外围结构中以提供完整的仿真环境。

添加到 ARChitect 中的库提供很多预先设置好的基准模板。选择 File→New Project 会打开一个新的对话框,在对话框左侧会看到很多已经存在的模板。图 10-3 给出了针对前面添加的库可以选择的模块示意图。

可以选择一个模板,从模板提供的内容开始对处理器进行设计。选中之后的模板,如图 10-3 所示,该模板的主要特性会在描述选项中列举出来。在图 10-3 中选择一个名为 em4_mini 的基准模板,其主要特性列举如下:

(1) 64 KB 地址空间;

(2) 16 位 PC 和 32 位硬件循环计数寄存器(LC);

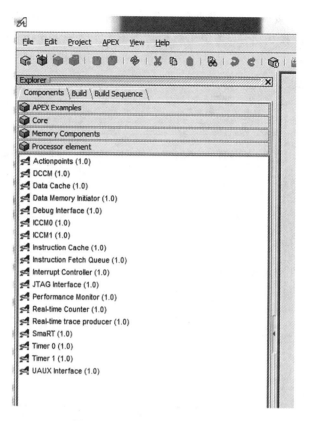

图 10-2　ARChitect Explorer 栏

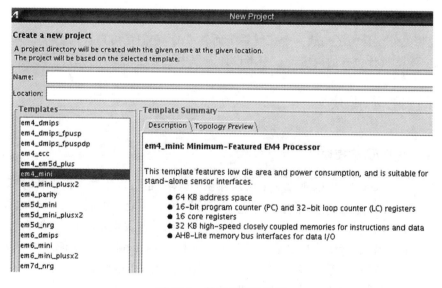

图 10-3　基准模板对话框

（3）16 个核心寄存器；

（4）32 KB 高速紧密耦合指令和数据存储；

（5）AHB-Lite 存储总线。

对话框中也列有 em4_mini 这个基准模板适用的应用，该模板具有很小的面积和功耗,适合独立传感器接口应用。这些信息有助于选择更适用于特定应用的基准模板。

在确定了基准模板之后,指定工程位置及名称,单击 Finish 按钮,打开新工程界面,如图 10-4 所示。这个工程是基于选择的 em4_mini 模板而创建的。

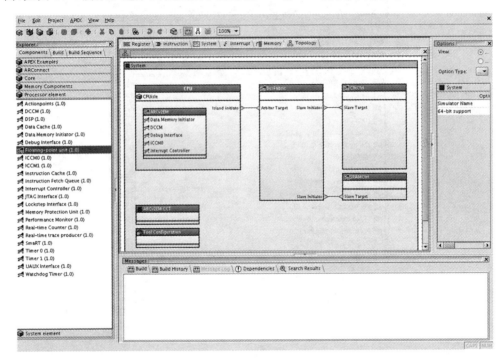

图 10-4 em4_mini **基准模板工程**

需要注意的是,图 10-4 中只有题名为 CPU 的那一部分是实际配置的处理器,外围总线及相关外设是为了构建一个完整系统而生成的,它们是仿真系统不可缺少的部分,但不是 CPU 设计包含的内容。在参考设计流程中也会使用到相关的资源。

10.3 配置模块

10.3.1 添加/删除模块

在 ARChitect 中,可以删除一个已经存在的模块,也可以添加工程中暂时不存在但是在 IP 库中存在,并且在图形化界面中显示的模块。在最终生成一个设计之前,该设计必须是完整的。每一个设计称为一个 Build。如果某些关键模块缺失,那么会在代码生成阶段报告错误,错误信息会显示在 Message 栏的 Dependencies 选项卡中。ARChitect 也有不同的视图,系统设计框中的相关视图也会高亮这些错误,若对其不进行改正,则无法生成需要的处理器 RTL 代码。

在 Denpendencies 视图中,某些次要的警告信息也会有所显示。

1. 添加模块

模块视图会显示 IP 库文件中可选的所有模块,如图 10-5 所示,这些模块会根据功能的不同列于不同的类型之下,每个模块只对应一种类型。把鼠标停留在该模块之上,ARChitect 会显示该模块相关的名称、功能等信息。

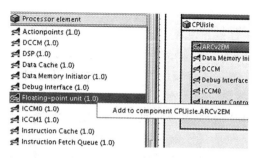

图 10-5 添加模块

添加模块可以使用拖拽方式:选择模块→按住鼠标左键→拖拽到中央设计框中→释放。模块在被选择时会被高亮,也可以在被选择后单击鼠标右键,在弹出的对话框中选择 Add to Design,如图 10-5 所示。

在拖拽模块时,ARChitect 会自动确定该模块可以被添加的位置。如果模块可以被添加到工程中,那么 ARChitect 就会自动将模块放置于正确的位置。在中央设计框中这些区域会被高亮显示,而不能添加的位置则会反向变暗。

如果选择了一个模块但是不能被正确添加到工程中,那么可能的原因有以下几条:

(1) 设计中在需要被添加的位置被其他模块占据;

(2) 设计中存在多于一个同类型的模块;

(3) 需要其他模块与该模块进行连接以构成完整系统。

当模块不能被添加时,Add to Design 对话框会变暗,若使用拖拽方式,则鼠标指示无法加入。

如果因为其他模块占据了所需模块的位置,那么在删除该模块之后再次添加即可。

2. 删除模块

从设计中删除模块非常简单,在 Topology 视图中选中需要删除的模块,单击右键,选择 Delete Component,在图形化界面中该模块会被自动删除。图 10-6 所示的是将一个浮点运算单元从设计中删除。

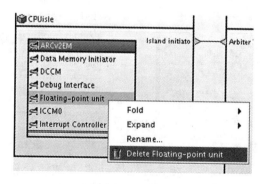

图 10-6 删除模块

10.3.2 配置模块属性

处理器可配置性不仅表现在根据需要可以增加或删除模块,而且模块本身的属性也可以根据需要选择。这就使得整个设计的可配置性具有双重含义:模块选择可配置和模块属性可配置。

每个模块的可配置性会在模块被选择时显示在图形界面右侧的 Options 栏中。它又包含两种模式：在 Selected Component 模式下，仅仅显示被选择模块属性；在 All Components 模式下，会显示所有模块的属性。图 10-7 所示显示了默认选择 All Components 时的 Options 栏。

所有的属性都有默认值，这些属性具有不同的类型，主要通过下拉菜单、整数值或文本方式来确定具体属性。在整数或文本类型的属性中，ARChitect 不会对它们进行正确性检查，所以在修改这些类型的属性时需要确定它们是否和默认值属于相同类型，避免在生成过程中发生错误。

如图 10-8 所示，以 ARCv2EM 内核的模块为例，属性左侧为各种属性名称，右侧为数值。对应 Multiplier 这个属性的下拉菜单可以选择不使用乘法器（默认为不使用乘法器，暂时使用该默认设置），如单周期或多周期乘法器。

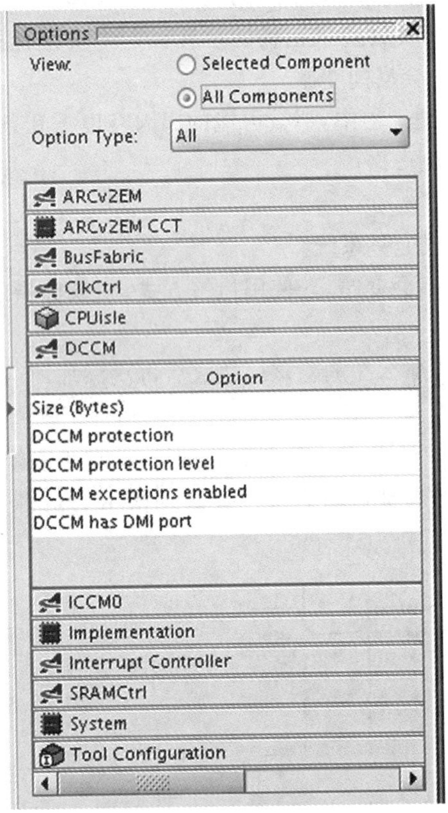

图 10-7　模块选项

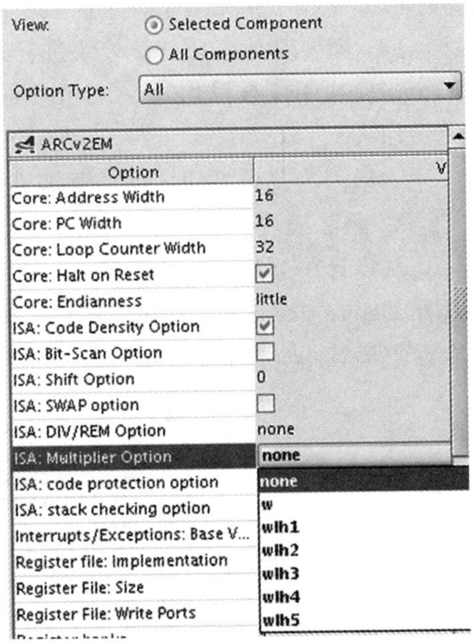

图 10-8　乘法器选项

选择了需要的模块，并设定其相关属性后，可以生成该处理器对应的设计文件，这些设计文件组合在一起称为该处理器的一个 Build。单击 ARChitect 图形界面上部的 Build 按钮或使用 F7 快捷键进行自动设计。所有的日志、警告或错误信息在底部的 message 框中都会显示出来。编译成功后也会有相关信息显示。

10.3.3　与固定配置处理器比较

目前，市场上可以看到不同结构的 RISC 或 MCU，大多数都有固定的预先配置，同时又有不同的衍生型号和多种特性。根据应用需求,在运行速度、功耗等方面有不同等级的产品,跨越低端、中端和高端应用,但是如本章开头提出的问题一样,现有处理器并不能精准地满足特定应用的需求,往往"所得非所需"。

图 10-9(来自 ARM 官网)所示的是一个很直观的例子,左侧是某种型号 RISC 的基本型号,它具有非常基础的接口和有限的处理能力。如果下一代产品需要更强的运算功能,如需要引入浮点运算,增加 FPU,那么需要使用新的、更高等级的 CPU 内核;如果需要引入 Cache,那么同样需要使用另一种带有 Cache 单元的 CPU 内核。如果使用固定配置处理器,除了从现有产品中进行选择别无它法,但是这往往意味着其他方面的冗余支出。为了得到 FPU,需要附加很多不需要的模块;为了使用 Cache,同样会引入很多其他多余模块,这会造成芯片面积上的浪费,增加成本。

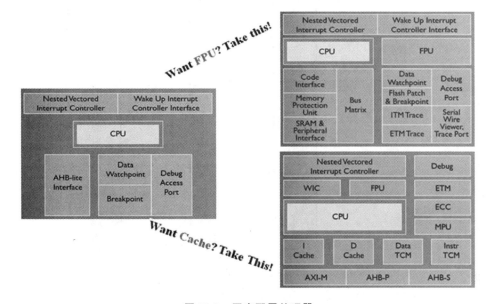

图 10-9 固定配置处理器

由于用户对固定配置处理器只有选择权,而没有配置决定权。增加一个功能模块并不意味着只是增加必须功能,附加冗余模块的浪费往往是无法避免的。

对于 ARC,可以利用其可配置性提供更加节省资源的解决方案。用户可以在 AR-Chitect 中对配置过程进行控制,完全不会引入多余的功能模块。图 10-10～图 10-12 展示了从一个基础 CPU 内核经过多轮配置扩展到逐渐完善的过程。

图 10-10 展示了一个只有 ICCM 及 DCCM 的基础处理器模型。当需要 Cache 时,可以向配置结构中加入需要的 Cache 模块,如图 10-11 所示。随着产品演进,MMU 也许成为下一个必须的功能模块。如果需要更高级的应用,如操作系统(Linux),需要有增强的 MMU 模块,或其他的 Linux 加速器,可以继续向已有配置结构中添加这些必须的模块,而不会引入其他的冗余结构。更进一步来说,其他的硬件资源如 DSP 也可以被加入已有结构中,如图 10-12 所示。

该处理器的配置经历是一种平滑演进的过程,从最基础的功能到具有各种高级硬件单元的完善架构,没有引入固定配置处理器那样的冗余模块。唯一需要确定的只是增加的部分是否确实为最终应用所需而已。

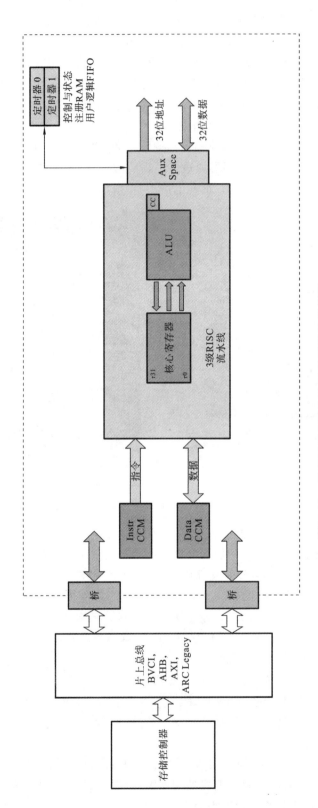

图10-10　只有ICCM及DCCM的基础处理器模型

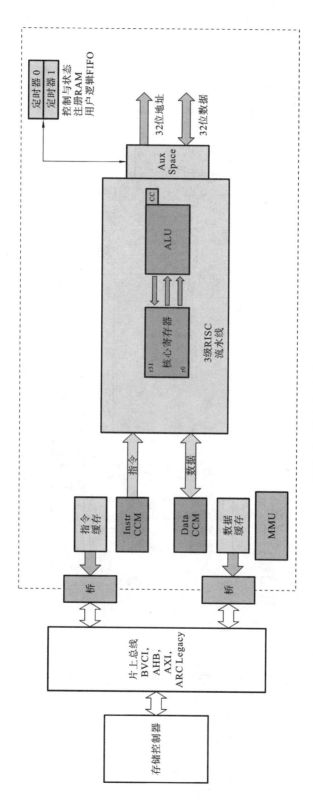

图10-11　添加Cache和MMU

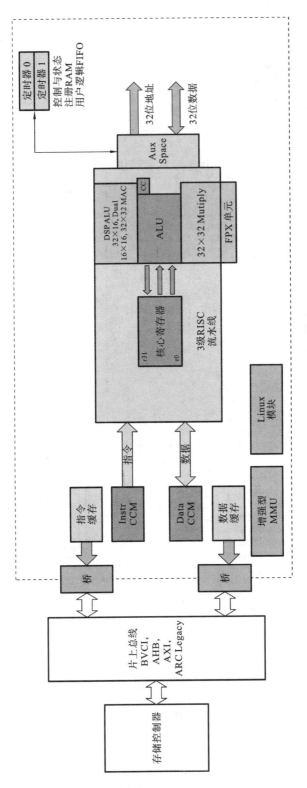

图10-12 添加其他可配置模块

10.4 可选模块

10.4.1 可选模块

ARC EM IP 库提供了很多与 CPU 架构相适应的模块,下面列出一些常用模块及其功能。在 ARChitect GUI 左侧的 Processor element 栏中,可以看到这些模块,同时由于提供的 IP 库的版本不同,这些模块的配置会有相应的改变。

(1) Actionpoint:增强软件实时调试功能的硬件扩展单元,比软件断点更可靠,可以用于 Watchpoint 和硬件断点。

(2) DCCM/ICCM:数据/指令紧密耦合存储器,DCCM 存取一般为单周期,ICCM 则根据配置有单周期存取和双周期存取两种。

(3) Data Memory Initiator:当整体结构中没有 DCache 时,使用 Data Memory Initiator 来对外部数据存储进行读/写操作。

(4) Debug Interface:如果使用调试器来对所有的内核资源进行访问,那么结构中需要有该接口。

(5) ICCM0/ICCM1:两种不同的 ICCM 结构,ICCM0 具有单周期读/写特性,ICCM1 具有双周期读/写特性。

(6) Instruction/Data Cache:ICache 和 DCache。

(7) Interrupt Controller Unit:中断处理单元,支持最多 16 个优先级中断,中断数量最多达 240 个。

(8) Instruction Fetch Queue:主动指令预取指单元,使用短突发式方式从外部指令存储单元读取指令,获取的预取指令存放于内部缓存中。

(9) JTAG Interface:ARC JTAG 接口,使用 JTAG 方式访问 ARC 内核时需要该接口,支持 4 线 JTAG 和 2 线 JTAG 两种方式。

(10) Performance Monitor:性能寄存器单元,包含有数个统计性能的寄存器,具体个数可以在设计中指定。

(11) Real-time Counter:实时计数器,与中断无关。

(12) Real-time Trace Producer:在实时跟踪(Real Time Trace,RTT)调试时需要的一个功能模块,可以对代码、数据、核心寄存器及辅助寄存器进行跟踪调试。

(13) SmaRT:一种可选的片上调试硬件单元,用于追踪指令执行过程。

(14) Timer0/Timer1:两个独立的 32 比特定时器,可用于触发固定编号的时钟中断。

(15) UAUX Interface:用户辅助寄存器接口,当用户自定义模块有辅助寄存器时,使用该接口与处理器内核相连,常与 ARC 处理器扩展功能 APEX 一起使用。

10.4.2 Cache 实例

Cache 提供的高速缓存功能使得处理器在 Cache 命中的条件下可以无须等待就得到需要的指令和数据。如果系统中没有 Cache 提供的高速缓存功能,所有的指令/数据访问都需要通过总线访问,总线时序仲裁、外部存储器访问所花费的时间将大大增加,处理器单位时间内的处理能力将被极大地削弱,处理器资源会由于过多等待而被浪费。

但是在一个具体的设计中使用 Cache 也许并不会像设计 Cache 那么复杂:设计 Cache 时需要考虑其置换算法、Cache 标记、Cache 分页数等。在 ARChitect 中使用 Cache 则相对简单得多,只需根据给出的属性做出相关选择即可。

接下来以 Cache 为例,观察 Cache 具有哪些配置属性,以及在系统中使用 Cache 会带来什么样的资源开销。

如图 10-13 和图 10-14 所示,我们在设计中添加一个 DCache 和一个 ICache,选中 Data Cache,它具有的配置属性如图 10-13 所示。

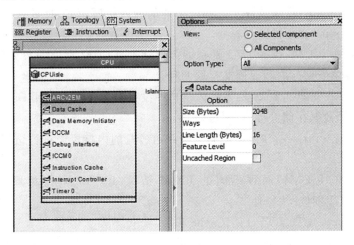

图 10-13　DCache

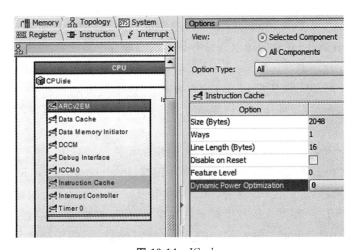

图 10-14　ICache

1. DCache

DCache 具有的可选择属性包括以下几点。

(1) Size(Bytes):Cache 大小,默认 2048 字节,可以配置为 4KB、8KB、16KB 或 32KB。

(2) Ways:映射方式,可以配置为 1way、2way 或 4 way 映射。

(3) Line Length(Bytes):Cache Line 长度,可选为 16 字节、32 字节、64 字节或最大 128 字节。

（4）Feature Level：Cache 锁定和调试等级，0 表示 Cache 不支持锁定及调试功能，1 表示支持锁定及 flush 功能，2 同时支持锁定、调试及 flush 功能。

（5）Uncached Region：如果辅助寄存器有说明存在 Uncached Region，这个选项指示是否使用这个 Uncached Region。

2. ICache

ICache 属性与 DCache 属性基本一致，只是多了一个指示动态功耗优化的选项，默认为 0，它具有的配置属性如图 10-14 所示。

Dynamic Power Optimization：默认为 0，表示不进行动态功耗优化；其值为 1 时，该功能打开。

在向系统中添加 ICache/DCache 之后，系统资源会增加部分开销，直观表现是单元门数量（Gate Count）会增加，同时会对综合后系统所能运行的最快速度（Fmax）有所影响。

添加的模块在单元门数量上的影响可以在 ARChitect 上使用系统视图（System View）直

Gate Count-CPUisle \ RAM Bits Allocation-CPUisle \	
▲ Name	Gate Count
Total	40500
ARCv2EM-base	10000
ARCv2EM-bitscan	500
ARCv2EM-dcache	3000
ARCv2EM-debug	2500
ARCv2EM-divrem-radix4_enhanced	5120
ARCv2EM-dmp_memory	1000
ARCv2EM-icache	1000
ARCv2EM-interrupt_controller	850
ARCv2EM-multiplier-wlh1	6000
ARCv2EM-pc_size-24	1000
ARCv2EM-rgf_num_regs-32	8000
ARCv2EM-shifter-3	946
ARCv2EM-swap	84
ARCv2EM-timer_0	500

图 10-15　单元门数量

接观察。由图 10-15 可以看到，在使用默认属性时 ICache 会增加 1000 门，DCache 会增加 3000 门。图 10-16 可以看到 Cache 的具体信息。

Gate Count-CPUisle \ RAM Bits Allocation-CPUisle \					
Component	RAM Type	Dimension	FPGA Blocks	Total bits	Ports
ICCM0	ICCM0 Data	1 x 8192 x 32 bits	8	262144	1rw Synchronous
DCCM	DCCM Data	1 x 8192x 32 bits	8	262144	1rw Synchronous
InstCache	I-Cache Data RAM	1 x 512 x 32 bits	1	16384	1rw Synchronous
InstCache	I-Cache tag RAM	1 x 128 x 22 bits	1	2816	1rw Synchronous
DataCache	D-Cache Data RAM	1 x 512 x 32 bits	1	16384	1rw Synchronous
DataCache	D-Cache tag RAM	1 x 128 x 23 bits	1	2944	1rw Synchronous
+Total+			20	562816	

图 10-16　存储单元具体信息

对综合后频率的影响也许并不如单元门数量一样直观，常规来说，更大的存储单元综合后由于关键路径更长，其运行频率会相应降低。所以在实际使用时可能需要根据实际 Cache 需求与性能在多个可选项之间取得平衡。除了运行频率的要求，还应该考虑实际的代码量，使得系统中增加的 Cache 起到应有的作用。

10.5　软硬件一致性

10.5.1　软硬件一致性简述

ARChitect 软件不仅是生成处理器 RTL 的工具，而且也是整个软件开发的基础。通常的软件开发过程会使用高级设计语言，如 C、C++，经过编译器编译成针对某一特定类型处理器指令集(ISA)的汇编代码,然后经汇编器处理为目标文件,最后经由链接器与相关库文件进行链接后生成最终可执行文件。对于 ARC 处理器来说,这一整套工具被集成在名为 MWDT 的工具中,ARC EM 处理器使用名为 ARCv2 的指令集,所以编译的可执行文件不能在使用其他指令集的处理器(如 MIPS 或 PowerPC)上运行。

　　编译器生成的汇编指令在处理器内部执行时,需要分配相关的资源,而实现某种特定功能的方式往往并不单一。以常用的整数乘法运算为例,可以使用硬件乘法器进行计算,也可以使用软件模拟的方式进行移位相加计算。如果处理器中存在硬件乘法器资源,那么对应的编译指令中可以使用这种资源;如果在另一种处理器结构中不存在这种硬件乘法器资源,那么使用硬件乘法的指令会引发指令异常的错误,从而得不到正确的结果。在这种情况下,源代码的编译是没有错误的,生成可执行文件的链接过程也是没有错误的,只是在运行时由于处理器无法分配合适的硬件资源而造成指令异常,所以这种错误是一种运行时错误,无法在编译或链接前事先知道这种错误是否会发生,而这仅仅取决于运行的处理器在物理上实际的配置。这个例子明确显示:要将一个程序在目标处理器上正确运行,保证软硬件一致性是成功的一个必要条件。

　　ARChitect 会生成一个以 .tcf 为后缀的工具配置文件(Tool Configuration File),该文件会包含所涉及的处理器中物理上存在的硬件资源信息。整个工具链,从编译器到链接器,再到仿真工具都可以使用这个工具配置文件进行同步。在使用 ARChitect 进行工程编译时,可以选择生成该 TCF,其默认位置为/project/Build/tool_config/arc.tcf。在/tool_config 目录下会有其他一些文件,它们是这个完整的 TCF 的子集。图 10-17 所示是一个成功编译之后生成的 TCF 示意图。

　　在生成 TCF 时,请注意使用这个文件对应的 MWDT 版本。在 Topology 视图下,选择中央编辑框中的 Tool Configuration,在右侧的 Options 栏中选择对应的工具版本。Tool Configuration 是默认存在的,生成 TCF 以对软件工具进行同步,如图 10-18 所示。

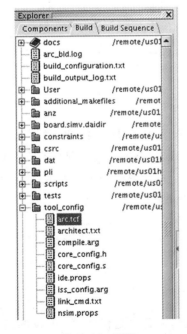

图 10-17　TCF

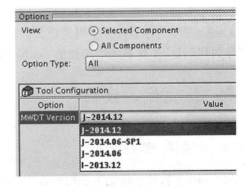

图 10-18　软件工具链版本选择

10.5.2　乘法器使用实例

在图 10-8 所示的工程中没有使用乘法器。对应生成的 TCF 中会包含一项:-Xmpy_option＝none,这个选项告诉编译器在最终的处理器中不存在硬件乘法器。当程序中出现整数乘法时,编译器会避免使用硬件乘法器指令,而通过使用移位/累加的方式来实现乘法。图 10-19 所示的是在没有硬件乘法器的条件下,使用 TCF 的一个实例。

```
</configuration>
<configuration name="mw_compiler" filename="compile.arg">
  <string><![CDATA[
  -arcv2em
  -core1
  -rf16
  -HL
  -Hpc_width=16
  -Xcode_density
  -Xmpy_option=none
```

图 10-19　无乘法器的 TCF 选项

在 MWDT IDE 开发环境中使用 TCF 以同步整个软件工具链的步骤如下:

(1) 右键单击工程目录,选择 properties,打开工程属性设置框;

(2) 选择 C/C++Build→Settings→TCF Association 选项卡;

(3) 选择 Browse to a TCF file,然后在文件系统中选择并添加对应的 TCF;

(4) 将 TCF 应用同步于工程,单击 Apply 按钮。

现在由 ARChitect 生成的编译选项被传递给 MWDT,对应的编译器可以根据处理器硬件模块中可以使用的硬件资源,结合相关的编译要求生成相关的汇编代码。

```
ld_s    %r0,[%sp,4]
ld_s    %r1,[%sp,0]
bl  _mw_mpy_32x32y32
mov_s   %r1,%r0
```

图 10-20　无乘法器汇编代码

图 10-20 给出了编译生成的汇编代码的部分截图,可以看到乘法运算使用了一小段标示为"_mw_mpy_32x32y32"的程序来实现的,其源代码可以在 C:\ARC\MetaWare\arc\lib\src\mw\misc_g 中找到。图 10-21 所示是该段代码在调试器中的实际指令组合,可以看到它使用一组移位和累加循环运算来实现乘法运算,最后使用"j_s.d [%blink]"指令跳转回原代码位置。

```
_mw_mpy_32x32y32  mov        %lp_count,32
.0+0x04    mov_s      %r2,0
.0+0x06    lp         0x57be = .0+0x1a
.0+0x0a    lsr.f      %r0,%r0
.0+0x0e    add.c      %r2,%r2,%r1
.0+0x12    add.nz.f   %r1,%r1,%r1
.0+0x16    mov.z      %lp_count,1
.0+0x1a    j_s.d      [%blink]          ;
.0+0x1c    mov_s      %r0,%r2
.0+0x1e    nop_s
```

图 10-21　移位/累加指令组

现在将乘法器属性从 none 修改为下拉菜单中的一个值,根据图 10-8 所示的可选项选择 wlh1。在重复了整个处理器编译过程后,可以观察到新的 TCF 对乘法器有了新的属性说明,参考图 10-22。

```
</configuration>
<configuration name="mw_compiler" filename="compile.arg">
  <string><![CDATA[
  -arcv2em
  -core1
  -rf16
  -HL
  -Hpc_width=16
  -Xcode_density
  -Xmpy_option=wlh1
```

图 10-22   有硬件乘法器的 TCF

```
ld_s      %r1,[%sp,0]
ld_s      %r0,[%sp,4]
mpy_s     %r1,%r1,%r0
```

图 10-23   有乘法器的汇编代码

使用 TCF 同步编译器后生成的汇编代码如图 10-23 所示,可以看到代码与没有乘法器的代码具有非常明显的不同。

原来的一组移位/累加组合指令由一条乘法指令 mpy_s 指令代替,这种指令代替可以有效减少最终生成代码占据的存储单元,同时执行一条指令会比执行很多移位/累加指令快得多。

10.6   小结

可配置性可以对处理器进行配置。通过与固定配置处理器的比对,使用一个平滑演进的实例展示了可配置性在实际使用中的优势。可配置模块包括 CCM、Cache、性能统计单元等功能单元,而且用户还可以使用 ARC 的可扩展性来进一步提高可配置性。最后,通过一个乘法器实例说明了在使用这种配置性时需要注意软硬件的一致性问题,也从另一个方面说明了面积与速度折中的原理。

11

APEX 扩展

假如已经有了一个处理器，需要在该处理器上执行一个特定的算法，这时会发生什么事情？编译器会把这个算法编译成一大串指令，而不是一个单一的指令。编译后得到的代码体积会非常大，执行时间也会非常长。如果加速算法执行，减小编译后代码的大小，会很大程度提升整个系统效率。对于其他类型的处理器，这个目标很难实现，但是在 ARC 处理器中，有一个非常特别的功能能够实现这个目标。通过使用这个功能，可以创造像那些 ARC 处理器支持的基础指令一样的专有指令。这样可以仅仅使用少数甚至一条指令来执行一些特殊算法，从而得到一个更加高效的系统。

在本章中，我们将会介绍 ARC 处理器中这个非常特别的功能。这个功能的名称为 APEX，正是它让 ARC 处理器具有了可扩展性。在本章中我们会先简要地介绍 APEX，并在后面的内容中讲解创建一个 APEX 扩展的整个过程。首先需要识别出需要订制的指令或功能，然后基于这些指令或功能来创建 APEX 扩展。APEX 向导可以自动化处理创建 APEX 扩展的过程，可以在 APEX 向导中添加指令、核心寄存器、辅助寄存器、标志位、条件码、选项和测试代码。在创建好带有测试代码的 APEX 扩展后，可以通过 ARC 的用户置信度测试(CCT)来验证所创建的 APEX 扩展。在通过测试后，就可以在程序中使用 APEX 扩展了。

通过本章学习，读者能够独立创建一个简单的 APEX 扩展。

11.1 APEX 综述

APEX 是 ARC Processor Extension 的缩写。

APEX 有时称为 APEX 扩展或 APEX 扩展组件，是一个包含单个或多个由用户自行定义元素的完整扩展。这些扩展元素可能包括订制指令、扩展条件码、扩展核心和辅助寄存器、扩展接口。

实际上,APEX 一般都是一组共享了用户定义硬件资源的指令,这些用户定义的资源可能有功能逻辑电路,如订制的加法器、扩展寄存器或条件码。

APEX 扩展被存储在一个用户指定路径和名称的扩展库文件中,并且可以在其他工程中被重复使用。

可以在 ARChitect 中使用 APEX 向导为 DesignWare ARC 处理器添加和编辑 APEX 扩展。APEX 扩展可以包括订制指令、扩展条件码、扩展核心寄存器和扩展辅助寄存器等。如图 11-1 所示用一个实例展示了可以在 APEX 向导中定义的扩展内容。

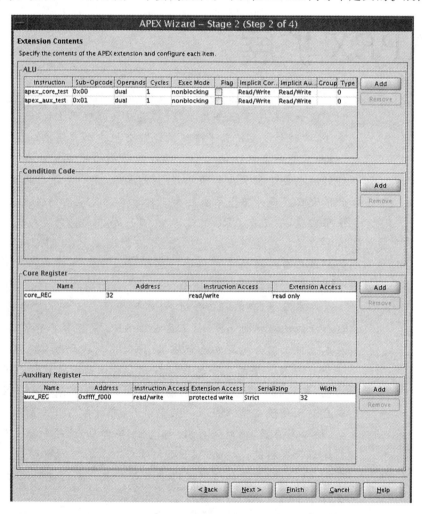

图 11-1　APEX 向导界面一览

APEX 向导可以为所有 ARC 处理器创建扩展。每一个处理器都有一套自己的扩展界面(也称为 APEX 界面)和特定的指令集、流水线和相关信号。

APEX 向导通过自动生成扩展的接口逻辑来使扩展的开发流程自动化,并且可以完全自动化地将扩展集成到处理器的流水线中而不需要负责扩展的开发人员做任何相关的工作。这种自动化的实现可以让负责扩展的开发人员将精力完全集中到扩展功能的开发上,这让他们用一种简单、高效的方式开发独立于处理器结构的 APEX 扩展。

11.2　为何添加 APEX 扩展

在实际使用中,APEX 扩展一般用于加速代码执行速度或减小代码体积。实际上,是在用硬件逻辑的增加来换取软件实现的优化。APEX 扩展使得在现有的处理器框架中添加订制指令而不需要为指令的控制逻辑和指令如何被处理而操心。可以使用 A-PEX 向导,通过仅仅几行的 Verilog 代码来设计一条单独的指令。

ARC 处理器可以支持如 ADD、SUB、MPY 和其他很多基础的算术运算。然而,如果只是用这些基础算术指令来编译一个特定的算法,这个特定的算法可能会包含很多条基础指令,这样代码体积会非常大,执行时间也会非常长。在很多情况下,太大的代码体积和太长的执行时间会成为性能瓶颈,所以用减小代码体积和缩短执行时间来提高系统效率就显得非常重要。如果可以使用用户自行定义的功能来扩展处理器的算术单元,就可以在很大程度上减小代码体积和缩短执行时间。这种方式可以对处理器的指令集进行扩展。

还可以通过使用 APEX 扩展来引入第三方的 IP 或用户之前的设计。可以在不需要创建总线和其他硬件结构的基础上,让指令能够直接访问这些模块。例如,一个单独的 DSP 协处理器可以在处理器层级直接被集成到处理器中,而没有总线及相关的延时和流水线问题。

在现在的芯片应用中,安全性也成为一个必不可少的条件。使用 APEX 扩展的另一个优势是,用 APEX 实现的私有功能更难被破解,这样开发的代码会更加安全。

11.3　识别订制指令

在本节中将介绍如何识别需要订制的指令。

在尝试了所有可能对 C 语言优化的方法后,可以识别出消耗了大量处理器资源的热点。这些热点可以替换为订制指令以取得更好的代码执行效率。在这些热点被识别后,下一步也是最重要的一步,就是使用 APEX 扩展。APEX 扩展可以为那些需要使用大量基础指令的功能创建硬件电路。通过这种方式,可以获得系统性能上的显著进步,同时也会将实现的逻辑添加到处理器中,在一定程度上少量增加处理器的面积。

以下实例讲述了 APEX 扩展在优化一个 FIR 滤波器的内部循环中的角色。C 语言的实现展示在例 11-1 中。

专门的 C 代码被用于实现下面的计算:

(1) 将输入值乘以一个比例系数;

(2) 对结果取整;

(3) 对结果相应缩减;

(4) 将结果加到累加器上。

例 11-1　原始的 C 语言片段。

```
LoopCount=10000;
for(i=0; i<LoopCount; i++)
{
```

```
* dataNew++=*dataOld;     // 该行和计算 dataOut 无关
dataOut+=(int)((* coefficient--)*(*dataOld++));
dataOut+=1<<13;
dataOut>>=13;
}
```

在对例 11-1 编译后,可以得到如下指令。

```
for(i=0;1<LoopCount; 1++)
    cmp_s        %r1,0x270f     ; 0x270f=_find_heap_item+ 0x33
    bgt_s        0x5040=main+0x8a=apex.c! 50
 *dataNew++=*data01d ;
    1d_s         %r0,[%r3]
    st_s         %r0,[%r12]
 dataOut+=(int)((*coefficient--)*(*data01d++));
    1d_s         %r15,[%r3]
    1d_s         %r0,[%r2]
    mpy_s        %r0,%r0,%r15
    add_s        %r0,%r0,%r14
 dataOut+=1<<13;
    add_s        %r0,%r0,0x2000; 0x2000=_dump_heap+0x54
dataOut>>=13;
    asr          %r14,%r0,13
    add_s        %r3,%r3,4
    sub          %r2,%r2,4
    add_s        %r12,%r12,4
    add_s        %r1,%r1,1
    b_s          0x5018=main+0x60=apex.c! 42
```

可以从 C 语言和编译后的指令中看到,这个循环重复了 10000 次,所以完成该操作会消耗相当长的时间。可以识别出计算 dataOut 的四个运算步骤,这些步骤可以被一个扩展指令代替。在实现这个指令的过程中,会用到一个单周期的乘法器。

想得到优化后的 C 语言,就要使用一个名为 apex_aux_test 的 APEX 指令来实现计算 dataOut 所需的功能。

例 11-2 优化后的 C 语言。

```
LoopCount=10000;
for(i=0;i<LoopCount;i++)
{
 * dataNew++=*dataOld ;
 dataOut=apex_aux_test((*coefficient--), (*dataOld++));
}
```

在明白了要做什么之后,下一步就是创建一个名为 apex_aux_test 的 APEX 指令,它将和原始的 C 语言代码拥有相同的功能。在后续的章节,我们用这个示例来展示如何创建、验证和使用 APEX 指令。

11.4　创建 APEX 扩展

该小节展示了使用 APEX 向导来创建 APEX 扩展的过程。APEX 向导给出了一个启发式的界面来实现 APEX 扩展。下面用一个简单的例子来展示最常使用的一些功能。

如图 11-2 所示，在 ARChitect 中选择 APEX→New APEX Component 来打开 APEX 向导。

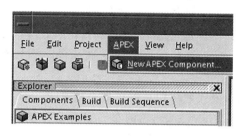

图 11-2　开始 APEX 向导

首先，进入 APEX 向导的第一阶段：为扩展命名。

11.4.1　为扩展命名

第一阶段是为 APEX 扩展命名。可以在 APEX 向导的这一阶段为 APEX 扩展定义以下的属性。

（1）扩展的名称和放置扩展的库。选择一个用户扩展库来存储新的 APEX 扩展。如果之前没有定义库，那么单击 New 按钮并在 Create New Library Dialog 中创建一个新的库，即在选择的路径上创建一个用户扩展的库。

（2）类别。这决定了扩展组件出现在 ARChitect 中的名称。图 11-3 展示了类别出

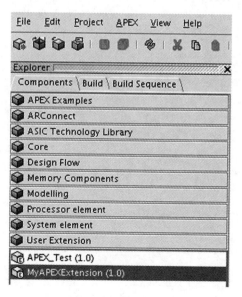

图 11-3　ARChitect 图形界面中的组件视图

现在 ARChitect 的组件视图中。

（3）扩展的描述。

（4）用于实现扩展的目标语言。对于 FPGA 开发系统、ASIC 电路、使用 xCAM 进行仿真和其他支持 Verilog 的仿真工具，需要选择 Verilog。C 语言模型可以用于扩展 nSIM 指令集仿真器，这也可以使用 Verilator Verilog to C 转换工具在 Verilog 的基础上实现。这个选项与第四阶段相关。

（5）能够浏览和编辑扩展选项。选中 Options 之后，在第三阶段会出现一个对话框，可以在该对话框中浏览和编辑扩展的选项，为扩展添加选项，并且可以浏览和编辑这个扩展的命令行选项。

（6）是否包含测试代码。选中这个选项之后，在第五阶段会出现一个对话框，可以在该对话框中添加测试代码，这些代码会在扩展编译时添加到 ARCtest 套件的 CCT 测试中。

（7）在单个 ARChitect 工程中使用的扩展必须有唯一的名称。

扩展名称（Extension Name）编辑器的布局如图 11-4 所示。

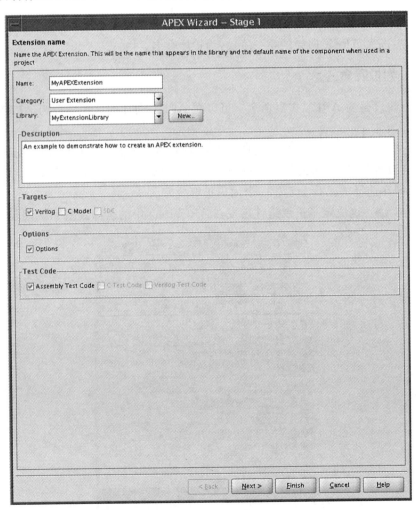

图 11-4　扩展名称编辑器

在图 11-4 中,使用 MyAPEXExtension 的名称创建一个 APEX 扩展并将其放到了 User Extension 这个类别中,可以在图 11-3 的 ARChitect 的组件视图中找到它。相应的库被命名为 MyExtensionLibrary 并存储到了磁盘的默认路径上。在 Targets 选项中,选中 Verilog,表明扩展会用 Verilog 来实现。选中 Options 选项来定义阶段。最后选中 Assembly Test Code 选项来添加自测代码的阶段。其他选项在这个示例中保持默认状态。

在扩展命名阶段完成后,可以进入第二阶段:配置扩展。

11.4.2　配置扩展内容

在编写扩展逻辑之前,需要定义扩展的一些元素。在这个阶段,在 APEX 向导的扩展内容(Extension Contents)编辑器中配置扩展定义。与配置相应的接口信号会在第四阶段逻辑编写编辑器中可见。

扩展内容编辑器是 APEX 向导的第二阶段,在该阶段中指定扩展的内容,如扩展核心寄存器的数目、核心寄存器的地址、算术逻辑单元等。

扩展内容编辑器包含以下关键元素。

(1) ALU 栏用于定义 APEX 指令。单击 ALU 栏中的 Add 按钮来添加新的处理器指令,单击 Remove 按钮则去掉相应的指令定义。

(2) 条件码(Condition Code)栏用于定义扩展的条件码。条件码可以在执行指令前测试相应的条件是否成立。

(3) 核心寄存器(Core Register)栏用于定义扩展核心寄存器。

(4) 辅助寄存器栏用于定义扩展辅助寄存器。

扩展内容编辑器的布局如图 11-5 所示。

在图 11-5 中,创建了名称分别为 apex_core_test 和 apex_aux_test 的两个指令,它们都是非阻塞单周期双操作数指令。apex_aux_test 的 Flag 选项被选中,这意味着它在执行时会更新处理器的状态标志位。例如,如果一个操作的结果是 0,Z 标志位会被置 1。这样后续的指令可以在考虑 Z 标志位的基础上决定是否需要执行。apex_core_test 和 apex_aux_test 这两个指令构成了一个 APEX 扩展,这个扩展中定义了一个核心寄存器 core_REG 和一个辅助寄存器 aux_REG。Instruction Access 栏指示核心寄存器或辅助寄存器能否被指令读/写。对于核心寄存器和辅助寄存器,在指令访问上有一个关键的区别,扩展核心寄存器可以如基础核心寄存器一样被基础指令如 ST、MOV、ADD 等访问,但是扩展辅助寄存器只能被辅助寄存器的读/写指令 LR 和 SR 访问。Extension Access 栏指示这些寄存器能否在扩展内部被读/写。注意,在示例中,核心寄存器的 Extension Access 属性被设置为只读,这意味着在扩展内部,这个核心寄存器将不会有写入接口,因此在扩展内部,无法为这个寄存器写入值;然而,这并不会影响使用指令向这个寄存器写入值的功能。

扩展内容由用户来设定,在执行指令前可以添加条件码来测试某些条件,如果需要这个指令在下一条指令执行之前执行完毕,那么也可以将 Exec Mode 设置为 blocking。

当这些选项都被设置好以后,单击 Next 按钮来到 APEX 向导的第三阶段:编辑选项。

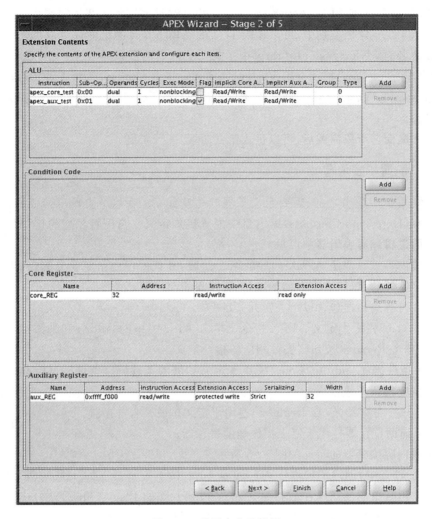

图 11-5　扩展内容编辑器

11.4.3　编辑选项

　　APEX 向导的第三阶段用于为参数化的 APEX 扩展指定选项,可以用它来实现以下功能:

　　(1) 查看并编辑扩展的默认选项;

　　(2) 为扩展添加一个新的选项;

　　(3) 查看并编辑扩展的命令行选项。

　　这个阶段仅仅在第一阶段选中了 Options 之后才存在。如果在第一阶段 Options 选项没有被选中,将无法在 APEX 向导中看到这一阶段的界面。

　　选项编辑器的布局如图 11-6 所示。

　　在这个示例中,添加了一个 shift_by_list 选项,该选项有 3 个值:13、15 和 11,默认值为 13。通过遵循下面提到的步骤添加选项,请不要删除或修改左边窗口中已经存在的选项。单击 Add List Option 面板来添加一个选项,在右边窗口中,将 Name 改为 shift_by_list,Type 改为 Integer,Format 改为 Decimal。Option Type 改为 IP Configu-

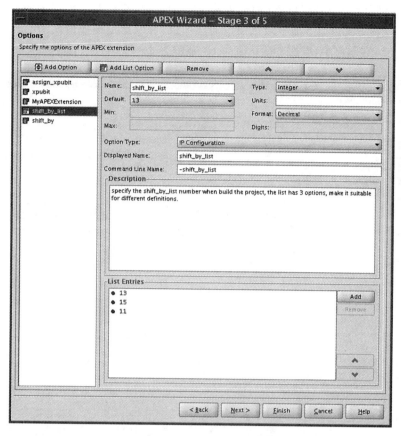

图 11-6 添加列表选项

ration，Displayed Name 改为 shift_by_list，Command Line Name 改为-shift_by_list。单击右下角的 Add 按钮来添加选项列表，在本例中添加了 13、15 和 11。

如图 11-7 所示，在将扩展添加到设计中之后，在扩展中添加的选项可以在 ARChitect 的 Options 面板中被选择。当鼠标指针停留在选项的名称上面时，为选项撰写的描述会被显示出来。可以在右边栏中选择所需的选项值。

如果希望支持某一个范围内的选项值，那么可用另一种方式来添加 Options。如图

图 11-7 为添加列表选项选择一个使用值

11-8 所示,可以点击 Add Option 面板来添加一个选项,并在右边窗口中,将 Name 改为 shift_by。这种方式可以添加一定范围内的选项值,可以指定选项值使用的默认值、最小值和最大值。在本例中,添加了默认值为 13,范围为 0~31 的选项,如图 11-9 所示。

图 11-8 添加选项

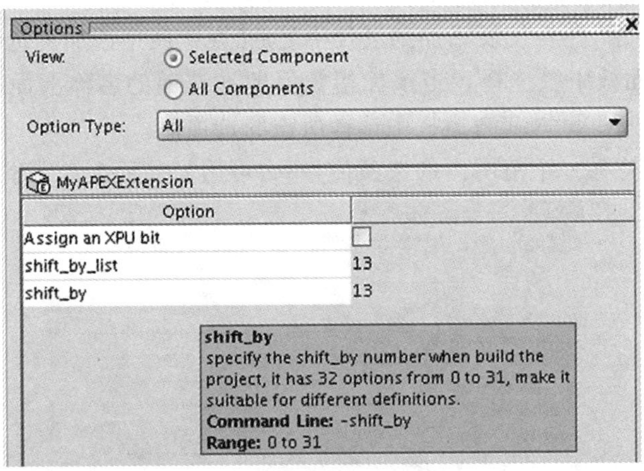

图 11-9 为添加选项选择一个值

在 APEX 扩展中,当使用 Options 时,需要在选项的名称前后都加上％％符号。这意味着在第四阶段,为 APEX 编写逻辑时,需要用"％％shift_by_list％％"和"％％shift _by％％"来指定 Options。将扩展加入工程中之后,ARChitect 在编译过程中把"％％ shift_by_list％％"和"％％shift_by％％"替换为图 11-7 和图 11-9 所示的在 ARChitect

Options 面板中选中的值。

在完成第三阶段后,进入第四阶段:编写逻辑。

11.4.4 编写逻辑

APEX 向导通过使用逻辑代码编辑器来实现扩展逻辑。逻辑代码编辑器提供查看扩展界面的方法,并可以使用支持的目标语言来实现扩展逻辑。逻辑代码编辑器包含以下一些核心要素:

(1) 逻辑代码编辑面板用于编写 HDL 代码,管理文件列表;

(2) 信号功能提示面板用于查看扩展的接口信号。

逻辑代码编辑面板包含一个 FileList 编辑栏。FileList 编辑栏包含 APEX 中将会被加入设计中的文件。FileList 编辑栏允许 APEX 在有需要的情况下包含一些额外的文件,如额外的 HDL 代码、文档、测试代码。

逻辑代码编辑器的布局如图 11-10 所示,可以在"//ARCPRAGMA XFUNC START"和"//ARCPRAGMA XFUNC END"之间添加 Verilog 代码。APEX 生成工具使用这些标记符号来识别写入的逻辑。

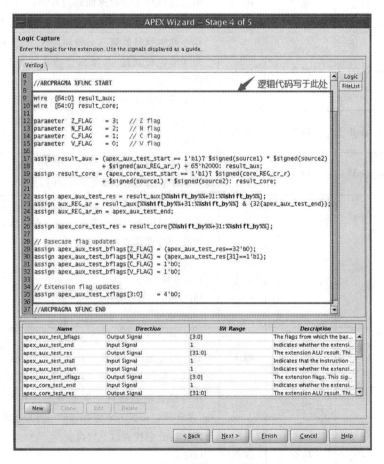

图 11-10 逻辑代码编辑器

信号提示面板提供了对信号是否存在及用途的引导。信号是否存在由第二阶段的配置扩展中的各个不同选项的定义所决定。将鼠标停留在信号上面会提示关于信号更详细的信息。点击列标题可以对信号进行排序。

在 APEX 向导中,写入的扩展逻辑代码会被添加一系列预先设定好的扩展接口信号。表 11-1 列出了这些信号。

表 11-1　扩展逻辑中常用的扩展接口信号

信 号 名 称	特　性	方　向	描　述
clk_ungated	APEX 模块	输入	一直有效的时钟
clk	APEX 模块	输入	门控时钟
rst_a	APEX 模块	输入	复位信号
source1	指令	输入	源操作数 1。第一个源操作数,由该扩展中所有双操作数指令共享
source2	指令	输入	源操作数 2。第二个源操作数,当该扩展中存在指令时,源操作数 2 存在。对于单操作数指令,只有源操作数 2 存在
instruction_res	指令	输出	指令的计算结果。只有指令是当前执行的指令,指令的计算结果才会被返回到处理器内核中。总线应该在 InstName_end 有效的时钟周期中得正确的结果值
instruction_start	指令	输入	指令在它执行的第一个周期有效: 对于非阻塞式指令,源操作数在指令开始的第一个周期中有效; 对于阻塞式指令,源操作数在指令结束之前一直有效
instruction_stall	指令	输入	只对流水排列的非阻塞式指令逻辑中存在时间最长的指令有效
instruction_end	指令	输入	指令在它执行的最后一个周期中有效。当指令结束时一般不会有效。自定时(未定时)指令总有这个信号
bflags_r	指令	输入	指令开始时的 ALU 基础标记。这个信号只会将在扩展中的标记设置为使能或条件码存在的情况下存在。 四比特分别代表以下情况: Bit3＝Z Bit2＝N Bit1＝C Bit0＝V
xflags_r	指令	输入	指令开始时的 ALU 扩展标记。这个信号只会将在扩展中的标记设置为使能或条件码存在的情况下才存在。这个信号的四比特可以被用户任意定义
instruction_bflags	指令	输出	指令设置的基础标记的结果。只有指令为当前指令,才将标记设置为使能并返回给处理器内核。 四比特分别代表以下情况: Bit3＝Z Bit2＝N Bit1＝C Bit0＝V

续表

信号名称	特性	方向	描述
instruction_xflags	指令	输出	指令设置的扩展标记的结果。只有指令为当前指令,才将标记设置为使能并返回给处理器内核
corereg_cr	核心寄存器	输出	核心寄存器的输出值。只有核心寄存器支持直接写入(在同一个扩展中被写入),该值才存在。在设置 i_corereg_en 时,该值会在指令结束后被写入寄存器
corereg_cr_r	核心寄存器	输入	核心寄存器的锁存值。指令开始时该寄存器的值
cr_name_cr_wr	核心寄存器	输入	更新寄存器。寄存器的新值会在下一个时钟边沿之后出现在信号接口
corereg_cr_en	核心寄存器	输出	核心寄存器回写使能。只有核心寄存器支持直接写入(在同一个扩展中被写入),该值才存在。设置该值让 corereg_cr 的值在指令退出时写入 corereg_cr_r
auxreg_ar	辅助寄存器	输出	辅助寄存器的输出值。只有寄存器支持写或保护写,该值才存在。当设置 auxreg_en 时,在指令结束后该值被写入寄存器
auxreg_ar_wr	辅助寄存器	输入	更新寄存器。寄存器的新值会在下一个时钟边沿之后出现在信号接口
auxreg_ar_r	辅助寄存器	输入	辅助寄存器的锁存值。指令开始时该寄存器的值
auxreg_ar_en	辅助寄存器	输出	辅助寄存器写回使能。设置该值让 auxreg_ar 的值在指令退出时写入 auxreg_cr_r

扩展逻辑中使用的这些信号在信号提示面板(Signal Hints)中被展示,这些接口信号是预先设定好的,并不需要在逻辑代码编辑面板中去单独定义。但是如果使用了信号提示面板中没有定义的信号,那么需要手动去定义这些信号。如图 11-10 所示,result_aux 和 result_core 是没有被预先定义好的信号,所以需要在 Verilog 代码的开头对它们定义。

shift_by 实际使用的值取决于在 ARChitect 中对 shift_by 指定的值。

11.4.5 编写测试代码

扩展测试代码(Extension Test Code)编辑器出现在 APEX 向导的最后一个阶段,它为在第一阶段中选择的测试代码类型提供了一个文字编辑器。在本章节的例子中,选择用汇编语言来编写这个测试代码。

在打开扩展测试代码编辑器之后,可以看到一段汇编语言代码的例子。在编写测试代码之前需要删除这些代码。添加的测试代码需要写在";;ARCPRAGMA EXTENSION_TEST_CODE START"和";;ARCPRAGMA EXTENSION_TEST_CODE END"之间。对于包含不止一条指令的扩展,在扩展测试代码编辑器中编写的测试代码应该包含对所有指令的测试。编译器会自动指示并链接所有在 APEX 扩展中的订制指令、扩展条件码、扩展核心寄存器和辅助寄存器(它们由工具自动生成),因此可以在测试代码中直接使用而不需要额外的手动定义。

ARChitect 将编辑器中的测试代码自动生成一个文件，这个文件定义了汇编指示，并会引用一些需要用到的外部文件。这些外部文件可以在工程的以下路径找到：

```
Project_name/build/tests/common/macros.s;
Project_name/build/tests/common/code.s;
Project_name/build/tests/common/vectors.s;
Project_name/build/tests/common/int_test.s.
```

测试代码的接口还提供了以下的处理程序来指示测试结果：

```
end_prog;
ins_err_handle.
```

在测试代码中不需要指定 end_prog 或 ins_err_handle 分支。如果测试顺利完成，那么代码分支会自动跳转到 end_prog 标记，通过跳转到这个标记，ARCtest 工具可以捕捉到一个通过的结果。当测试失败时，程序会跳转到 ins_err_handle 标记来报告一个错误给 ARCtest 工具。

扩展测试代码编辑器的布局如图 11-11 所示。

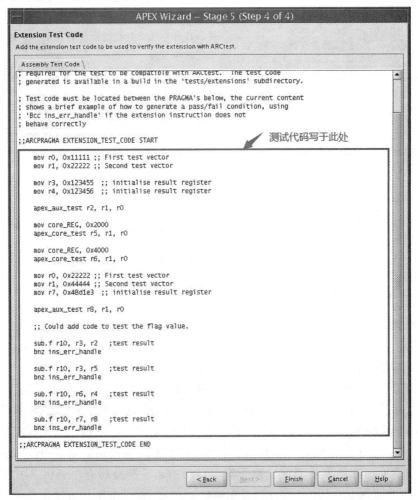

图 11-11　扩展测试代码编辑器

测试代码测试 apex_aux_test 和 apex_core_test 扩展指令能否提供正确的结果。测试对 core_reg 和 aux_reg 的操作是否正常。在前文中曾经提到过，扩展核心寄存器可以被所有基础指令如 MOV、ADD 和 ST 等访问，扩展辅助寄存器只能被专用辅助寄存器操作指令 SR 和 LR 访问。除了已经存在的测试代码，用户还可以添加更多的测试代码以完全地测试 APEX 扩展。

在对测试代码编辑完成后，单击 Finish 按钮来完成 APEX 向导的编辑工作。

11.5 验证 APEX 扩展

在创建了 APEX 扩展后，可以进入下一步骤。为了验证和使用订制指令，需要将订制的扩展添加到工程中去。如图 11-12 所示，右键点击 MyAPEXExtension 的名称来将其添加到组件 CPUisle.ARCv2EM 中。这个 APEX 扩展将显示在图中拓扑结构中的 ARCv2EM 处。

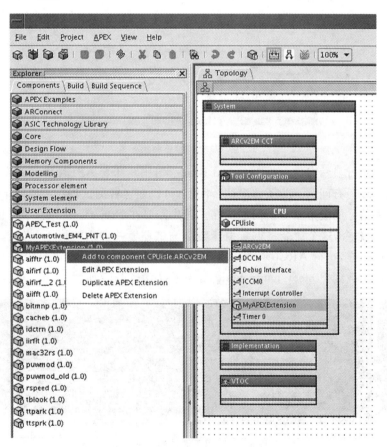

图 11-12 添加 APEX 扩展到工程中

在将 APEX 扩展添加到工程中后，如果在扩展中添加了选项，如图 11-7 和图 11-9 所示指定选项的使用值。在所有的选项值都被设置好之后，单击 ARChitect 的 Build 按钮来编译整个工程。可以在 Project_name/build 中找到和当前工程相关的 Verilog 代码、测试代码、脚本和文档。

ARChitect 提供了一个非常简单的方式来执行测试代码并获得相关结果。

可以使用命令 ARCtest-info 来得到所有 CCT 测试用例的列表。ARCtest 是 ARChitect 中进行 CCT 测试用例自动化测试的一个内建功能。APEX 扩展的测试程序会出现在测试列表的结尾处。这个测试程序只会在创建 APEX 扩展的第五阶段中添加了测试代码后才会出现。

如图 11-13 所示,使用命令"ARCtest -test＝MyAPEXExtension"来测试 APEX 扩展。ARCtest 会自动在 Verilog RTL 代码上运行测试程序,运行的结果如图 11-14 所示显示在命令提示符窗口的最后。图中最后一行显示运行的结果,"1 tests,1 passed 0 failed"意味着测试程序最终的运行结果符合预期。

```
116) /remote/us01home42/sjtu/project/em_test/build/tests/core/sleep_int1
117) /remote/us01home42/sjtu/project/em_test/build/tests/core/sleep_timer
118) /remote/us01home42/sjtu/project/em_test/build/tests/core/zol
119) /remote/us01home42/sjtu/project/em_test/build/tests/core/dhry_pwr
120) /remote/us01home42/sjtu/project/em_test/build/tests/core/dhrystone
121) /remote/us01home42/sjtu/project/em_test/build/tests/extensions/MyAPEXExtension
sjtu@us01dwemt380:/remote/us01home42/sjtu/project/em_test/build > ARCtest -test=MyAPEXExtension
```

图 11-13   自动运行 APEX 测试的命令

```
ARCtest : Result obtained from register gp  (f1000ff1)
state_____PASSED
code_____USEREXT
number____0
system____ASSEMBLER
dept_____CUSTOMER

ARCtest : 1 tests, 1 passed 0 failed
```

图 11-14   测试结果

若最后一行显示"1 tests,0 passed 1 failed",则意味着 APEX 扩展的 Verilog 代码或测试代码编写有问题。为了解决这个问题,可以在运行测试程序的同时下载波形,通过上面相关信号的波形来分析问题所在。首先需要在 Project_name/build 目录下执行 make waves 命令,这个命令将重新编译整个测试环境并加入波形下载的选项。接着,可以和之前一样,执行 ARCtest -test＝ MyAPEXExtension 来测试 APEX 扩展。产生的波形会被下载到 Project_name/build 目录下,如图 11-15 所示。

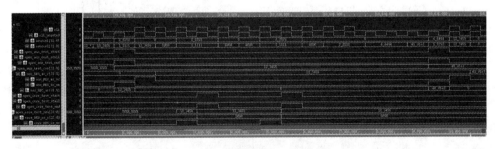

图 11-15   用于调试的测试波形

11.6   使用 APEX 扩展

在 11.3 节中,介绍了识别需要订制指令的方法,在 11.4 节和 11.5 节中,创建了一个 APEX 扩展并验证了它的功能。APEX 扩展中的指令 apex_aux_test 会被用于展示使用订制指令的优势。

在 11.3 节中，原始的 C 语言代码已经存在，见例 11-1。

使用 APEX 扩展中定义的订制指令非常简单。

订制指令 apex_aux_test 将以下功能放到了单个指令中。

```
dataOut+=(int) ((*coefficient--)*(*dataOld++));
dataOut+=1<<13 ;
dataOut>>=13;
```

因此在创建了订制指令之后，可以按如下所示去实现相应的功能。

```
dataOut=apex_aux_test((*coefficient--), (*dataOld++));
```

这个功能的实现非常简单和直接。

在编译工程时，ARChitect 生成工具创建了编译程序需要的文件。apexexten-sions.h 文件在这个过程中被添加到了 Project_name/build/tests/common 的目录下。需要如下头文件包含到 C 程序的头文件中。

```
#include <stdio. h>
#include <stdlib. h>
#include "apexextensions. h"
```

如下代码是 apexextensions.h 文件的内容，它定义了编译器中可以看到的 APEX 扩展组件，还可以看到 APEX 中的两个订制指令 apex_core_test 和 apex_aux_test，以及扩展核心寄存器 core_REG 和扩展辅助寄存器 aux_REG。

```
/* * * * * DO NOT EDIT - this file is generated by ARChitect2 * * * *
 *
 * Description: Header file declaring the compiler extensions for apex compo-
 nents
 */
#ifndef _apexextensions_H_
#define _apexextensions_H_

// User extension instruction - apex_core_test
extern long apex_core_test (long, long);
#pragma intrinsic (apex_core_test, opcode=>0x07, sub_opcode=>0x00)

// User extension instruction - apex_aux_test
extern long apex_aux_test (long, long);
#pragma intrinsic (apex_aux_test, opcode=>0x07, sub_opcode=>0x01)

// User extension aux register- aux_REG
#define AR_SUX_REG 0xfffff000

// User extension core regiser- core_REG
#define CR_CORE_REG 32
#pragma Core_register (32, name=>"core_REG")
#pragma Core_register (32, non_interlock_cycles=>"2")

#endif
```

同时应该将包含 apexextensions. h 的目录添加到程序的设置中。如图 11-16 所示,这个路径被用于查找 apexextensions. h 文件。在 MetaWare 的程序属性设置中可以找到该界面。

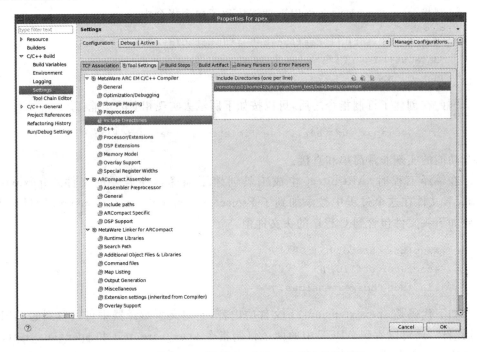

图 11-16 设置 apexextensions. h 文件的包含路径

在所有的设置完成之后,可以进入编译程序的步骤。

修改后的 C 程序在编译、汇编和链接后可以创建出一个可执行的镜像。在 xCAM 仿真工具中、HDL 硬件仿真或硬件电路平台上运行这个镜像可以得到 C 程序周期精确的行为描述。由 MetaWare 开发工具套件提供的 nSIM 指令集仿真工具可以得到指令执行数目的统计结果,由 nSIM Pro 可以得到执行周期的估计值。

在使用 APEX 扩展之前,可以在 xCAM 中进行原始 C 程序的仿真以得到一个执行程序需要的时钟周期的描述。如图 11-17 所示,第一列是执行的指令次数,第二列是相应指令在流水线中延迟的总周期数,第三列是相应指令执行消耗的时钟周期总数。可以看到这个内部循环每次需要 18 个时钟周期来执行,其中 8 个是流水线的延时。

```
icnt pi... |b-stall... |b-cycl...
  -          -              -      42      for( i = 0 ; i < LoopCount ; i++ )
10001        8          10009      main+0x60   cmp_s      %r1,0x270f       ; 0x270f = _find_heap_item+0x33
10001        2          10003      main+0x66   bgt_s      0x5042 = main+0x8a = apex.c!50
  -          -              -      44      *dataNew++ = *dataOld ;
10000    10000          20000      main+0x68   ld_s       %r0, [%r3]
10000    10000          20000      main+0x6a   st_s       %r0, [%r12]
  -          -              -      45      dataOut += (int) ((*coefficient--) * (*dataOld++));
10000        8          10008      main+0x6c   ld_s       %r15, [%r3]
10000    10002          20002      main+0x6e   ld_s       %r0, [%r2]
10000    39944          49944      main+0x70   mpy_s      %r0,%r0,%r15
10000    10006          20006      main+0x72   add_s      %r0,%r0,%r14
  -          -              -      46      dataOut += 1 << 13 ;
10000        4          10004      main+0x74   add_s      %r0,%r0,0x2000   ; 0x2000 = _dump_heap+0x54
  -          -              -      47      dataOut >>= 13 ;
10000        0          10000      main+0x7a   asr        %r14,%r0,13
```

图 11-17 使用 APEX 扩展之前的性能仿真描述

接下来可以添加并编译 APEX 扩展。如图 11-18 所示，可以看到图 11-17 中用于计算 dataOut 的所有指令被订制指令 apex_aux_test 取代了。因此，dataOut 的计算此时只需一个时钟周期，而不是之前的多个时钟周期。

```
icnt pi... b-stall... b-cycl...
   -       -       -        67    for(i = 0 ;i < LoopCount ;i++ )
10001      4      10005    main+0xd0    cmp_s      %r12,0x270f      ; 0x270f = _find_heap_item+0x33
10001      4      10005    main+0xd6    bgt_s      0x50a8 = main+0xf0 = apex.c!73
   -       -       -        69    *dataNew++ = *dataOld ;
10000    10000    20000    main+0xd8    ld_s       %r0, [%r1]
10000    10000    20000    main+0xda    st_s       %r0, [%r2]
   -       -       -        70    dataOut = apex_aux_test((*coefficient--), (*dataOld++));
10000      8      10008    main+0xdc    ld_s       %r14, [%r1]
10000    10002    20002    main+0xde    ld_s       %r0, [%r3]
10000      0      10000    main+0xe0    apex_aux_test %r14,%r0,%r14
```

图 11-18 使用 APEX 扩展之后的性能仿真描述

在使用了 APEX 扩展之后，可以得到图 11-18 所示的描述，这个内部循环现在只需 10 个时钟周期来完成，这意味着相比原始 C 程序，可以在每次循环中节省下来 8 个时钟周期。如果循环要执行 10000 次，那么这意味着可以节省 80000 个时钟周期。对于一个循环来讲，这节省了大量的执行时间。如果这个循环被执行更多次，那么可以节省下来更多的时间。

到此为止，完成了把 APEX 扩展添加到应用程序的所有步骤的介绍。

11.7 小结

在本章中介绍了一个 ARC 处理器中非常特别的功能：APEX 扩展。APEX 向导把订制指令添加到已经存在的 ARC EM 处理器框架中，而无须担心如何编写控制逻辑或担心处理器如何处理指令，可以在 APEX 向导中仅仅使用几行 Verilog 代码来设计一个独立的功能逻辑。

在介绍了 APEX 及其优点后，进一步展示如何使用这个功能，并提供了一个示例来展示使用 APEX 的整个过程，这个过程包括如何识别、创建、验证和使用 APEX 扩展。在阅读完本章后，读者能够依照本章中的步骤来创建一个完整的个性化 APEX 扩展。

附录 A 常用辅助寄存器快速参考

A.1 LP_START Register

Address：0x02.

Access：rw.

The loop start (LP_START) register contains the address at which the current zero delay loop begins. The loop start register can be set up with the LPcc instruction or can be manipulated using the auxiliary register access instructions (see LR and SR).

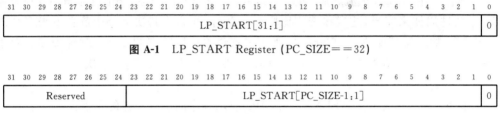

图 A-1 LP_START Register (PC_SIZE==32)

图 A-2 LP_START Register (PC_SIZE<32)

A.2 LP_END Register

Address：0x03.

Access：rw.

The loop end (LP_END) register contains the address of the first instruction after the current zero delay loop. The loop end register can be set up with the LPcc instruction or can be manipulated using the auxiliary register access instructions (see LR and SR).

图 A-3 LP_END Register

图 A-4 LP_END Register (PC_SIZE<32)

A.3 IDENTITY Register

Address：0x04.

Access：r.

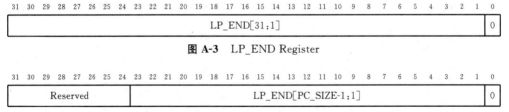

图 A-5 IDENTITY Register (PC_SIZE<32)

表 A-1　IDENTITY Register 域定义

位　　域	描　　述
ARCVER[7:0]	ARC baseline instruction set version number 0x00 to 0x0F＝ARCtangent-A4 processor family（Original 32-bit only processor cores） 0x10 to 0x1F＝Reserved for ARCtangent-A5 processor family 0x20＝Reserved for ARC 600 processor family 0x21＝ARC 600 processor family，basecase version 1 0x22＝ARC 600 processor family，basecase version 2，supports additional BCR region and accesses to non-existent BCRs return 0 0x23＝ARC 600 processor family，basecase version 3，supports SLEEP n instruction syntax. 0x24＝ARC 600 processor family，basecase version 4 0x25＝ARC 601 processor，supports ARC600_BUILD_CONFIG BCR in the ARC601 processor 0x26 to 0x2F＝ Reserved for ARC 600 processor family 0x30＝Reserved for ARC 700 processor family 0x31＝ARC 700 processor family，basecase version 1 0x32＝ARC 700 processor family，basecase version 2，supports additional BCR region and accesses to BCR region have updated exception model 0x40 to 0x4F＝ARC EM processor 0x50 to 0x5F＝ARC HS processor 0x60 to 0xFF＝Reserved
ARCNUM[7:0]	This field allows you to uniquely identify each core in a multi-core system. Values：0 to 255 Default：1 The value of this field is a reflection of the arcnum option in the ARChitect tool. In a multi-core configuration，ARChitect assigns the value of the arcnum option to the first core. All the other cores are assigned increasing sequential values based on their order in the chain. For example，if the arcnum option is specified as 3，the first core in the chain is assigned 3 and the other cores in the configuration are assigned core IDs 4，5，6，and so on. The input pin arcnum[7:0] is provided on the core interface to define the ARCNUM field. Additionally，boot software can use this field to identify each processor core in a multi-core configuration and execute core-specific tasks. For example，software can load unique application code based on the core ID in a data-flow system，in which each core performs only a part of the algorithm
CHIPID[15:0]	The unique chip identifier assigned by Synopsys

A. 4　DEBUG Register

Address：0x05.

Access：RG.

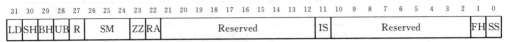

图 A-6 DEBUG Register

表 A-2 DEBUG Register 域定义

位 域	描 述
Single Step(SS)	This bit is ignored by the ARCv2-based processor
Force Halt (FH)	FH is the approved method of stopping the ARCv2-based processor externally by the host. This bit does not have any affect if the ARCv2-based processor is already halted and the host sets this bit. The FH bit is not a mirror of the STATUS register H bit, that is, clearing FH does not start the processor. The FH bit always returns 0 when it is read
Single Instruction Stepping (IS)	Single Instruction Stepping is provided through the use of the IS bit, the SS bit is ignored. If the host sets the IS bit, the ARCv2 core executes one instruction
Reset Applied(RA)	RA bit is used by the debug host to determine that a target reset has occurred. The RA bit is set to 1 on a hard reset of the CPU and can be written only by the host
Sleep State (ZZ)	ZZ bit indicates that the ARCv2-based processor is in the "sleep" state. Use the SLEEP instruction to force the ARCv2-based processor enter the sleep state. This bit is cleared whenever the ARCv2-based processor wakes from sleep state. This bit is a status bit, and the host cannot write to this bit
Sleep Mode (SM)	SM bit indicates the sleep mode of the processor. This bit controls whether clocks for the internal timers and real-time clock are turned off during sleep state. This bit is a status bit, and the host cannot write to this bit
User-mode Breakpoint (UB)	UB bit indicates that BRK is enabled in user mode. This bit is provided to allow an external debugger to debug user mode tasks. This bit is always set to 0 to ensure that a user mode task cannot stop the processor by executing a BRK instruction
Breakpoint Halt (BH)	BH bit is set when execution of a breakpoint instruction is attempted. This bit is cleared when the H bit in the STATUS32 register is cleared, that is, when single-stepping or restarting the ARCv2-based processor from the halted state
Self Halt (SH)	SH indicates that the ARCv2-based processor has halted itself with the FLAG instruction. This bit is cleared whenever the H bit in the STATUS register is cleared, that is, the ARCv2-based processor is running or a single step has been executed
Load Pending (LD) bit	The host or the ARCv2-based processor can read the LD bit at any time and indicate that there is an outstanding load waiting to complete. The host must wait for this bit to clear before changing the state of the ARCv2-based processor. This bit is a status bit, and the host cannot write to this bit

A.5　DEBUGI Register

地址:0x1F.

访问权限:RG.

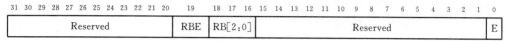

31 30 29 28 27 26 25 24 23 22 21 20	19	18 17 16	15 14 13 12 11 10 9 8 7 6 5 4 3 2 1 0	
Reserved	RBE	RB[2:0]	Reserved	E

图 A-7　DEBUGI Register

表 A-3　DEBUGI Register 域定义

位　域	描　述
E	When set to 1, the exception or interrupt vector break functionality is enabled. In this mode, on an interrupt or an exception, the processor executes a breakpoint at the location of the corresponding vector in the exception table if the LSB bit of the vector value is set to 1. As instruction addresses are always 16 bit aligned, this bit is unused for addressing purposes and functions only to enable a breakpoint at this vector. The breakpoint takes affect in place of the final jump of the sequence. So, the entire sequence is replayed before the breakpoint is executed
RB	Register Bank (present with RGF_NUM_BANKS>1) Preempts STATUS32. RB for all instructions originating from the debug interface when DEBUGI. RBE is set. When DEBUGI. RBE is not set, the existing value STATUS32. RB is used where RBE=19 bit If RGF_NUM_BANKS {=0, <2, <4}, then the {RB, RB[2:1], RB[2]} field is RAZ/IOW. read as zero and ignored on write
RBE	Register Bank Enable. When this bit is set, DEBUGI. RB value preempts STATUS32. RB for all instructions originating from the debug interface. When DEBUGI. RBE is not set, the existing value STATUS32. RB is used

A.6　Program Counter (PC) Register

Address:0x06.

Access:rG.

31 30 29 28 27 26 25 24 23 22 21 20 19 18 17 16 15 14 13 12 11 10 9 8 7 6 5 4 3 2 1 0	
NEXT_PC[31:1]	0

图 A-8　PC Register Addressing Full 32-bit Addressing Space

31 30 29 28 27 26 25 24 23 22 21 20 19 18 17 16 15 14 13 12 11 10 9 8 7 6 5 4 3 2 1 0		
Reserved	NEXT_PC [PC_SIZE-1:1]	0

图 A-9　PC Register Addressing a Reduced Addressing Space (PC_SIZE==32)

A.7　Status (STATUS32) Register

Address:0x0A.

Access：rG.

The status(STATUS32) register performs the following functions.

(1) Enables or disables certain actions within the processor.

(2) Contains a number of flags to indicate the status resulting from the following：

① the evaluation of instructions；

② the taking of interrupts；

③ the raising of exceptions.

31	30 29 28 27 26 25 24 23 22 21 20 19	18 17 16	15	14	13	12	11	10	9	8	7	6	5	4 3 2 1	0
IE	Reserved	RB[2:0]	ES	SC	DZ	L	Z	N	C	V	U	DE	AE	E[3:0]	H

图 A-10 STATUS32 Register

表 A-4 STATUS32 Register 域定义

位　域	描　述
H	Halt flag
E[3:0]	Interrupt priority operating level of the processor
AE	Processor is in an exception state
DE	Delayed branch is pending
U	User mode
V	Overflow status flag
C	Carry status flag
N	Negative status flag
Z	Zero status flag
L	Zero-overhead loop enable
DZ	EV_DivZero exception enable
SC	Enable stack checking
ES	EI_S table instruction pending
RB[2:0]	Select a register bank
IE	Interrupt enable. Enables interrupts at or above the priority level set in STATUS32. E

A.8　Branch Target Address(BTA) Register

Address：0x412.

Access：RW.

The BTA register is updated in the following situations：

(1) a branch or jump with a delay slot is taken；

(2) returns from exceptions that occur between a branch or jump and any associated delay slot instruction；

(3) when an EI_S (Execute Indexed) instruction is executed；

（4）when written by an SR instruction.

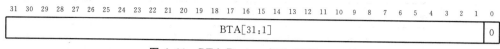

图 A-11　BTA Register(PC_SIZE==32)

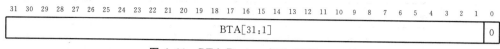

图 A-12　BTA Register(PC_SIZE<32)

A. 9　Status Register Priority 0(STATUS32_P0) Register

Address:0x0B.

Access:RW.

When fast interrupts are enabled in the processor，on the highest priority interrupt（P0）entry，the processor stores the value of the STATUS32 register to the STATUS32_P0 register.

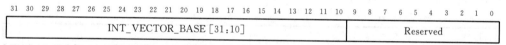

图 A-13　STATUS32_P0 Register

A. 10　Interrupt Vector Base(INT_VECTOR_BASE) Register

Address:0x25.

Access:RW.

图 A-14　INT_VECTOR_BASE Register (PC_SIZE==32)

图 A-15　INT_VECTOR_BASE Register (PC_SIZE<32)

A. 11　Interrupt Context Saving Control(AUX_IRQ_CTRL) Register

Address:0x0E.

Access:RW.

The AUX_IRQ_CTRL register controls the behavior of automated register save and restore or prologue and epilogue sequences during interrupt entry and exit，and context save and restore instructions.

图 A-16　AUX_IRQ_CTRL Register

表 A-5   AUX_IRQ_CTRL Register 域定义

位　域	描　述
NR[4:0]	Indicates number of general-purpose register pairs saved, from 0 to 8/16. This register saturates at 16 when the RGF_NUM_REGS=32, and 8 when the RGF_NUM_REGS=16. The set of registers saved include the lowest numbered registers which are implemented in the register file. For 16 entry register files, the registers implemented and saved are not contiguous
B	Indicates whether to save and restore BLINK (ignored if NR is greater than or equal to 16)
L	Indicates whether to save and restore loop registers (LP_COUNT, LP_START, LP_END)
U	Indicates if user context is saved to user stack
R	Reserved
LP	Indicates whether to save and restore code-density (EI_BASE, JLI_BASE, LDI_BASE) registers

A.12   Active Interrupts (AUX_IRQ_ACT) Register

Address:0x43.

Access:RW.

This register records the current stack of nested interrupt handlers. When you set the least significant bit to 1 in the Active field, it indicates that the highest priority interrupt is active interrupt.

31	30	29	28	27	26	25	24	23	22	21	20	19	18	17	16	15	14	13	12	11	10	9	8	7	6	5	4	3	2	1	0
U	Reserved															Active[15:0]															

图 A-17   AUX_IRQ_ACT Register

表 A-6   AUX_IRQ_ACT Register 域定义

位　域	描　述
Active[15:0]	Bit i indicates whether there is an active interrupt at priority i. If fewer than 16 priority levels are configured, unused bits are read as zero and ignored on write
U	Snapshot of the STATUS32. U bit when an interrupt is taken at a point where Active[15:0]=0

A.13   Interrupt Select (IRQ_SELECT) Register

Address:0x40B.

Access:RW.

31	30	29	28	27	26	25	24	23	22	21	20	19	18	17	16	15	14	13	12	11	10	9	8	7	6	5	4	3	2	1	0
Reserved																								Interrupt[m-1:0]							

图 A-18   IRQ_SELECT Register

表 A-7 IRQ_SELECT Register **域定义**

位 域	描 述
Interrupt[m-1:0]	Selects a specific interrupt. If Interrupt [m-1:0] is greater than m+16 -1 or less than 16, then all banked IRQ auxiliary registers are read as zero and ignored on write

A.14 Interrupt Priority (IRQ_PRIORIT) Register

Address:0x206.

Access:RW.

31 30 29 28 27 26 25 24 23 22 21 20 19 18 17 16 15 14 13 12 11 10 9 8 7 6 5 4 3 2 1 0
Reserved	P[n-1:0]

图 A-19 IRQ_PRIORITY Register

表 A-8 IRQ_PRIORITY Register **域定义**

位 域	描 述
P	Value of IRQ_PRIORITY, for the selected interrupt

A.15 Interrupt Enable (IRQ_ENABLE) Register

Address:0x40C.

Access:RW.

31 30 29 28 27 26 25 24 23 22 21 20 19 18 17 16 15 14 13 12 11 10 9 8 7 6 5 4 3 2 1 0
Reserved	E

图 A-20 IRQ_ENABLE Register

表 A-9 IRQ_ENABLE Register **域定义**

位 域	描 述
E	Value of IRQ_ENABLE for the selected interrupt. If an interrupt enable of 0 is assigned, then the associated interrupt is disabled. If an interrupt enable of 1 is assigned, then the associated interrupt is enabled

A.16 Interrupt Trigger (IRQ_TRIGGER) Register

Address:0x40D.

Access:RW.

31 30 29 28 27 26 25 24 23 22 21 20 19 18 17 16 15 14 13 12 11 10 9 8 7 6 5 4 3 2 1 0
Reserved	T

图 A-21 IRQ_TRIGGER Register

表 A-10　IRQ_TRIGGER Register 域定义

位　域	描　述
T	Value of IRQ_TRIGGER，for the selected interrupt. If an interrupt trigger value of 0 is assigned，then the associated interrupt is level sensitive. If an interrupt trigger of 1 is assigned，the associated interrupt is pending up to one cycle after a transition from 0 to 1 is detected on the interrupt line that is sampled at CPU clock frequency

A. 17　Interrupt Pending（IRQ_PENDING）Register

Address：0x416.

Access：R.

31 30 29 28 27 26 25 24 23 22 21 20 19 18 17 16 15 14 13 12 11 10 9 8 7 6 5 4 3 2 1 0	
Reserved	IP

图 A-22　IRQ_PENDING Register

表 A-11　IRQ_PENDING Register 域定义

位　域	描　述
IP	Value of IRQ_PENDING，for the selected interrupt. Value 1 indicates there is a pending interrupt

A. 18　Interrupt Pulse Cancel（IRQ_PULSE_CANCEL）Register

Address：0x415.

Access：W.

31 30 29 28 27 26 25 24 23 22 21 20 19 18 17 16 15 14 13 12 11 10 9 8 7 6 5 4 3 2 1 0	
Reserved	C

图 A-23　IRQ_PULSE_CANCEL Register

表 A-12　IRQ_PULSE_CANCEL Register 域定义

位　域	描　述
C	Value to be written to IRQ_PULSE_CANCEL for the selected interrupt. A write of pulse-cancelling value 0 is always ignored. A write of pulse-cancelling value 1 to an non-level sensitive interrupt clears any saved interrupt

A. 19　Interrupt Status（IRQ_STATUS）Register

Address：0x40F.

Access：R.

31 30 29 28 27 26 25 24 23 22 21 20 19 18 17 16 15 14 13 12 11 10 9 8 7 6 5	4	3 2 1 0
Reserved	T	E　P[3:0]

图 A-24　IRQ_STATUS Register

表 A-13 IRQ_STATUS Register 域定义

位　　域	描　　述
P[3:0]	Value of interrupt priority (IRQ_PRIORITY) register for the selected interrupt
E	Value of interrupt enable (IRQ_ENABLE) register for the selected interrupt
T	Value of interrupt trigger (IRQ_TRIGGER) register for the selected interrupt
IP	Value of interrupt pending(IRQ_PENDING) Register for the selected interrupt. Bit 31 allows quick check for pending interrupt using the MI condition or less-than-zero test

A. 20 Interrupt Priority Pending (IRQ_PRIORITY_PENDING) Register

Address: 0x200.

Access: R.

31 30 29 28 27 26 25 24 23 22 21 20 19 18 17 16	15 14 13 12 11 10 9 8 7 6 5 4 3 2 1 0
Reserved	Pending[n-1:0]

图 A-25 IRQ_ PRIORITY_PENDING Register

表 A-14 IRQ_ PRIORITY_PENDING Register 域定义

位　　域	描　　述
P	Bit i indicates whether there is a pending interrupt at priority level i. If fewer than 16 priority levels are configured, then unused bits in Pending [n-1:0] are read as zero

A. 21 Software Interrupt Trigger (AUX_IRQ_HINT) Register

Address: 0x201.

Access: RW.

Writing the chosen interrupt value to the AUX_IRQ_HINT register generates a software triggered interrupt. Writing a value of any unimplemented interrupt, such as 0, clears any software triggered interrupt.

A read from the AUX_IRQ_HINT register returns the value of the current software triggered interrupt. A new interrupt must not be generated using the software triggered interrupt system until any outstanding interrupts have been serviced. The AUX_IRQ_HINT register must be read and checked as 0x0 before a new value is written.

Use the AUX_IRQ_HINT register to set the associated interrupt before generating a pulse sensitive interrupts.

31 30 29 28 27 26 25 24 23 22 21 20 19 18 17 16 15 14 13 12 11 10 9 8	7 6 5 4 3 2 1 0
Reserved	Interrupt[m-1:0]

图 A-26 AUX_IRQ_HINT Register

A. 22 Interrupt Cause(ICAUSE) Registers

Address:0x40A.

Access:R.

The ICAUSE register is banked and there are N copies, one corresponding to each priority level. Each banked ICAUSE register records the number of an interrupt that is taken at the register's corresponding priority level. When the AUX_IRQ_ACT register is non-zero, reading the ICAUSE register returns the interrupt number of the highest priority active interrupt (the lowest bit set in the AUX_IRQ_ACT register).

When AUX_IRQ_ACT is zero (no active interrupts), the ICAUSE register read value is undefined. This register is present in a build only if the processor is configured to include interrupts. The size of this register depends on the number of interrupts configured in the system. If M is the number of interrupts configured, $m=\text{ceil}(\text{ld}(M+16))$, where ceil is the function to round to the next higher integer.

On reset, this register contains 0x00000001 for configured interrupts; if Interrupt [m-1:0] is greater than $M+16-1$ or less than 16, then this register is read as zero. Where, M is the number of interrupts configured, $m=\text{ceil}(\text{ld}(M+16))$, and ceil is the function to round to the next higher integer.

31 30 29 28 27 26 25 24 23 22 21 20 19 18 17 16 15 14 13 12 11 10 9 8	7 6 5 4 3 2 1 0
Reserved	ICAUSE[m-1:0]

图 A-27 ICAUSE Register

A. 23 Exception Return Address (ERET) Register

Address:0x400.

Access:RW.

When returning from an exception, the program counter (see Program Counter, PC) is loaded from the ERET register.

31 30 29 28 27 26 25 24 23 22 21 20 19 18 17 16 15 14 13 12 11 10 9 8 7 6 5 4 3 2 1 0	
ERET[31:1]	R

图 A-28 ERET Register (PC_SIZE==32)

31 30 29 28 27 26 25 24 23 22 21 20 19 18 17 16 15 14 13 12 11 10 9 8 7 6 5 4 3 2 1 0		
Reserved	ERET[PC_SIZE-1:1]	R

图 A-29 ERET Register (PC_SIZE<32)

A. 24 Exception Return Branch Target Address (ERBTA) Register

Address:0x401.

Access:RW.

When returning from an exception, the BTA register (see Branch Target Address) is loaded from the ERBTA register.

31	30	29	28	27	26	25	24	23	22	21	20	19	18	17	16	15	14	13	12	11	10	9	8	7	6	5	4	3	2	1	0
NEXT_PC[31:1]																															0

图 A-30 ERBTA Register (PC_SIZE==32)

31	30	29	28	27	26	25	24	23	22	21	20	19	18	17	16	15	14	13	12	11	10	9	8	7	6	5	4	3	2	1	0
Reserved									NEXT_PC[PC_SIZE-1:1]																						0

图 A-31 ERBTA Register (PC_SIZE<32)

A.25 Exception Return Status (ERSTATUS) Register

Address:0x402.

Access:RW.

An exception saves the current status register STATUS32 register (see Status Register) in auxiliary register ERSTATUS.

31	30	29	28	27	26	25	24	23	22	21	20	19	18	17	16	15	14	13	12	11	10	9	8	7	6	5	4	3	2	1	0
IE	Reserved													RB[2:0]			ES	SC	DZ	L	Z	N	C	V	U	DE	AE	E[3:0]			0

图 A-32 ERSTATUS Register

A.26 Saved User Stack Pointer (AUX_USER_SP) Register

Address:0x0D.

Access:RW.

This register is used to save the kernel stack pointer while in user mode.

31	30	29	28	27	26	25	24	23	22	21	20	19	18	17	16	15	14	13	12	11	10	9	8	7	6	5	4	3	2	1	0

图 A-33 AUX_USER_SP Register

A.27 Exception Cause Register (ECR)

Address:0x403.

Access:RW.

The ECR allows an exception handler access to information about the source of the exception condition.

The vector number is an eight-bit number, directly corresponding to the vector number and vector name being used.

Because multiple exceptions share each vector, the eight-bit Cause Code is used to identify the exact cause of an exception.

The eight-bit parameter is used to pass additional information about an exception that cannot be contained in the previous fields.

ECR[29:24] bits are reserved. Reading any reserved bits returns 0 and writes to such bits have no effect.

P bit indicates that an exception occurred in an interrupt prologue.

U bit indicates that, although the processor was in user mode when an exception occurred, kernel privileges were in force at the time.

31 30	29 28 27 26 25 24 23 22	21 20 19 18 17 16	15 14 13 12 11 10 9 8	7 6 5 4 3 2 1 0
P U	Reserved	Vector Number	Cause Code	Parameter

图 **A-34** ECR Register

A.28 Exception Fault Address（EFA）Register

Address：0x404.

Access：RW.

When a memory access triggers an exception, the EFA register is loaded with the address that triggered the exception.

31 30 29 28 27 26 25 24 23 22 21 20 19 18 17 16 15 14 13 12 11 10 9 8 7 6 5 4 3 2 1 0
ADDRESS [31:0]

图 **A-35** EFA Register

A.29 Invalidate Instruction Cache（IC_IVIC）Register

Address：0x10.

Access：W.

A write to the IC_IVIC register invalidates and unlocks the entire instruction cache.

31 30 29 28 27 26 25 24 23 22 21 20 19 18 17 16 15 14 13 12 11 10 9 8 7 6 5 4 3 2 1 0
IC_IVIC

图 **A-36** IC_IVIC Register

A.30 Instruction Cache Control(IC_CTRL) Register

Address：0x11.

Access：RW.

31 30 29 28 27 26 25 24 23 22 21 20 19 18 17 16 15 14 13 12 11 10 9 8 7 6	5	4	3 2	1	0
Reserved	AT	R	SB	R	DC

图 **A-37** IC_CTRL Register

表 **A-15** IC_CTRL Register 域定义

位 域	描 述	访问类型
DC[0]	Disable cache：enables/disables the cache 0：enable cache 1：disable cache	R/W
Reserved [2:1]	Read as zero and ignored on write	—

续表

位　域	描　述	访问类型
SB[3]	Success bit: success of last cache operation 0:last cache operation failed 1:last cache operation succeeded	R/W
Reserved [4]	Read as zero and ignored on write	—
AT[5]	Address debug type: used for debug purposes for when accessing cache RAMs. 0:direct cache RAM access 1:cache controlled RAM access	R/W
Reserved[31:6]	Read as zero and ignored on write	—

A. 31　Invalidate Data Cache (DC_IVDC) Register

Address:0x47.

Access:W.

Writing a 1 to the IV flag (bit 0) in the DC_IVDC register invalidates and unlocks the entire data cache.

31 30 29 28 27 26 25 24 23 22 21 20 19 18 17 16 15 14 13 12 11 10 9 8 7 6 5 4 3 2 1 0
Reserved 〔IV〕

图 A-38　DC_IVDC Register

表 A-16　DC_IVDC Register **域定义**

位　域	描　述	访问类型
IV[0]	Invalidate Data Cache: invalidates entire data cache 0:no action 1:invalidate data cache	W

A. 32　Data Cache Control (DC_CTRL) Register

Address:0x48.

Access:RW.

31 30 29 28 27 26 25 24 23 22 21 20 19 18 17 16 15 14 13 12 11 10 9 8 7 6 5 4 3 2 1 0
Reserved 〔FS〕〔LM〕〔IM〕〔AT〕〔R〕〔SB〕〔R〕〔DC〕

图 A-39　DC_CTRL Register

表 A-17　DC_CTRL Register **域定义**

位　域	描　述	访问类型
DC[0]	Disable cache: enables/disables the cache 0:enable cache 1:disable cache	R/W

位　域	描　述	访问类型
Reserved [1]	—	—
SB[2]	Success bit：success of last cache operation 0：last cache operation failed 1：last cache operation succeeded	R/W
Reserved [4:3]	—	—
AT[5]	Address debug Type：used for debug purposes for when accessing cache RAM. 0：direct cache RAM access 1：cache controlled RAM access	R/W
IM[6]	Invalidate Mode：selects the invalidate type 0：invalidate data cache only 1：invalidate data cache and flush dirty entries	R/W
LM[7]	Lock Mode：selects the effect of a flush command on a locked entry 0：disable flush on locked entry 1：enable flush on locked entry	R/W
FS[8]	Flush status：status of the data-cache flush mechanism 0：idle 1：flush operation in progress	R

A.33　Flush Data Cache (DC_FLSH) Register

Address：0x4B.

Access：W.

31 30 29 28 27 26 25 24 23 22 21 20 19 18 17 16 15 14 13 12 11 10 9 8 7 6 5 4 3 2 1 0
Reserved ... FL

图 A-40　DC_FLSH Register

表 A-18　DC_FLSH Register 域定义

位　域	描　述	访问类型
FL[0]	Flush data cache：flush entire data cache 0：no action 1：flush data cache	W

A.34　ICCM Base Address (AUX_ICCM) Register

Address：0x208.

Access：RW.

When an ICCM is attached to a processor，the AUX_ICCM register is present and identifies the regions in which the ICCM0 and ICCM1 are contained.

31 30 29 28	27 26 25 24	23 22 21 20 19 18 17 16 15 14 13 12 11 10 9 8 7 6 5 4 3 2 1 0
ICCM0	ICCM1	Reserved

图 A-41　AUX_ICCM (ADDR_SIZE＝＝32)

31 30 29 28 27 26 25 24 23 22 21 20 19 18 17 16	15 14 13 12	11 10 9 8	7 6 5 4 3 2 1 0
Reserved	ICCM0	ICCM1	Reserved

图 A-42　AUX_ICCM (ADDR_SIZE＝＝16)

31 ... m	m−1 ... m−5	m−8 ... 0
Reserved	ICCM0	ICCM1 ... Reserved

图 A-43　AUX_ICCM (ADDR_SIZE＝＝m)

A.35　DCCM Base Address（AUX_DCCM）Register

Address：0x18。

Access：RW。

When a DCCM is attached to a processor and is not the only target for data memory accesses，the AUX_DCCM register is present and identifies the region in which the DCCM is contained.

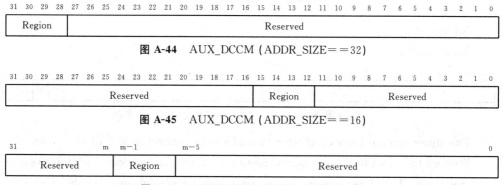

31 30 29 28	27 26 25 24 23 22 21 20 19 18 17 16 15 14 13 12 11 10 9 8 7 6 5 4 3 2 1 0
Region	Reserved

图 A-44　AUX_DCCM (ADDR_SIZE＝＝32)

31 30 29 28 27 26 25 24 23 22 21 20 19 18 17 16 15 14 13 12	11 10 9 8	7 6 5 4 3 2 1 0
Reserved	Region	Reserved

图 A-45　AUX_DCCM (ADDR_SIZE＝＝16)

31 ... m	m−1 ... m−5	... 0
Reserved	Region	Reserved

图 A-46　AUX_DCCM (ADDR_SIZE＝＝m)

A.36　Non-cached Memory Region（AUX_CACHE_LIMIT）Register

Address：0x209。

Access：RW。

When a data cache is attached to a processor and DC_UNCACHED_REGION＝＝1，the AUX_CACHE_LIMIT register is present and identifies the region at which the non-cached memory regions begin.

On reset，the region field is set to 15 which is the highest region in the memory map and is always non-cacheable. To ensure a consistent view of data，the Data Cache must be flushed whenever AUX_CACHE_LIMIT is reduced in value.

31 30 29 28	27 26 25 24 23 22 21 20 19 18 17 16 15 14 13 12 11 10 9 8 7 6 5 4 3 2 1 0
Region	Reserved

图 A-47　AUX_CACHE_LIMIT (ADDR_SIZE＝＝32)

31 30 29 28 27 26 25 24 23 22 21 20 19 18 17 16	15 14 13 12	11 10 9 8 7 6 5 4 3 2 1 0
Reserved	Region	Reserved

图 A-48 AUX_CACHE_LIMIT（ADDR_SIZE==16）

31 ... m	m-1 ... m-5	... 0
Reserved	Region	Reserved

图 A-49 AUX_DCCM（ADDR_SIZE==m）

A.37 Timer 0 Count（COUNT0）Register

Address：0x21.

Access：RW.

Writing to this register sets the initial count value for the timer, and restarts the timer. Subsequently, the register can be read to reflect the timer 0 count progress.

31 30 29 28 27 26 25 24 23 22 21 20 19 18 17 16 15 14 13 12 11 10 9 8 7 6 5 4 3 2 1 0
Timer 0 Count Value

图 A-50 Timer 0 Count Value Register

A.38 Timer 0 Control（CONTROL0）Register

Address：0x22.

Access：RW.

31 30 29 28 27 26 25 24 23 22 21 20 19 18 17 16 15 14 13 12 11 10 9 8 7 6 5 4	3	2	1	0
Reserved	IP	W	NH	IE

图 A-51 Timer 0 Control Register

The timer control register is used to update the control modes of the timer.

Writing to CONTROL0 deasserts the timer interrupt, but does not stop the timer from counting. The timer continues counting and independently start the next iteration of counting, setting COUNT0 to 0, when LIMIT0 equals COUNT0.

表 A-19 CONTROL 0 Register 域定义

位 域	描 述
IE	The interrupt enable flag（IE）enables the generation of an interrupt after the timer has reached its limit condition. If this bit is not set, no interrupt is generated
NH	The not halted mode flag（NH）causes cycles to be counted only when the processor is running（that is when the processor is not halted）. When set to 0, the timer counts every clock cycle. When set to 1, the timer counts only when the processor is running
W	The watchdog mode flag（W）enables the generation of a system watchdog reset signal after the timer has reached its limit condition. If this bit is not set, no watchdog reset signal is generated. The watchdog reset signal is activated two cycles after the limit condition is reached

续表

位 域	描 述
IP	The IP bit is set when the COUNTn register reaches the LIMITn value, and remains set until cleared by the timer interrupt service routine. The IP bit can be cleared by rewriting the desired values of W, NH and IE into the CONTROL0 register, thereby writing a 0 into the IP position

If both the IE and W bits are set, only the watchdog reset is activated because the ARCv2-based processor has been reset and the interrupt is lost. If both the IE and W bits are cleared, then the timer is automatically reset and the timer restarts its operation after reaching the limit value.

A. 39 Timer 0 Limit (LIMIT0) Register

Address:0x23.

Access:RW.

You must write the limit value into this register. The limit value is the value after which an interrupt or a reset must be generated. For backward compatibility to previous processor variants, the timer limit register is set to 0x00FFFFFF when the processor is reset.

31 30 29 28 27 26 25 24 23 22 21 20 19 18 17 16 15 14 13 12 11 10 9 8 7 6 5 4 3 2 1 0
Timer 0 Limit Value

图 A-52 Timer 0 Limit Value Register

A. 40 Timer 1 Count (COUNT1) Register

Address:0x100.

Access:RW.

31 30 29 28 27 26 25 24 23 22 21 20 19 18 17 16 15 14 13 12 11 10 9 8 7 6 5 4 3 2 1 0
Timer 1 Count Value

图 A-53 Timer 1 Count Value Register

A. 41 Timer 1 Control (CONTROL1) Register

Address:0x101.

Access:RW.

31 30 29 28 27 26 25 24 23 22 21 20 19 18 17 16 15 14 13 12 11 10 9 8 7 6 5 4 3	2	1		0
Reserved	IP	W	NH	IE

图 A-54 Timer 1 Control Register

A. 42 Timer 1 Limit (LIMIT1) Register

Address:0x102.

Access:RW.

31	30	29	28	27	26	25	24	23	22	21	20	19	18	17	16	15	14	13	12	11	10	9	8	7	6	5	4	3	2	1	0
												Timer 1 Limit Value																			

图 A-55 Timer 1 Limit Value Register

A. 43 RTC Control (AUX_RTC_CTRL) Register

Address:0x103.

Access:rW.

31	30	29	28	27	26	25	24	23	22	21	20	19	18	17	16	15	14	13	12	11	10	9	8	7	6	5	4	3	2	1	0
A1	A0												Reserved																	C	E

图 A-56 AUX_RTC_CTRL Register

表 A-20 RTC Control Register 域定义

位 域	描 述
E	Enable A value of 0 means disabled；1 means enable counting
C	A value of 1 clears the AUX_RTC_LOW and AUX_RTC_HIGH registers
A1,A0	These bits track the atomicity of reads from the AUX_RTC_HIGH and AUX_RTC_LOW registers

A. 44 RTC Count High (AUX_RTC_HIGH) Register

Address:0x105.

Access:r.

The AUX_RTC register is a read register in user mode. Reading this register returns the MSB 32-bit of the free-running RTC.

31	30	29	28	27	26	25	24	23	22	21	20	19	18	17	16	15	14	13	12	11	10	9	8	7	6	5	4	3	2	1	0
												Real Time Count Value [63:32]																			

图 A-57 AUX_RTC_HIGH Register

A. 45 RTC Count Low (AUX_RTC_LOW) Register

Address:0x104.

Access:r.

The AUX_RTC_LOW register is a read register in user mode. Reading this register returns the LSB 32-bit of the free-running RTC.

31	30	29	28	27	26	25	24	23	22	21	20	19	18	17	16	15	14	13	12	11	10	9	8	7	6	5	4	3	2	1	0
												Real Time Count Value [31:0]																			

图 A-58 AUX_RTC_LOW Register

A. 46 Build Configuration Registers Version (BCR_VER) Register

Address:0x60.

Access:R.

The BCR_VER register specifies which build configuration register implementation is present.

```
31 30 29 28 27 26 25 24 23 22 21 20 19 18 17 16 15 14 13 12 11 10 9  8  7  6  5  4  3  2  1  0
```

Reserved	Version

图 A-59　BCR_VER Register

表 A-21　BCR_VER Register 域定义

位　　域	描　　述
Version	Version of build configuration registers： 0x01 = indicates that the BCR region is at addresses 0x60 ～ 0x7F and ISA_CONFIG only 0x02 = indicates that the BCR region is at addresses 0x60～0x7F and 0xC0～0xFF the other values for this field are reserved

A. 47　BTA Configuration (BTA_LINK_BUILD) Register

Address：0x63.

Access：R.

```
31 30 29 28 27 26 25 24 23 22 21 20 19 18 17 16 15 14 13 12 11 10 9  8  7  6  5  4  3  2  1  0
```

Reserved	P

图 A-60　BTA_LINK_BUILD Register

表 A-22　BTA_LINK_BUILD Register 域定义

位　　域	描　　述
P	Presence of BTA registers： 0x0 = BTA_L1 and BTA_L2 registers are absent all other values are reserved

A. 48　Interrupt Vector Base Address Configuration (VECBASE_AC_BUILD) Register

Address：0x68.

Access：R.

```
31 30 29 28 27 26 25 24 23 22 21 20 19 18 17 16 15 14 13 12 11 10 9  8  7  6  5  4  3  2  1  0
```

ADDR[31:10]	Version	Reserved

图 A-61　VECBASE_AC_BUILD Register

表 A-23　VECBASE_AC_BUILD Register 域定义

位　　域	描　　述
Version	Version of interrupt unit： 0x04 = ARCv2 interrupt unit
ADDR[31:10]	Interrupt vector base address. This value of the ADDR field is configured at build time through the intvbase_preset parameter

A. 49 Core Register Set Configuration (RF_BUILD) Register

Address:0x6E.

Access:R.

31 30 29 28 27 26 25 24 23 22 21 20 19 18 17 16	15 14	13 12 11	10 9	8	7 6 5 4 3 2 1 0
Reserved	D	B	R E	P	Version

图 A-62 RF_BUILD Register

表 A-24 RF_BUILD Register 域定义

位　　域	描　　述
Version	Version of core register set： 0x02＝current version
P	Number of ports： 0x0＝3-port register file 0x1＝4-port register file
E	Number of entries： 0x0＝32-entry register file 0x1＝16-entry register file
R	Reset state： 0x0＝not cleared on reset 0x1＝cleared on reset
B	Number of register banks in addition to the main core register bank： 0x0＝0 additional register bank 0x1＝1 additional register banks 0x2 ~ 0x7＝reserved values
D	Number of duplicated registers in each additional register bank： 0x0＝4 duplicated registers 0x1＝8 duplicated registers 0x2＝16 duplicated registers 0x3＝32 duplicated registers Note：this field returns 0 when RF_BUILD. B＝0，that is there are no addition-al register banks

A. 50 Data Cache Build (D_CACHE_BUILD) Register

Address:0x72.

Access:R.

31 30 29 28 27 26 25 24 23 22	21 20	19 18 17 16	15 14 13 12 11	10 9 8	7 6 5 4 3 2 1 0
Reserved	FL	BSize	Capacity	Assoc	Version

图 A-63 D_CACHE_BUILD Register

表 A-25　D_CACHE_BUILD Register 域定义

位　域	描　述
Version[7:0]	Version number： 0x0＝no D_CACHE_BUILD register 0x1＝reserved 0x2＝ARCompact, fixed 32-byte line size 0x3＝ARCompact, variable line size 0x4＝ARCv2 All other values are reserved
Assoc[11:8]	Cache associativity： 0000＝direct-mapped（1-way set associative） 0001＝two-way set associative 0010＝four-way set associative 0011＝eight-way set associative All other values are reserved
Capacity[15:12]	Cache capacity： 0000＝reserved 0001＝1 Kbytes 0010＝2 Kbytes 0011＝4 Kbytes 0100＝8 Kbytes 0101＝16 Kbytes 0110＝32 Kbytes 0111＝64 Kbytes all other values are reserved
BSize[19:16]	Block Size, indicates the cache block size in bytes： 0000＝16 bytes 0001＝32 bytes 0010＝64 bytes 0011＝128 bytes 0100＝256 bytes all other values are reserved
FL[21:20]	Feature level, indicates locking and debug feature level： 00＝basic cache, supports cache flush operations, but no locking or debug features 01＝lock and flush features are supported 10＝lock, flush, and advanced debug features are supported 11＝reserved

A.51　Processor Timers Configuration（TIMER_BUILD）Register

Address：0x75.

Access：R.

31 30 29 28 27 26 25 24	23 22 21 20	19 18 17 16	15 14 13 12 11	10	9	8	7 6 5 4 3 2 1 0
Reserved	P1	P0	Reserved	RTC	T1	T0	Version

图 A-64　TIMER_BUILD Register

表 A-26　TIMER_BUILD Register 域定义

位　　域	描　　述
Version	Current version： 0x01＝version 1 0x02＝ARC 700 processor timers 0x03＝ARC 600 R3 processor timers，with interrupt-pending bits 0x04＝ARCv2 processor timers
T0	Timer 0 present： 0x0＝no timer 0 0x1＝timer 0 present
T1	Timer 1 present： 0x0＝no timer 1 0x1＝timer 1 present
RTC	64-bit RTC configuration： 0x0＝64-bit RTC is disabled 0x1＝64-bit RTC is enabled
P0	Indicates the interrupt priority level of timer 0. Note：if timer 0 is not included，this field is always set to 0
P1	Indicates the interrupt priority level of timer 1 Note：if timer 1 is not included，this field is always set to 0

A. 52　DCCM RAM Configuration（DCCM_BUILD）Register

Address：0x74.

Access：R.

图 A-65　DCCM_BUILD Register

表 A-27　DCCM_BUILD Register 域定义

位　　域	描　　述
Version	Current version 0x3
SIZE	Size of DCCM RAM： 0x0＝not present 0x1＝512B 0x2＝1KB 0x3＝2KB 0x4＝4KB 0x5＝8KB 0x6＝16KB 0x7＝32KB 0x8＝64KB 0x9＝128KB 0xA＝256KB 0xB＝512KB 0xC＝1MB

A.53　ICCM Configuration (ICCM_BUILD) Register

Address：0x78.

Access：R.

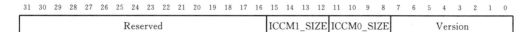

31 30 29 28 27 26 25 24 23 22 21 20 19 18 17 16	15 14 13 12	11 10 9 8	7 6 5 4 3 2 1 0
Reserved	ICCM1_SIZE	ICCM0_SIZE	Version

图 A-66　ICCM_BUILD Register

表 A-28　ICCM_BUILD Register 域定义

位　域	描　述
Version	Current version 0x4
ICCM0_SIZE	Size of ICCM0 RAM： 0x0＝not present 0x1＝512B 0x2＝1KB 0x3＝2KB 0x4＝4KB 0x5＝8KB 0x6＝16KB 0x7＝32KB 0x8＝64KB 0x9＝128KB 0xA＝256KB 0xB＝512KB 0xC＝1MB
ICCM1_SIZE	Size of ICCM1 RAM： 0x0＝not present 0x1＝512B 0x2＝1KB 0x3＝2KB 0x4＝4KB 0x5＝8KB 0x6＝16KB 0x7＝32KB 0x8＝64KB 0x9＝128KB 0xA＝256KB 0xB＝512KB 0xC＝1MB

A.54　Instruction Fetch Queue Configuration (IFQUEUE_BUILD) Register

Address：0xFE.

Access：R.

31 30 29 28 27 26 25 24 23 22 21 20 19 18 17 16 15 14 13 12	11 10 9 8	7 6 5 4 3 2 1 0
Reserved	BD	Version

图 A-67　IFQUEUE_BUILD Register

表 A-29　IFQUEUE_BUILD Register 域定义

位　　域	描　　述
Version	Version of instruction fetch queue： 0x02
BD	Instruction fetch queue entries： 0x0＝1 entry 0x1＝2 entries 0x2＝4 entries 0x3＝8 entries 0x4＝16 entries

A. 55　ISA_CONFIG Register

Address：0xC1.

Access：R.

31 30 29 28	27 26 25 24	23 22	21	20	19 18 17 16	15 14 13 12	11 10 9 8	7 6 5 4 3 2 1 0
D	C	RAZ	A	B	ADDR_SIZE	LPC_SIZE	PC_SIZE	Version

图 A-68　ISA_CONFIG Register

表 A-30　ISA_CONFIG Register 域定义

位　　域	描　　述
Version	0x01＝ARCompact V1 version 0x02＝ARCv2 version
PC_SIZE	0000＝16-bit width 0001＝20-bit width 0010＝24-bit width 0011＝28-bit width 0100＝32-bit width
LPC_SIZE	0000＝zero overhead loop not supported 0001＝8-bit width 0010＝12-bit width 0011＝16-bit width 0100＝20-bit width 0101＝24-bit width 0110＝28-bit width 0111＝32-bit width
ADDR_SIZE	0000＝16-bit width 0001＝20-bit width 0010＝24-bit width 0011＝28-bit width 0100＝32-bit width

位　域	描　述
B (BYTE_ORDER)	0＝little-endian byte ordering 1＝big-endian byte ordering
A (ATOMIC_OPTION)	0＝LLOCK and SCOND instructions are absent 1＝LLOCK and SCOND instructions are present
C (CODE_DENSITY_OPTION)	0＝code density optional instructions are absent 1＝code density version 1 optional instructions are present 2＝code density version 2 optional instructions are present all other values are reserved
D (DIV_REM_OPTION)	0＝DIV/REM instructions are absent 1＝bit-serial DIV，DIVU，REM and REMU implementation 2＝radix-4 fast DIV，DIVU，REM and REMU implementation all other values are reserved

A.56　Interrupt Build Configuration (IRQ_BUILD) Register

Address：0xF3.

Access：R.

31 30 29 28	27	26 25 24	23 22 21 20 19 18 17 16	15 14 13 12 11 10 9 8	7 6 5 4 3 2 1 0
Reserved	F	P[3：0]	EXTS[7：0]	IRQS[7：0]	Version

图 A-69　IRQ_BUILD Register

表 A-31　IRQ_BUILD Register 域定义

位　域	描　述
Version	Version of the interrupt controller： 0x01＝ARCv2
IRQS[7：0]	Indicates the number of interrupts configured in the interrupt controller
EXTS[7：0]	Indicates the number of external interrupt lines configured in the interrupt controller
P[3：0]	Contains N-1，when N interrupt priority levels are configured
F	Value of the FIRQ_OPTION configuration option

附录 B ARC 指令速查表

ARC 指令速查表如下。

表 B-1 ARC 指令速查表

32-bit Instructions		16-bit Instructions	
Instruction	Operation	Instruction	Operation
ABS	Absolute value	ABS_S	Absolute value
ADC	Add with carry		
ADD	Add	ADD_S	Add
ADD1	Add with left shift by 1 bit	ADD1_S	Add with left shift by 1 bit
ADD2	Add with left shift by 2 bits	ADD2_S	Add with left shift by 2 bits
ADD3	Add with left shift by 3 bits	ADD3_S	Add with left shift by 3 bits
AEX	Swap contents of auxiliary register with a core register		
AND	Logical AND	AND_S	Logical AND
ASL	Arithmetic shift left	ASL_S	Arithmetic shift left
ASR	Arithmetic shift right	ASR_S	Arithmetic shift right
ASR16	Arithmetic shift right by 16		
ASR8	Arithmetic shift right by 8		
BBIT0	Branch if bit equal to 0		
BBIT1	Branch if bit equal to 1		
B	Branch unconditionally	B_S	Branch unconditionally
Bcc	Branch if condition true	Bcc_S	Branch if condition true
BCLR	Clear specified bit (to 0)	BCLR_S	Clear specified bit (to 0)
BI	Branch indexed, 32-bit full-word table		
BIH	Branch indexed, 16-bit half-word table		
BIC	Bit-wise inverted AND	BIC_S	Bit-wise inverted AND
BLcc	Branch and link	BL_S	Branch and link
BMSK	Bit mask	BMSK_S	Bit mask
BMSKN	Bit mask negated		
BRcc	Branch on compare	BRcc_S	Branch on compare
BRK	Break (halt) processor	BRK_S	Break (halt) processor
BSET	Set specified bit (to 1)	BSET_S	Set specified bit (to 1)

32-bit Instructions		16-bit Instructions	
Instruction	Operation	Instruction	Operation
BTST	Test value of specified bit	BTST_S	Test value of specified bit
BXOR	Bit XOR		
CLRI	Clear interrupt enable		
CMP	Compare	CMP_S	Compare
DIV	Signed integer divide		
DIVU	Unsigned integer divide		
		EI_S	Execute indexed
		ENTER_S	Function prologue sequence
EX	Atomic exchange		
EXTB	Zero-extend byte	EXTB_S	Zero-extend byte
EXTH	Zero-extend 16-bit half-word	EXTH_S	Zero-extend 16-bit half-word
FFS	Find first set		
FLAG	Write to status register		
FLS	Find last set		
Jcc	Jump	J_S	Jump
J	Jump and Link	JL_S	Jump and link
		JLI_S	Jump and link indexed
KFLAG	Write to status register in kernel mode		
LD LDH LDW DB	Load from memory	LD_S	Load from memory
LDI	Load indexed	LDI_S	Load indexed
		LEAVE_S	Function epilogue sequence
LLOCK	Load locked		
LPcc	Loop (zero-overhead loops)		
LR	Load from auxiliary memory		
LSL16	Logical shift left 16		
LSL8	Logical shift left 8		
LSR	Logical shift right	LSR_S	Logical shift right
LSR16	Logical shift right 16		
LSR8	Logical shift right 8		

32-bit Instructions		16-bit Instructions	
Instruction	Operation	Instruction	Operation
MAX	Return maximum		
MIN	Return minimum		
MOV	Move (copy) to register	MOV_S	Move (copy) to register
MPY	32×32 signed multiply (lsw)	MPY_S	32×32 signed multiply (lsw)
MPYM MPYH	32×32 signed multiply (msw)		
MPYMU MPYHU	32×32 unsigned multiply (msw)		
MPYU	32×32 unsigned multiply (lsw)		
MPY	16×16 unsigned multiply		
MPYW	16×16 signed multiply		
NEG	Negate	NEG_S	Negate
NOP	No operation	NOP_S	No operation
NORM	Normalize to 32 bits		
NORMH NORMW	Normalize to 16 bits		
NOT	Logical bit inversion	NOT_S	Logical bit inversion
OR	Logical OR	OR_S	Logical OR
		POP_S	Restore register from stack
PREFETCH	Prefetch from memory		
		PUSH_S	Store register to the stack
RCMP	Reverse compare		
REM	Signed integer remainder		
REMU	Unsigned integer remainder		
RLC	Rotate left through carry		
ROR	Rotate right		
ROR8	Rotate right 8		
ROL	Rotate left		
ROL8	Rotate left 8		
RRC	Rotate right through carry		
RSUB	Reverse subtraction		
Instruction	Operation	Instruction	Operation

32-bit Instructions		16-bit Instructions	
RTIE	Return from interrupt or exception		
SBC	Subtract with carry		
SCOND	Store conditionally		
SETcc	Set conditional		
SETI	Set interrupt enable		
SEXB	Sign-extend byte	SEXB_S	Sign-extend byte
SEXH SEXW	Sign-extend half-word	SEXH_S	Sign-extend 16-bit half-word
SLEEP	Put processor in sleep state		
SR	Store to auxiliary memory		
ST	Store to memory	ST_S	Store to memory
SUB	Subtract	SUB_S	Subtract
SUB1	Subtract with left shift by 1 bits		
SUB2	Subtract with left shift by 2 bits		
SUB3	Subtract with left shift by 3 bits		
SWAP	Swap 16×16		
SWAPE	Swap byte ordering		
SWI	Software interrupt	SWI_S	Software interrupt
SYNC	Synchronize		
		TRAP_S	Trap to system call
TST	Test	TST_S	Test
XOR	Logical Exclusive-OR	XOR_S	Logical Exclusive-OR
		UNIMP_S	Unimplemented Instruction

附录 C 术语及缩略语

ABI：Application Binary Interface，应用程序二进制接口。

ALU：Arithmetic Logical Unit，算术逻辑单元。

ARChitect：是 Synopsys 公司针对 ARC 处理器特有的可配置性和可扩展性开发的一款配置软件，帮助设计工程师根据应用的需求快速完成处理器结构配置，以及 RTL 代码、测试激励和后端参考流程脚本（如 ASIC 或 FPGA 的综合、布局布线、时序约束文件等）的生成。

ASIL ：Automotive Safety Integration Level，汽车安全完整性等级。该等级共有四个等级，分别为 A、B、C、D，其中，A 是最低的等级，D 是最高的等级。

Auxiliary Register：辅助寄存器。

BCR：Build Configuration Register，硬件配置信息寄存器。辅助寄存器组中有一类特殊的辅助寄存器，用于保存硬件中处理器及其各功能模块的版本信息和详细配置信息。

Big-Endian：大端格式，是指字数据的高字节放置在低地址中，而低字节数据放置在高地址中。

BSP：Board Support Package，板级支持包。

BVCI：Basic Virtual Component Interface，基本的虚拟元件接口。

CCM：Closely Coupled Memory，紧密耦合存储器。

CISC：Complex Instruction Set Computer，复杂指令集计算机。

CMOS：Complementary Metal Oxide Semiconductor，互补金属-氧化物-半导体。

Core Register：核心寄存器。

CPU：Central Processing Unit，中央处理器。

DMA：Direct Memory Access，直接存储器访问。

DMI：Direct Memory Interface，直接内存接口。

DSP ：Digital Signal Processing，数字信号处理。

embARC：是为 ARC 处理器，特别是 ARC EM 系列处理器的开发而提供的一个开源软件平台，包含大量的软件资源和说明文档以帮助用户基于 ARC 处理器快速开发丰富的上层应用程序。

Embedded System：嵌入式系统。

FIFO：First In First Out，先进先出。

FPGA：Field Programmable Gate Array，现场可编程门阵列。

GPIO：General Purpose Input/Output，通用 I/O 端口。

IDE ：Integrated Development Environment，集成开发环境。

Illegal Instruction Exception：非法指令异常。

IoT ：Internet of Things，物联网。

ISA：Instruction Set Architecture，指令集体系结构。

ISR：Interrupt Service Routines，中断服务程序。

ISO：International Organization for Standardization，国际标准化组织。

JTAG:Joint Test Action Group,联合测试工作组。

Little-Endian:小端格式,是指字数据的高字节放置在高地址中,而低字节数据放置在低地址中。

MQX:Message Queue Executive,消息队列执行。

MWDT:MetaWare Development Toolkit,MetaWare 开发套件。其包含对 ARC EM 处理器进行编程、仿真及调试的所有软件工具,如编译器、汇编器、链接器、调试器、仿真器及集成的图形化界面 MetaWare IDE。

PPA:Performance/Power/Area,性能/功耗/效率。

PC:Program Counter,程序计数器。

Register Bank:寄存器组。

RISC:Reduced Instruction Set Computer,精简指令集计算机。

RTIE:Return from Interrupt or Exception,中断或异常服务程序返回。

RTOS:Real Time Operating System,实时操作系统。

SVR3:System V Release 3。

SVR4:System V Release 4.0。

Zero-Overhead:零开销。

附录 D Synopsys ARC 杯
电子设计竞赛优秀作品

D.1 2015 年特等奖:家庭物联体感遥控与网关

D.1.1 设计背景

如今家庭中已离不开各类设备。随着网络与电子技术的不断发展,家庭中将会有越来越多的设备接入网络。除了计算机、手机、平板电脑等电子设备,其他诸如灯、热水器、空调等"物"也会相继接入网络。目前,已有的方案是使用各种各样的遥控器或开关,分别对电器设备进行控制。一个普通家庭的各类遥控器数量将近十个,各类开关更是多之又多。如果有一个设备,可以对所有接入网络的设备进行控制与监测,那么将会极大地方便人们的家庭生活。

本作品制作了一套家庭物联网关与体感遥控器,仅使用一个遥控器,就可以完成对家庭中所有接入网络的设备进行控制。用户回到家中,拿起遥控器,做一些简单的手势动作,即可完成对各种设备的控制。同时,也可以从遥控器提供的简单显示窗口,读取家中温度、湿度及各种设备的工作状态。

D.1.2 设计方案

通过 MPU9250 传感器来获取手势数据。MPU9250 由两部分组成:一部分是 3 轴加速度计和 3 轴陀螺仪,另一部分是 AKM 公司的 AK8963 三轴磁力计。陀螺仪和加速度计分别用于获取 x、y、z 三个轴的角速度分量和加速度分量的大小变化。它是一款 9 轴运动跟踪装置,其自带数字运动处理装置(DMP),可直接计算欧拉角和四元数等姿态数据而不需要主控来干预,得到姿态数据后可通过 I^2C 或 SPI 总线来将数据传给主控。

主控 EMSK1 开发板上移植了 contiki 操作系统,在用 MPU9250 获取姿态数据后,通过 I^2C 总线传给 EMSK1,EMSK1 将数据通过 SPI 总线传给 802.15.4 的发送模块,该发送模块通过 802.15.4 将无线帧发送给接收端 EMSK2。图 D-1 显示了实物连接效果。

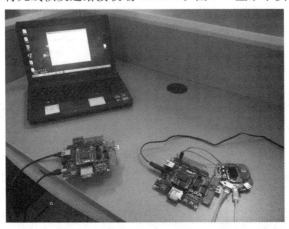

图 D-1 实物连接图

EMSK2 对数据进行特征提取,然后通过串口传给 RT5350,在 RT5350 上运行机器学习算法,在这里选取的是支持向量机(Support Vector Machine,SVM)算法,该算法是一个有监督的学习模型,通常用于模式识别、分类及回归分析。

SVM 的主要思想可以概括为以下两点。

(1)该算法是针对线性可分的情况。对于线性不可分的情况,通过使用非线性映射算法将低维特征空间线性不可分的样本转化为高维特征空间的样本以使其线性可分,从而使得高维特征空间采用线性算法对样本的非线性特征进行线性分析成为可能。

(2)该算法基于结构风险最小化理论之上在特征空间中构建最优分割超平面,使得学习器得到全局最优化,并且在整个样本空间的期望风险以某个概率满足一定上界。用 SVM 算法可以有效地对姿态数据进行分类,输入样本姿态数据,就可以得出姿态数据在训练中对应的序号。

将训练中得到的姿态数据序号通过 TCP Socket(套接字)方式再传给连接在 RT5350 上的终端,终端收到姿态数据序号后执行对应的动作,从而这一整套数据控制流程就完成了。图 D-2 显示了数据处理流程。

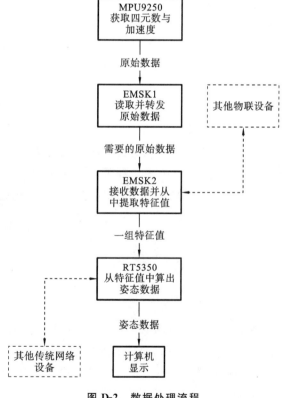

图 D-2 数据处理流程

D.1.3 测试结果

将整个系统连接完毕,供电模块都正常供电。

找三位同学,每位同学分别将五种手势做 100 次,统计手势识别的正确率见图 D-3,其中手势说明见表 D-1。

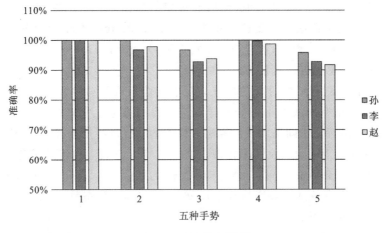

图 D-3 测试数据结果

表 D-1 手势说明

手 势 一	手 势 二	手 势 三	手 势 四	手 势 五
左	右	对勾	叉	圆

由测试的同学做出几种相应的手势,连接在 EMSK2 上的终端设备便会执行相应的动作(如做出手势"对勾",连接在 EMSK2 上的终端设备的小灯就会亮,做出手势"叉",终端设备的小灯就会熄灭,此功能现在还未实现),在显示界面便会显示相应的手势图片,从而达到预设功能。

错误分析如下。

有时得到的手势序号不正确,经过分析发现数据在通过 RF2 模块传递的过程中发生"丢包"现象,特别是在运动过程中,由于一种手势在采集过程中需要采集 150 组样本,其中有 128 个被接受即可。当距离较远时,同时又没有重传机制,丢包率显著上升,以至于一次采样中无法获取所需的 128 组样本,整个系统即会陷入混乱。

D.2 2016 年特等奖:家用防盗器

D.2.1 设计背景

近几年来,新的住宅小区不断拔地而起,人们在买房子的同时,也更希望智能化的防盗产品进入自己的家庭,而旧的铁窗式的防盗形式已不能满足人们的需求。家用的防盗器不仅使用方便,且价格实惠,对一个普通家庭来说可以接受。家用防盗器成本低、投资小、利润高,国外有 90% 以上的家庭都安装了,国内市场到 2016 年为止还是一片空白,因此前景很好。家用防盗器是一种利用最新材料技术、最新信息技术、最新人工智能设计的家庭防盗电子设备,可以在一定程度上有效警示非法进入者,从而保护人身与财产安全。

本作品设计的防盗器对传统的红外防盗器进行了改进,在保证性能在各种工作条件下可靠的基础上,以更简便的操作方式达到更好的防盗效果。本作品设计的防盗器专门用于家用防盗,安装于门框。本作品设计的家用防盗器系统功能完善、融入了图像

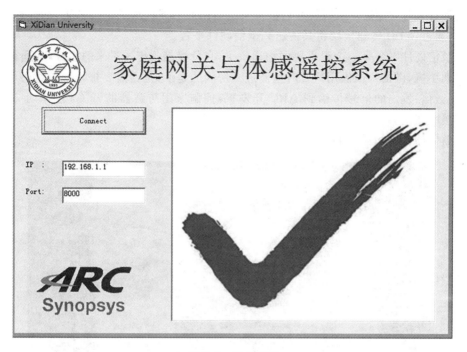

图 D-4 显示界面

采集和网络数据传输技术,使用了云服务将防盗器和微信连接起来,并使用了短信及时通知、提醒用户,实现了家用防盗器的可视化及实时性。

D.2.2 设计方案

该家用防盗器系统由 ARC 开发板控制,当门被打开时,红外传感器会产生信号,并把其传送到 ARC 开发板上;ARC 开发板会同时开启摄像头对进入者进行拍照;再将图像传回 ARC 开发板以便进行数据处理,同时将传送到微信硬件平台上;最后通过微信传递到手机上,并短信通知用户查看微信。这时用户可以知道是谁进入了房子,并判断报警与否。同时,手机还可以通过微信控制报警器的开关,在家时可以关闭防盗器以节电并延长其使用寿命。具体家用防盗器系统结构如图 D-5 所示。

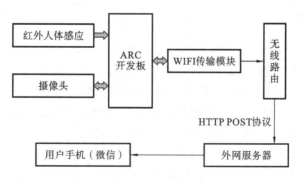

图 D-5 家用防盗器系统结构图

ARC 开发板负责接收红外传感器传来的信息。当门关闭时,ARC 开发板接收信号判断此时处于安全状态,不需要开启摄像头进行图像采集;当门被打开,红外传感器感应到有人时,ARC 开发板将开启摄像头进行拍照。同时对摄像头采集到的图像进行处理,通过 WIFI 传输模块将其传送到微信硬件平台。

微信硬件平台是一个很重要的沟通桥梁,它负责接收传送过来的图像,并通过微信传送到手机(微信),以供用户及时检测进入房间的是谁,是否需要报警。同时还可以将手机(微信)发出的信号传输到 ARC 开发板,控制家用防盗器的开关状态。手机通过微信接收图像和发出指令。

整体硬件结构如图 D-6 所示。

图 D-6　整体硬件结构

软件部分主要包括三个部分的软件程序编写。

(1) 驱动代码的程序:ARC 开发板中的驱动信号控制红外传感器、摄像头的开启及其工作状态。

(2) 数据处理程序:数据处理包括对红外传感器传输到 ARC 开发板的信号和数据图像的处理,还有手机(微信)通过微信硬件平台传输进来的信号。

(3) IP 协议:将 ARC 开发板处理后的图像数据传送给微信硬件平台,同时保证微信硬件平台将信息发送至手机(微信),从而实现数据的双向传输。

D.2.3　测试结果

测试的目的是检测家用防盗器的功能是否正常及是否在合理范围内延迟,因此小组成员都关注了该微信检测公众号,并安排小组成员进行实验,一人记录进入者开门时间,另外一人记录短信接收时间,进行 20 次实验,以提高测试精确度,减小随机误差,接收到短信提醒即可在微信中查看到图像,因此只需知道短信延迟时间即可。

经测试,功能正常,测试结果如图 D-7~图 D-9 所示。

经测试发现,该家用防盗器可以很好地工作,一旦有人打开门,就会对进入者进行图像采集,并传送到用户手机上,便于用户实时监测房屋变化。对于延迟的检测,虽然大约有 40 s,但在实际生活中是可以接受的。所以该家用防盗器可以很好地满足家庭防盗需求,功能正常,性能良好。

图 D-7　功能测试演示

图 D-8　短信功能测试结果

图 D-9　微信功能测试结果

D.3　2017 年一等奖:智慧家庭

D.3.1　设计背景

随着社会经济的发展、生活质量的日益改善和生活节奏的不断加快,人们的工作、生活日益信息化。信息化社会在改变人们生活方式与工作习惯的同时,也对传统的家庭住宅系统提出了挑战。人们对家居的要求已经不仅仅是物理意义上的生存空间,更为关注的是高度安全的、方便的、舒适的生活环境,先进的通信设备,完备的信息终端,自动化和智能化的家用电器。

本设计将在当前的智能家居系统已有功能的基础上,吸收当前智能家居系统的优点,克服当前智能家居系统存在的问题,做了很多改进。

(1)实现了基于神经网络的手势识别算法,方便进行人机交互,从而快速便捷地控制家用电器。

(2)当前的智能家居系统缺乏对用户所在的位置进行定位并利用这些位置进一步精确控制设备的能力,因此设计了一种基于神经网络的 WIFI 定位算法,实现了良好的定位效果,并利用距离来控制门禁系统和卧室灯系统。

(3)设置了一个基于 TOTP 加密算法的门禁系统,在快速开门的同时也增加了安全性。

D.3.2 设计方案

整个系统可以实现手环对网内设备的控制。所有设备均连接到一个网段内,通过 ARC 控制器连接,因此所有设备的控制都可以通过 ARC 主控实现,且可以进行信息交互。而 ARC 主控又可以使用多种设备连接,常用的有计算机、手机及本系统使用的专用手环,均可以与系统主控通信,以实现对其他设备的控制。尤其当使用手环进行控制时,可以通过 WIFI 定位功能获取用户身边的设备,利用几个简单的手势,就能实现对多种不同设备的控制。另外,手环还可以实时采集用户的心率、体温等数据,系统通过这些数据可以自动进行一些控制,例如,通过改变环境温度、环境光线等来适应用户的体征。系统的整体框图如图 D-10 所示。

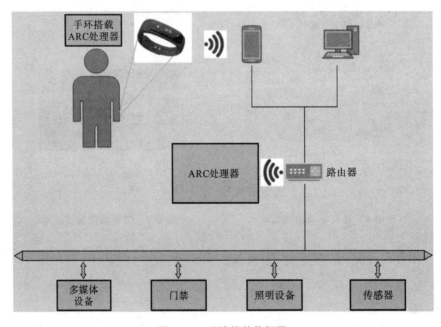

图 D-10 系统的整体框图

主控采用 ARC 芯片实现,其担当的是主控的作用,它是手环与各个终端的连接枢纽和控制枢纽,通过手环向主控枢纽发送"指令"进而控制各个终端的工作与否或工作模式。考虑到终端的更新或增加,主控就需要是可配置的,以此来满足终端的变更。主控获取的数据可以通过网页进行查看。

控制器采用 ARC 芯片。通过蓝牙与手机互联,实现信息的交互。在手环上主要包括陀螺仪、电子罗盘、心率传感器、温度传感器、OLED 屏。通过这些设备可以实现信息的采集、传输,便于用户对物联网中其他设备进行控制。在这次设计中,主要实现并展示以下功能。

(1) 使用手环解锁防盗门。设计灵感来自于对汽车门的控制。家庭中的防盗门也可以采用电子控制的方式。当用户佩戴手环靠近自家防盗门时,手环通过手机(或主动)向主控发送密钥,主控根据密钥进行解锁。

(2) 对家用电器的控制。使用手环快速便捷地对家用电器进行控制。主要通过手势及传感器信息自动控制电器。例如,当用户使用空调时,需要对空调温度进行调节。为了降低用户操作复杂度,手环采集到用户体表温度,并将其传给主控。主控根据用户体表温度自动调节空调温度。同时用户也可以通过手势对空调温度进行人为干预。

智慧家庭系统如图 D-11 所示,包括一台路由器、一台主控、三个节点及智能手环。

图 D-11　智慧家庭系统

D.3.3　测试结果

将整个系统连接完毕后,供电模块都正常供电,主控器连接到路由器。

(1) OLED 显示屏:上电后,查看显示屏显示是否正常。

(2) WIFI 模块:上电后检测模块工作状态指示灯是否正常。

(3) 各个节点模块:因为这三个节点都可以通过手势进行控制,因此把它们放在一起测试。

当做特定的动作时手环就会发出相应的信号,然后用 WIFI 定位来选择距离最近的模块,在 OLED 显示屏中可以看到当前控制的模块。首先移动位置到最近的模块,然后做出相应的手势来观察设备的变化。依次选择三个节点,对其进行控制。

手势与模块控制关系见表 D-2。

表 D-2   手势与模块控制关系

节 点 名 称	动 作 一	动 作 二	动 作 三
门禁节点	开门	关门	开门
灯光节点	改变亮度	开/关灯	改变亮度
多媒体节点	上一曲	下一曲	暂停/开始

基于以上动作,对各个节点进行了测试,节点所执行的操作全部正确,开关模块执行动作的正确率也很高。

手势识别在整个系统中占有非常重要的地位,因此专门对手势识别进行了性能测试。找三位同学,每位同学分别将三种手势做 100 次,这样统计手势识别的正确率见图 D-12,其中手势说明见表 D-2。

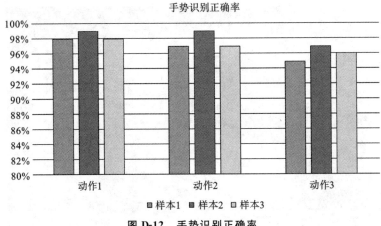

图 D-12   手势识别正确率

本设计主要实现了一套智慧家庭系统。首先,搭建了一个网关,使物联网与互联网之间的设备都能够相互通信。然后,采集了手势数据及 WIFI 定位信息,训练了两个网络来进行手势识别和 WIFI 定位,手势识别的准确率理论上达到了 99.9%,WIFI 定位的误差小于 2 m。最后,将网络移植到了 ARC 开发板上,实现了手势识别和 WIFI 定位算法。

为了配合手环的控制,自行设计制作了三个节点以用于模拟门禁、卧室灯和多媒体设备。最后对整套系统进行联合调试与测试,实现了良好的控制效果。

D.4   2018 年一等奖:会过跷跷板的双轮自平衡车

D.4.1   设计背景

汽车工业的快速发展给人们带来方便的同时也带来了严重的环境、能源、交通问题。双轮自平衡车由于采用高能充电电池作为动力能源已成为一种新型的、便携式交通工具,其节能环保、体积小、无刹车系统、控制方便等特点在极大程度上缓解了当今社会的大气污染、能源短缺、交通拥挤等严重问题。在现实生活中双轮自平衡车已经在警用巡逻、公园、高尔夫球场等场合广泛应用,因此具有很高的实用价值。

双轮自平衡车系统看似容易实现,但实际上并非如此,它的动力学模型特点为多变量、非线性、强耦合、参数不确定等。它是一个综合性的、带有检验控制算法能力的复杂系统。例如,可以验证和分析具有统一控制层面的航空航天模型和导弹控制模型,因此具有很高的理论研究价值。

D.4.2　设计方案

　　双轮自平衡车的运作原理主要是建立在被称为"动态稳定"的基本原理上,也就是车辆本身的自动平衡能力。通过陀螺仪来判断车身所处的姿态,在通过精密的中央微处理器计算出适当的指令后,驱动马达来做到平衡的效果。此次设计的双轮自平衡车系统采用 EMSK 开发板,通过编码器测速模块来检测车速,进行脉冲计数以计算速度和路程;电机控制采用 LQR 与 PID 融合控制,通过 PWM 控制驱动电路以调整电机的转速,完成双轮自平衡车速度和姿态的闭环控制。此外,还增加了串口模块作为输入/输出设备,用于对双轮自平衡车的调试与控制。与传统平衡车的不同是它在 EMSK 相对较低的主频下实现双轮自平衡车平稳走过跷跷板及在跷跷板上站立等功能。

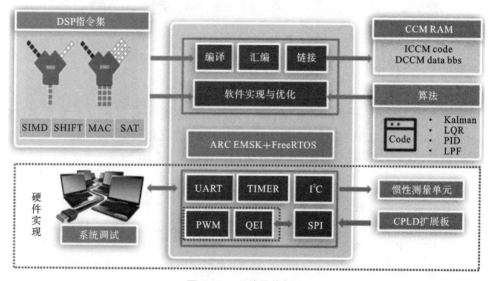

图 D-13　系统结构框图

　　底层硬件包括电机驱动、用于姿态解算的惯性传感单元、进行脉冲计数的光电编码器及调试用的串口等,其系统结构框图如图 D-13 所示,硬件设计如图 D-14 所示。

　　硬件平台采用 Synopsys ARC 处理器的 EMSK FPGA 开发板,基于整合 FreeRTOS 操作系统的 embARC 软件平台进行程序开发。

　　算法部分包括车体直立、车辆运行、方向控制、调试与设置等,基于 LQR 与 PID 算法进行控制并进一步优化。

　　通过 DSP 库与定点运算实现 Kalman 滤波、LQR 与 PID 控制等算法,进行软硬件优化,提升系统性能,使其适用于 EMSK 平台。

D.4.3　测试结果

1. 电源

　　电源测试:检测硬件各部分供电是否正常。电源测试结果:各部分电压正常,系统

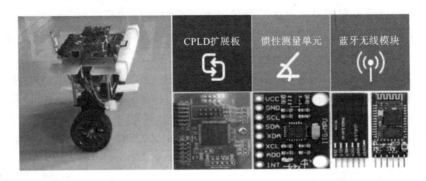

图 D-14　硬件设计

正常启动。

2. 外设

外设测试：通过蓝牙串口与上位机收发数据，观察是否可以正常收发数据；通过 I^2C 读取 MPU6050 数据，并移动 MPU6050 观察数据变化趋势是否正确。

外设测试结果：可以正常收发串口数据；MPU6050 数据正确。

3. 外扩模块

外扩模块测试：连接外扩模块进行响应的数据收发，用逻辑分析仪观察 SPI 波形是否正确；给一定的 PWM 数据，用示波器观察 PWM 输出是否正确；用信号源给 QEI 输入信号，观察读数与计算值是否一致。

外扩模块测试结果：SPI 波形正常；PWM 可以正确输出；QEI 在不同输入信号频率下都可以读到正确数据。

4. 碰撞

碰撞测试：用手拨动、干扰静止的双轮自平衡车，观察双轮自平衡车的反应。

碰撞测试结果：双轮自平衡车可以迅速调节车身平衡，并回到原位置。

5. 跷跷板

跷跷板测试：以恒定速度让双轮自平衡车通过跷跷板，观察其运动状态。

跷跷板测试结果：双轮自平衡车可以通过跷跷板；在整个过程中车身基本保持平衡；运动过程未发生振荡；在上坡时有所减速，下坡时有所加速。

本设计中的双轮自平衡车实现了各种运动功能，拥有较强的抗干扰能力；编写的控制程序效率高，充分发挥了 EMSK 开发板的性能。

参 考 文 献

[1] 孟庆洪,侯宝稳. ARM 嵌入式系统开发与编程 [M]. 北京:清华大学出版社,2011.

[2] 沈建华,郝立平. ARM Cortex-M0＋微控制器原理与应用——基于 Atmel SAM D20 系列 [M]. 北京:北京航空航天大学出版社,2014.

[3] 温子祺,等. ARM Cortex-M0 微控制器原理与实践[M]. 北京:北京航空航天大学出版社,2013.

[4] 文全刚,等. 汇编语言程序设计——基于 ARM 体系结构[M]. 2 版. 北京:北京航空航天大学出版社,2007.

[5] Steve. ARC 处理器:嵌入式新利器性能功耗完美体[EB/OL]. 2015. http://www.51zixuewang.com/zhishi/dianzijishu/28139.html.

[6] 程玉娟. 基于嵌入式实时操作系统 MQX 的内核分析及应用研究 [D]. 苏州:苏州大学图书馆,2011.

[7] 苏州大学 Freescale 嵌入式教学与应用培训中心. 飞思卡尔 MQX 实时操作系统用户手册[EB/OL]. 2009. http://wenku.baidu.com/link? url＝ou9VxDceJFE-id6YjFnhFo5PFix4g1p3jvao-sFga349Uwgt2K9U4J4SbcLMiuhx5soLNBFlz3nDE_AOR6boIP-Cf54RlNtTaTQKWwmfoPIG.

[8] Synopsys ARC. DesignWare ARCv2 ISA:Programmer′s Reference Manual[EB/OL]. 2014. http://www.synopsys.com/IP/ProcessorIP/ARCProcessors/Pages/default.aspx.

[9] Synopsys ARC. DesignWare ARC EM Databook [EB/OL]. 2014. http://www.synopsys.com/IP/ProcessorIP/ARCProcessors/Pages/default.aspx.

[10] Synopsys ARC. DesignWareMetaWare ELF Assembler User′s Guide for ARC [EB/OL]. 2015. http://www.synopsys.com/IP/ProcessorIP/SoftwareDevelopmentTools/Pages/default.aspx.

[11] Synopsys ARC. DesignWareMetaWare ELF Linker and Utilities User′s Guide for ARC[EB/OL]. 2015. http://www.synopsys.com/IP/ProcessorIP/SoftwareDevelopmentTools/Pages/default.aspx.

[12] Synopsys ARC. DesignWareMetaWare Debugger User′s Guide for ARC [EB/OL]. 2015. http://www.synopsys.com/IP/ProcessorIP/SoftwareDevelopmentTools/Pages/default.aspx.

[13] Synopsys ARC. DesignWare ARC MetaWare IDE User′s Guide[EB/OL]. 2015. http://www.synopsys.com/IP/ProcessorIP/SoftwareDevelopmentTools/Pages/default.aspx.

[14] Synopsys ARC. DesignWareMetaWare C/C＋＋ Language Reference [EB/OL]. 2014. http://www.synopsys.com/IP/ProcessorIP/SoftwareDevelopment-

Tools/Pages/default. aspx.

[15]   Synopsys ARC. DesignWare MetaWare Development Toolkit for ARC Getting Started[EB/OL]. 2015. http://www. synopsys. com/IP/ProcessorIP/SoftwareDevelopmentTools/Pages/def ault. aspx.

[16]   李广军,阎波,等. 微处理器系统结构与嵌入式系统设计[M]. 2 版. 北京:电子工业出版社,2011.

[17]   Synopsys ARC. DesignWareARChitect User's Guide[EB/OL]. 2015. http://www. synopsys. com/IP/ProcessorIP/SoftwareDevelopmentTools/Pages/default. aspx.

[18]   Synopsys ARC. DesignWare C/C++ Programmer's Guide for the ccac Compiler[EB/OL]. 2015. http://www. synopsys. com/IP/ProcessorIP/SoftwareDevelopmentTools/Pages/default. aspx.

[19]   Synopsys ARC. DesignWare ARC EM APEX Databook[EB/OL]. 2014. http://www. synopsys. com/IP/ProcessorIP/ARCProcessors/Pages/default. aspx.